Excel大百科全书

Power Query

数据处理之M函数入门与应用

韩小良◎著

中国水利水电出版社
www.waterpub.com.cn
·北京·

内 容 提 要

《Power Query数据处理之M函数入门与应用（案例·视频）》共10章，以M函数类别为主线，结合大量的实际案例，介绍各种M函数的基本语法规则及其在实际数据处理中的应用。M函数包括文本函数、日期函数、时间函数、数字函数、列表函数、表函数和数据访问函数等。

《Power Query数据处理之M函数入门与应用（案例·视频）》以案例的形式进行教学，重难点章节配备了视频讲解。全书包含了85个案例演示操作，一步一图详解操作步骤，重难点章节配备了21节的视频讲解，最大程度地方便读者自学。

《Power Query数据处理之M函数入门与应用（案例·视频）》适合具有Excel基础知识以及经常处理大量数据的各类人员阅读，也可作为高等院校经济管理类本科生、研究生和MBA学员的教材或参考书。

图书在版编目（CIP）数据

Power Query 数据处理之 M 函数入门与应用：案例·视频 / 韩小良著. —北京：中国水利水电出版社，2021.7

ISBN 978-7-5170-9593-4

I. ① P… II. ①韩… III. ①表处理软件
IV. ①TP391.13

中国版本图书馆 CIP 数据核字（2021）第 087106 号

书　　名	Power Query数据处理之M函数入门与应用（案例·视频） Power Query SHUJU CHULI ZHI M HANSHU RUMEN YU YINGYONG
作　　者	韩小良　著
出版发行	中国水利水电出版社 （北京市海淀区玉渊潭南路1号D座 100038） 网址：www.waterpub.com.cn E-mail：zhiboshangshu@163.com 电话：（010）62572966-2205/2266/2201（营销中心）
经　　售	北京科水图书销售中心（零售） 电话：（010）88383994、63202643、68545874 全国各地新华书店和相关出版物销售网点
排　　版	北京智博尚书文化传媒有限公司
印　　刷	河北华商印刷有限公司
规　　格	180mm×210mm　24开本　14.5印张　449千字　1插页
版　　次	2021年7月第1版　2021年7月第1次印刷
印　　数	0001—4000册
定　　价	79.80元

我的第一本专门介绍Power Query的著作《Power Query 智能化数据汇总与分析》(2019年10月,中国水利水电出版社)自面市以来,受到了广大读者和学生的热烈欢迎和好评。Power Query友好的可视化操作界面,以及简单易行的操作步骤,可以用来快速整理加工数据,迅速汇总、计算大量工作表数据,让每位使用Power Query的用户都体验到前所未有的快捷和高效。

除了通过可视化操作界面解决数据整理和汇总统计分析问题外,Power Query还有一个更加强大的技术:M函数公式。M函数公式看起来非常神秘,尤其是某些类函数很难理解,但对于常见的数据整理和统计分析问题来说,了解和掌握一些基本的M函数就足够了,例如文本处理、日期/时间处理、数字处理、列表处理和表处理函数等。从函数名称上就很容易理解这些函数,例如,Text.Remove函数就是处理文本(Text)数据的,功能是剔除(Remove)指定的字符;Date.QuarterOfYear函数就是处理日期(Date)数据的,功能是获取年的季度数(Quarter Of Year)。大部分的M函数语法比较简单,很容易掌握,并很容易应用到实际数据处理中。

基于实用性第一的原则,本书从常见的数据处理角度出发,介绍在数据处理和基本统计分析中常用的M函数及其应用方法。没有深奥的语法解释,没有复杂的嵌套应用,对某些暂时不常用的函数不予介绍。因此,本书的编写坚持能用就行、够用就中的原则。

本书的编写得到了朋友和家人的支持和帮助,包括翟永俭、贾春雷、冯岩、韩良玉、徐沙比、申果花、韩永坤、冀叶彬、刘兵辰、徐晓斌、刘宁、韩雪珍、徐换坤、张合兵、徐克令、张若曦、徐强子等,在此表示衷心的感谢!

中国水利水电出版社的刘利民老师和秦甲老师也给予了很多帮助和支持，使得本书能够顺利出版，在此表示衷心的感谢！

由于认识有限，我虽尽职尽力，以期本书能够满足更多人的需求，但书中难免有疏漏之处，敬请读者批评指正，我会在适当的时间进行修订和补充。

本书赠送案例的源文件和本书的讲解视频，读者使用手机微信“扫一扫”功能扫描下面的二维码，或在微信公众号中搜索“办公那点事儿”，关注后输入“PQ95934”并发送到公众号后台，获取本书资源的下载链接。将该链接复制到计算机浏览器的地址栏中，根据提示进行下载(一定要复制到计算机浏览器的地址栏，通过计算机下载；手机不能下载，也不能在线解压，没有解压密码；请勿直接点击链接进行下载)。

欢迎加入QQ群一起交流，群号：676696308。

韩小良

目录

Contents

01 Chapter

M函数公式基本规则入门 /1

04
Chapter

日期/时间函数及其应用 /176

09 Chapter 表函数及其应用 /260

10 Chapter

数据访问函数 /310

Chapter

01

M函数公式基本规则入门

M函数公式是构成Power Query的重要内容。尽管通过一般的可视化向导操作，Power Query会自动创建M函数公式，但在很多情况下，仍然需要使用M语言的基本规则以及相关的M函数创建满足特殊需求的M函数公式，也可以设计自定义M函数，以完成数据的提取、转换、合并，以及制作、统计分析报表。

本章简要介绍M函数公式的基本规则。

1.1 编辑M语言公式

Power Query 的常规操作，通常使用各种菜单命令就可以实现。当需要通过编写代码的形式实现数据处理时，则需要了解 M 语言的基本知识和操作技能。

1.1.1 M 语言严格区分大小写

不论是M语言的关键词，还是M函数的名称，都是严格区分大小写的。举例如下：

- M 函数的每个关键词首字母一般都是大写，因此正确的写法是 Text.Select，而不能写成 Text.select 或者 text.select。
- 函数 #date 需要全部小写，不能写成 #Time。
- 编写语句时也要全部小写，例如，可以写 if x=1 then 100 else 200，但不可以写 If x=1 Then 100 Else 200。

1.1.2 高级编辑器

扫一扫，看视频

手动编写M公式，是在“高级编辑器”对话框中进行的。

执行“数据”→“新建查询”→“从其他源”→“空白查询”命令，如图1-1所示，即可打开Power Query编辑器，如图1-2所示。

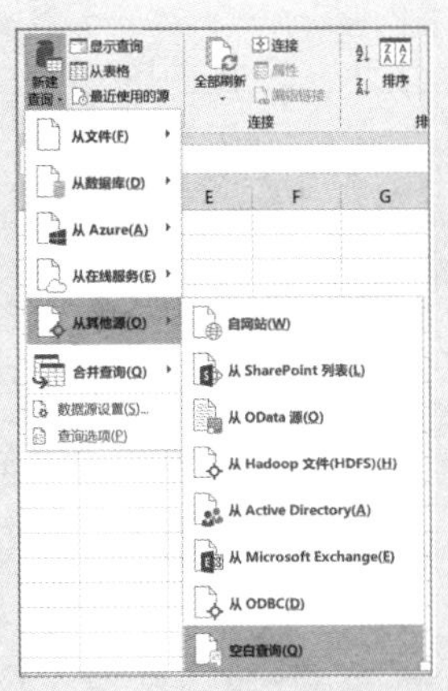

图1-1 执行“空白查询”命令

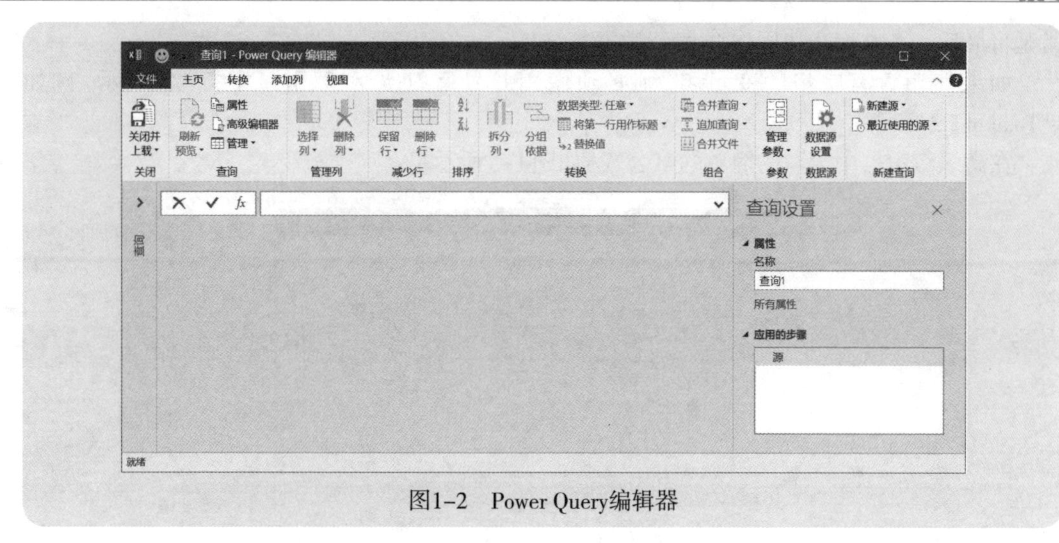

图1-2　Power Query编辑器

切换到“视图”选项卡下，单击“高级编辑器”命令按钮，如图1-3所示，即可打开“高级编辑器”对话框，如图1-4所示。

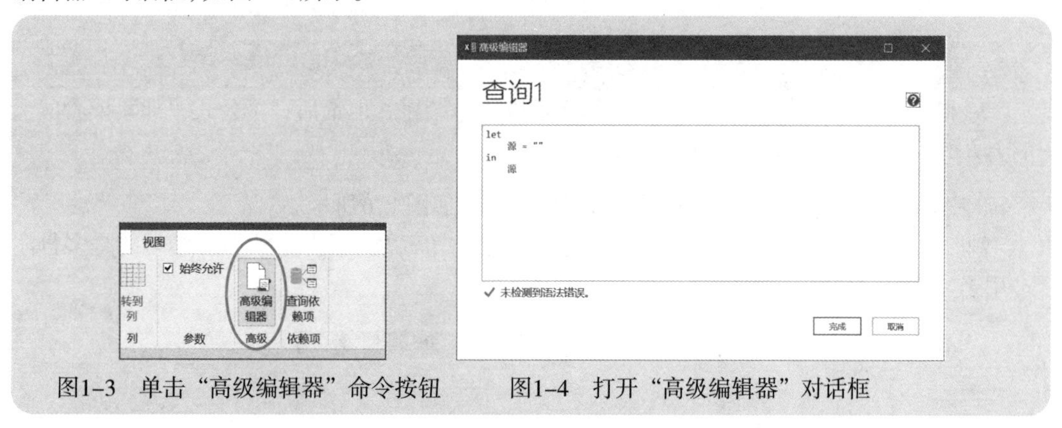

图1-3　单击“高级编辑器”命令按钮　　图1-4　打开“高级编辑器”对话框

1.1.3 初步了解查询公式步骤结构

查询是由let和in表达式封装的变量、表达式和值组成的。

扫一扫，看视频

let和in之间的代码是各个查询公式步骤(即使用现有菜单命令所生成的“应用的步骤”)，每个查询公式步骤基本上以前一个步骤为基础，并通过变量名引用一个步骤。

使用in语句输出查询公式步骤，可以指定任意一个查询公式步骤作为输出结果，但是，通常是将最后一个查询步骤用作 in 最终数据集结果。

如果使用含有空格的变量名，则必须使用井号字符(#) 和双引号字符("") 表示，例如 #"Total of CA"。

在高级编辑器中编写的简单的M公式，如图1-5所示。

图1-5　编写M公式

注意

let和in之间的各个公式语句后面，都必须以逗号结尾，但最后一个公式（即紧挨着in的上方的公式）后面，不能再有任何符号。

如果要对各个公式语句进行说明，可以使用“//”，如图1-6所示。

这里，“//”是单行注释，用于对一行语句进行说明；以“/*”开头并以“*/”结尾的是多行注释，用于多行注释文字。

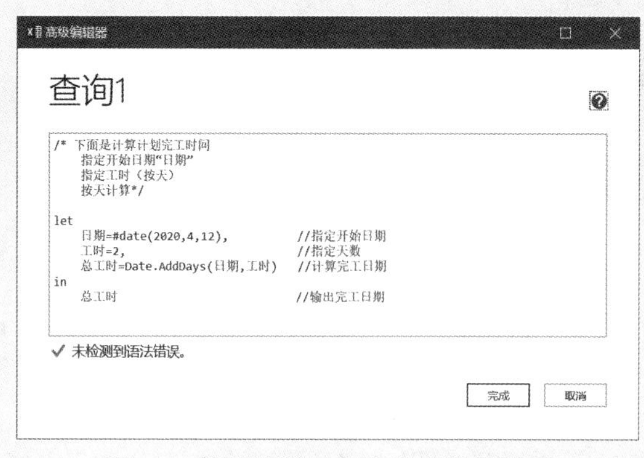

图1-6　使用注释对各个公式进行说明

1.1.4 通过公式编辑栏测试学习 M 函数公式

扫一扫，看视频

当需要对某个函数公式进行练习测试时，可以使用Power Query编辑器中的公式编辑栏。

本书介绍的常用函数公式，都可以使用这种方法测试。

测试公式的方法是：首先建立一个空白查询，然后在公式编辑栏中输入公式，按下Enter键，就可以看到公式的结果，如图1-7所示。

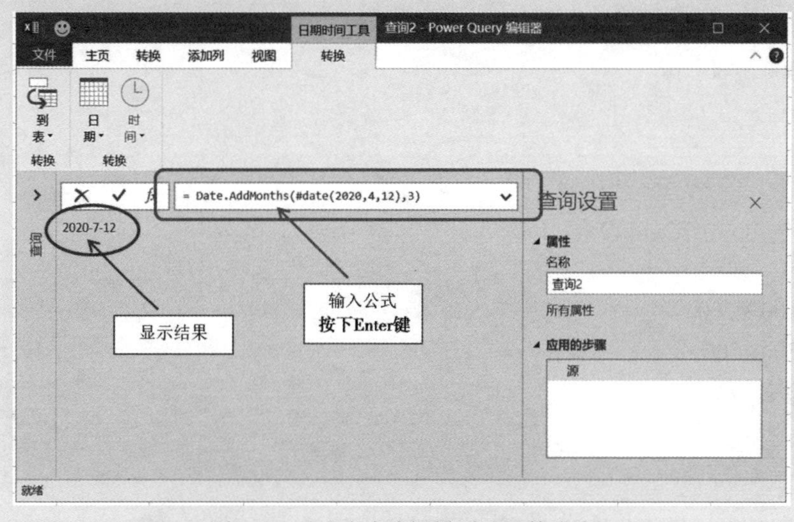

图1-7 通过公式编辑栏测试函数公式

1.2 let表达式和in表达式

要创建一个多步骤的综合查询，需要使用 let 表达式和 in 表达式，以确定做哪些计算和查询，以及输出哪个结果。

1.2.1 let 表达式和 in 表达式的基本结构

let表达式是进行一系列计算的语句，除最后一个let语句外，每个语句都用逗号结尾。

例如：

```
let
    x = 100 + 200,
    y = 300+ 500,
    z = (x + y ) / 2.5
```

这里进行了三次运算：计算x，计算y，计算z。

in表达式用于输出某个语句的结果。例如，下面是输出x的结果(300)：

```
let
    x = 100 + 200,
    y = 300+ 500,
    z = (x + y ) / 2.5
in
    x
```

下面是输出z的结果(440)：

```
let
    x = 100 + 200,
    y = 300+ 500,
    z = (x + y ) / 2.5
in
    z
```

1.2.2 综合查询的 let 表达式和 in 表达式

下面代码显示的是添加自定义列后，从身份证号码中提取生日和性别的综合查询所自动生成的let表达式和in表达式。

```
let
    源 = Excel.CurrentWorkbook(){[Name="表 3"]}[Content],
    更改的类型 = Table.TransformColumnTypes( 源 ,{{"姓名", type text}, {"所属部门", type text}, {"学历", type text}, {"身份证号码", type text}}),
    已添加自定义 = Table.AddColumn( 更改的类型 , "出生日期", each Date.FromText(Text.Middle([身份证号码],6,8))),
    更改的类型 1 = Table.TransformColumnTypes( 已添加自定义 ,{{"出生日期", type date}}),
    已添加自定义 1 = Table.AddColumn( 更改的类型 1, " 性别 ", each if Number.IsEven
```

```
  (Number.FromText(Text.Middle([身份证号码],16,1))) then "女" else "男")
in
  已添加自定义 1
```

1.2.3 创建个性化报表输出

在let表达式和in表达式中还可以创建列表、记录、表格以及其他结构化数据，以制作更加丰富的报表。例如，下面是输出报表表头的语句：

```
let
  输出 =
      {
      "销售统计报表",
      "制表人：韩小良",
      DateTime.ToText(DateTime.LocalNow(), "yyyy 年 MM 月 dd 日")
      & Date.DayOfWeekName(DateTime.LocalNow(),"zh-cn"),
      }
in
  输出
```

1.3 值的类型

在 M 函数公式中，值可以是初始值，也可以是计算的结果。值有以下几种类型。

1.3.1 数字（Number）

数字是可以进行算术运算的数据。

例如，1，1.2，-100，-2.8，2.6e10，2.6e-10。

1.3.2 文本（Text）

文本包括文字、字母、文本型数字，需要使用双引号引起来。

例如，"abc"，"abc123"，"123abc"，"100083"。

1.3.3 日期（Date）

单独的日期使用 #date 函数输入。

例如，#date(2019,9,23)，就是日期2019-9-23。

1.3.4 时间（Time）

单独的时间使用 #time 函数输入。

例如，#time(15,12,48)，就是时间 15:12:48。

1.3.5 日期时间（DateTime）

日期时间是日期与时间一起的数据，使用 #datetime 函数输入。

例如，#datetime(2019,9,23, 15,12,48)，就是日期时间 2019-9-23 15:12:48。

1.3.6 时区（DateTimeZone）

包含时区的日期时间数据使用 #datetimezone 函数输入。

例如，#datetimezone(2019,12,14, 10,23,25,-8,0)，结果就是日期时间 2019-12-15 2:23:25。

1.3.7 持续时间（Duration）

以数字天数、小时、分钟和秒表示的一个持续时间值，使用 #duration 函数输入。

例如，#duration(2,5,34,28) 就是 2.05:34:28，即 2 天 5 小时 34 分钟 28 秒的时间。

1.3.8 二进制（Binary）

二进制代表一组二进制值，使用 #binary 函数输入。

例如，#binary({0x00, 0x01, 0x02, 0x03})。

1.3.9 列表（List）

列表是一组指定的数据，用大括号括起来。

例如，{1,2,3} 和 {"产品 1","产品 2","产品 3"}。

1.3.10 记录（Record）

记录是一组字段及其值的行数据，用方括号括起来。

例如，[年份=2019，月份=12]。

1.3.11 表（Table）

包含列名称和行内容，使用#table函数构建。

例如，#table({"年份"，"月份"}，{{2019,6}，{2019,11}，{2020,2}})。

1.4 运算及运算符

按照指定的计算规则对数据进行计算时，需要使用不同的运算符。

1.4.1 算术运算

对数字进行算术运算时，运算符有+(加)、-(减)、*(乘)、/(除)等。

例如，2+100-(50*10+30)/35，就是一个算术运算。

算术运算使用双精度数字。当进行除法计算时，如果除数为0，或者计算结果超出了双精度限制，那么计算结果是∞。

对日期也可以进行算术计算，会得到新的日期或期限。

下面的结果是#datetime(2020,4,13,0,0,0)，即2020-4-13：

```
#date(2020,4,5) + #duration(8,0,0,0)
```

下面的结果是#datetime(2020,4,13,0,0,0)，即9.00:00:00，表示9天0时0分0秒：

```
#date(2020, 4, 3) – #date(2020,3,25)
```

算术运算只能对数字进行计算，数字和文本相加是错误的，如1 + "2"。

数字和null相加，结果是null，如10+null = null。

1.4.2 比较运算

比较运算是对数据进行比较，获取两个数据之间的比较结果。比较运算的结果是逻辑值true或false。

比较运算要使用比较运算符：

- =（相等）
- <>（不相等）
- >（大于）
- >=（大于或等于）
- <（小于）
- <=（小于或等于）

=(相等)和<>(不相等)，可以对任意同类的数据进行比较。例如：

```
1 = 1                    // 结果是 true。
1 <> 1                   // 结果是 false。
1.0   = 1                // 结果是 true。
"北京"="北京"            // 结果是 true。
```

比较运算符的运算对象必须是数字、日期、时间等本质上是数值的数据。

例如：

```
1<2                      // 结果是 true。
1>2                      // 结果是 false。
true>false               // 结果是 true。
```

1.4.3 条件组合运算

条件组合运算有两种："与" 条件、"或" 条件，分别使用and和or关键词组合。

and用于将几个条件组合成 "与" 条件，即所有条件都必须满足。

例如：

```
a = 100 and b > 300 and c <> 1000
```

这里必须同时满足a等于100，b大于300，c不等于1000，这个组合比较的结果才是true。只要有一个条件不成立，这个组合比较的结果就是false。

or用于将几个条件组合成 "或" 条件，即这些条件中只要满足一个即可。

例如：

```
a = 100 or b > 300 or c <> 1000
```

这里的三个条件，只要任意一个条件满足，结果就是true。如果三个条件均不满足，结果就是false。

1.4.4 合并组合运算

合并组合计算，就是使用合并计算符(&)将多个数据组合起来。

不同类型的数据合并组合计算结果是不一样的。

如果数据是文本，合并组合后结果是一个新的文本字符串，例如：

```
"学习" & "M函数"                        //结果是"学习M函数"。
"我要" & "学习" & "M函数"                //结果是"我要学习M函数"。
```

如果数据是日期和时间，合并组合后的结果是一个新的日期时间，例如，下面的结果为#datetime(2020,4,5,9,29,32)，即2020-4-5 9:29:32。

```
date(2020,4,5) & #time(9,29,32),
```

如果数据是列表，那么合并组合后的结果是一个新的列表，例如：

```
{1, 2} & {3}                            //结果是{1, 2, 3}。
```

如果结果是记录，那么合并组合后的结果是一条新的记录。例如：

```
[x = 1] & [y = 2]                       //结果是[x = 1,  y = 2]。
[x = 1, y = 2] & [x = 3, z = 4]         //结果是[x = 3, y = 2, z = 4]。
```

1.4.5 一元运算

对一元运算的介绍有+(一元加)、-(一元减)和not(一元否)。例如：

```
+ + 100          //结果是100。
+ - 100          //结果是-100。
- (100+200)      //结果是-300。
- - 100          //结果是100。
- - -100         //结果是-100。
not true         //结果是false。
not false        //结果是true。
```

1.4.6 记录查找运算

如果要从查询表中引用某个字段，以便对该字段的记录进行计算，可以使用方括号“[]”引用。

例如，[日期]就是引用字段“日期”，[产品]就是引用字段“产品”。

1.4.7 列表索引器运算

如果引用列表中的某个项，需要使用大括号"{}"。

例如，下面的例子就是得到列表{100,200,500,111,321,628,115}中第3个项：500，注意第1个项的索引是0，第2个项的索引是1，以此类推。

```
{100,200,500,111,321,628,115}{2}
```

下面的例子就是得到列表{100,200,500,111,321,628,115}中第5个项：321。

```
{100,200,500,111,321,628,115}{4}
```

1.5 if条件语句

当满足条件时结果是A，不满足条件时结果是B，诸如这样的处理，需要使用if条件语句。

扫一扫，看视频

1.5.1 单个if使用

if条件语句是常用的条件判断处理，常用的语句结构是：

```
if 条件 then 结果 1 else 结果 2
```

例如，下面的语句就是根据x值判断，如果x的值是100，结果是200，否则就是300。

```
if x = 100 then 200 else 300
```

1.5.2 多个if使用

if条件语句还可以嵌套if语句，例如下面的语句就是判断x值的三种情况：如果x的值是1，结果是200；如果x的值是2，结果是300；x的其他值情况，结果都是400。

```
if x=1 then 200 else if x=2 then 300 else 400
```

如果要将几个条件联合起来进行判断处理，可以使用and或or组合条件，例如：

```
if x=1 and y=2 then 200 else if x=1 and y=3 then 300 else if x=10 or y=10 then 400 else 0
```

1.5.3 if与and和or联合使用

很多情况下需要将多个条件联合起来做判断，此时需要if与and和or联合使用。

例如，下面语句就是通过判断是否为双休日或工作日来计算工作系数，双休日的工作系数为1.2，工作日的工作系数为1：

```
= if Date.DayOfWeek([日期],Day.Sunday)=0 or Date.DayOfWeek([日期],Day.Sunday)=6 then 1.2
else 1
```

也可以这样写：

```
= if Date.DayOfWeek([日期],Day.Sunday)>=1 and Date.DayOfWeek([日期],Day.Sunday)<=5
then 1 else 1.2
```

下面联合使用if、and和or综合判断，此时，需要合理使用小括号“()”确定运算规则和次序：

```
= if x=1 and (y=5 or z=10) then 200 else 300
= if x=1 and y=5 or z=10 then 200 else 300
```

当x=2，y=8，z=10时，第一个公式的结果是300，而第二个公式的结果是200。

1.6 关键词

M语言中，有一些关键词是专用的，不能用作变量名称，包括：#binary、#date、#time、#datetime、#datetimezone、#duration、#infinity、#nan、#sections、#shared、#table、each、if、then、else等。

1.7 连续的值

两个句点（..）表示一个连续的值，构成一个列表（list）。在数据处理中这种连续值的构建是非常有用的。

1.7.1 构建连续的数字

如下代码表示0~9的连续的10个数字0,1,2,3,4,5,6,7,8,9：

```
{0..9}
```

如下代码表示101~108的连续的8个数字101,102,103,104,105,106,107,108：

```
{101..108}
```

1.7.2 构建连续的文本型数字

如下代码表示0~9的连续的文本型数字 "0","1","2","3","4","5","6","7","8","9"：

```
{"0".."9"}
```

如下代码表示0~9的连续的文本型数字、小数点 "." 和负号 "–"：

```
{"0".."9",".","–"}
```

1.7.3 构建连续的小写字母 a~z

如下代码表示a~z的连续的26个小写字母：

```
{"a".."z"}
```

1.7.4 构建连续的大写字母 A~Z

如下代码表示A~Z的连续的26个大写字母：

```
{"A".."Z"}
```

1.7.5 构建连续的小写字母 a~z 和大写字母 A~Z

如下代码表示全部的26个小写字母和26个大写字母：

```
{"a".."z","A".."Z"}
```

1.7.6 构建常用汉字列表

如下代码表示常用汉字的列表(不考虑其他偏僻的汉字)：

```
{" 一 ".." 龟 "}
```

1.7.7 构建任意的字符列表

构建含有指定字符的列表：

```
{"0".."9","a".."z","A".."Z","/","[","]","$"," ￥","."}
```

1.8 常量

常量是指在运算中固定不变的数据，有逻辑常量、数字常量、日期常量、时间常量、日期时间常量、时区常量、文本常量和空值常量等。

1.8.1 逻辑常量

逻辑常量有两个，true和false。

1.8.2 数字常量

不变的数字就是数字常量，例如1，100，-10，1.39，1.0e3，1.0e-3。

1.8.3 日期常量

固定不变的日期就是日期常量，需要使用#date函数输入。#date函数的用法如下：

```
#date( 年 , 月 , 日 )
```

这里，年数字区间是1~9999，月数字区间是1~12，日数字区间是1~31。

例如，#date(2020,4,5)，就是输入日期2020-4-5。

注意

不要按照在Excel里的输入格式输入日期2020-4-5，更不能按照Word里的输入习惯输入日期2020.4.5。

1.8.4 时间常量

固定不变的时间就是时间常量，需要使用#time函数输入。

#time函数的用法如下：

```
#time( 时 , 分 , 秒 )
```

这里，时的数字区间是0~24，分和秒的数字区间是0~59。

注意

如果时数字是24，那么分和秒都必须是0。

例如：

```
#time(10,55,23)            // 输入时间 10:55:23
#time(22,8,12)             // 输入时间 22:08:12
#time(24,0,0)              // 输入时间 0:00:00
```

1.8.5 日期时间常量

固定的包含日期和时间的常量，就是日期时间常量，需要使用#datetime函数输入。#datetime函数的用法如下：

```
#datetime( 年 , 月 , 日 , 时 , 分 , 秒 )
```

这里的年、月、日、时、分、秒数字的区间范围，要遵循日期常量和时间常量的规定。

例如，#datetime(2020,4,5,11,15,22)，结果为2020年4月5日11点15分22秒。

1.8.6 时区常量

固定的包含时区、日期和时间的常量，就是时区常量，需要使用#datetimezone函数输入。#datetimezone函数的用法如下：

```
#datetimezone( 年 , 月 , 日 , 时 , 分 , 秒 , 时差 , 分差 )
```

这里的年、月、日、时、分、秒数字的区间范围，要遵循日期常量和时间常量的规定，而时差的数字范围是–14~14，分差的数字范围是–59~59。

例如，#datetimezone(2020,4,5,11,15,22,–8)，结果为2020–4–5 11:15:22 –08:00。

1.8.7 持续时间常量

如果要在一个日期时间常量上，加一个固定的几天、几小时、几分、几秒的时间，应该如何输入呢？此时，需要使用#duration函数，其用法是：

```
#duration( 天 , 时 , 分 , 秒 )
```

例如，#duration(0,1,20,45)，就是一个代表0天1小时20分钟45秒的常量，而下面的表达式结果就是2020–4–5 12:36:07：

```
#datetime(2020,4,5,11,15,22)+#duration(0,1,20,45)
```

下面的表达式表示在2020年4月5日的日期上加5天，其结果为2020–4–10：

```
#date(2020,4,5)+#duration(5,0,0,0)
```

1.8.8 文本常量

固定不变的文本字符串就是文本常量，可以是纯文本，也可以是文本与数字的组合，需要使用双引号引起来。如"北京"、"A10"、"01ABC"、"100"(注意是文本100,而不是数字100)。

1.8.9 空值常量

空值常量表示没有数据,用null表示。

例如,下面的条件语句就是进行条件判断,如果不满足条件,就输入空值常量null:

```
if x=100 then 50 else null
```

1.8.10 列表常量

使用大括号“{}”构建列表常量。

例如:

```
{"A", "B", "C"}                 //一个包含字母A、B、C的列表。
{ 1, 5..9, 11, 20 }             //一个数字1,5,6,7,8,9,11,20的列表。
```

1.9 定义数据类型

Power Query 对数据类型是非常敏感的,必须对每个字段的数据类型进行定义。

一般情况下,可以通过Power Query的菜单命令列表设置字段的数据类型,也可以使用type定义字段的数据类型,主要有:

- type null, 空值类型
- type logical, 逻辑值类型
- type number, 数字类型
- type time, 时间类型
- type date, 日期类型
- type datetime, 日期时间类型
- type datetimezone, 时区类型
- type duration, 持续时间类型
- type text, 文本类型
- type binary, 二进制类型

- type list，列表类型
- type record，记录类型
- type table，表类型
- type function，函数类型

例如，下面就是把表中的字段“姓名”定义为文本类型，把字段“销售额”的数据类型定义为数字(小数)类型：

```
{{" 姓名 ", type text}, {" 销售额 ", type number }}
```

下面就是对函数进行数据类型定义，变量y是数字，变量z是可选的文本类型，函数结果是任意类型：

```
type function (y as number, optional z as text) as any
```

1.10 M函数基本语法

M函数语法很简单，与Excel函数区别不大，如下所示。

```
函数名 ( 参数 1， 参数 2， 参数 3， …)
```

M函数名一般由数据类型单词和功能单词构成，如下所示。

- Date.FromText 函数：日期类函数（Date），用于将文本型日期转换为日期（FromText）。
- Text.Remove 函数：文本类函数（Text），用于将文本字符串中的指定字符从文本中剔除出去（Remove）。
- Number.Round 函数：数字类函数（Number），对数字进行四舍五入（Round）。

仔细阅读每个函数的帮助信息，就可以了解函数的语法结构和基本用法。

注意

一般数据类型单词和功能单词的第一个字母都是大写字母。

Chapter

02

文本函数及其应用

文本函数，用来对文本数据进行处理，例如转换格式、提取字符、分列文本、替换字符等。本章就常用的文本函数及其应用进行介绍，文本函数的前缀均为Text。

2.1 Text.Length函数：计算文本长度

在Excel中，计算文本长度（字符个数），可以使用LEN函数。在M语言中，使用Text.Length计算文本长度。

Text.Length函数的基本用法是：

= Text.Length(文本字符串)

Text.Length的结果是数字，表示字符串的长度(字符个数)。

例如，Text.Length("2020–2021年预算分析第1稿")，结果是17。

案例2–1

图2–1所示是一张科目明细表，有总账科目，也有明细科目，现在要从这个表格中提取所有的总账科目数据。所谓总账科目，就是科目编码为4位的科目。只要计算出科目编码的位数，再进行筛选即可。

	A	B	C
1	科目编码	科目名称	金额
2	5101	主营业务收入	407158.64
3	510101	产品销售收入	407158.64
4	510102	销售退回	0
5	5102	其他业务收入	4000
6	5201	投资收益	0
7	5203	补贴收入	0
8	5301	营业外收入	968.488
9	5401	主营业务成本	-157202.96
10	540101	主营业务成本	-145243.44
11	540102	产品价格差异	0
12	540103	产品质检差旅费	-9954.86
13	54010301	机票	-3045.43
14	54010302	火车票及其他	-1506.43
15	54010303	住宿费	-2058
16	54010304	当地出差交通费	-296
17	54010305	出差补贴及其他	-3049
18	540104	其他成本	-2004.66
19	5402	主营业务税金及附加	-1236.788

明细表

图2–1　科目明细表数据

执行“数据”→“从表格”命令，建立基本查询，如图2–2所示。

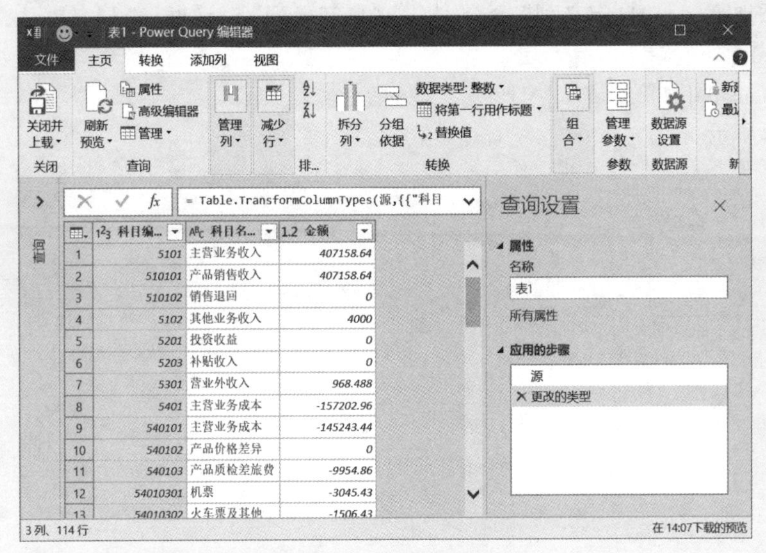

图2-2　建立基本查询

这里第一列数据类型被更改成了整数，因此需要重新将第一列的数据类型设置为“文本”，如图2-3所示。

图2-3　重新设置第一列的数据类型为“文本”

执行“添加列”→“自定义列”命令，打开“自定义列”对话框，新列名默认，输入下面的自定义列公式：

= Text.Length([科目编码])

如图2-4所示。

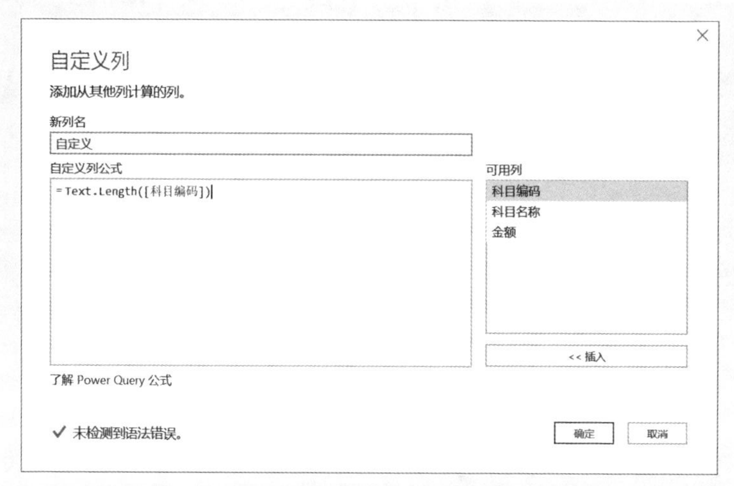

图2-4　添加自定义列，计算科目编码长度

这样就得到一个自定义列，在该列中计算出每个科目编码的位数，如图2-5所示。

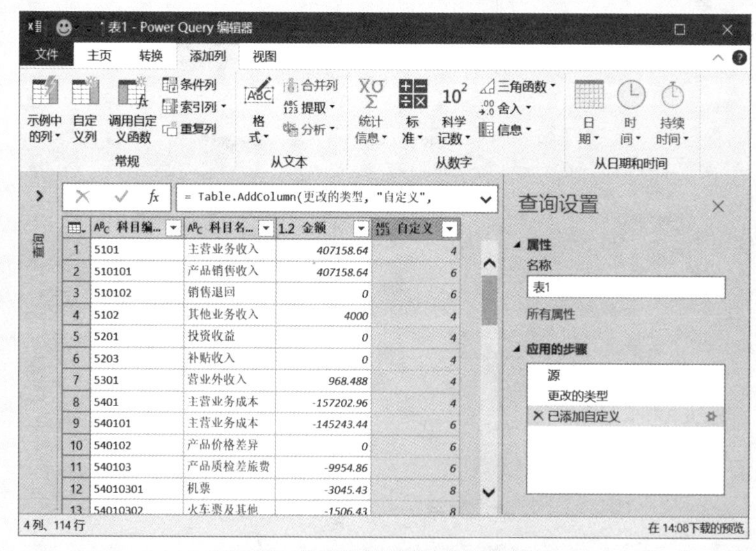

图2-5　科目编码位数的自定义列

从自定义列中，筛选出数字是4的数据，筛选后的结果如图2-6所示。

= Table.SelectRows(已添加自定义, each ([自定

	科目编...	科目名...	金额	自定义
1	5101	主营业务收入	407158.64	4
2	5102	其他业务收入	4000	4
3	5201	投资收益	0	4
4	5203	补贴收入	0	4
5	5301	营业外收入	968.488	4
6	5401	主营业务成本	-157202.96	4
7	5402	主营业务税金...	-1236.788	4
8	5405	其他业务支出	-200	4
9	5501	营业费用	-327361.1356	4
10	5502	管理费用	-120.15	4
11	5503	财务费用	-3011.8605	4
12	5601	营业外支出	-6567.4901	4
13	5701	所得税	0	4

图2-6　对自定义列进行筛选后的结果

然后删除这个自定义列，如图2-7所示。

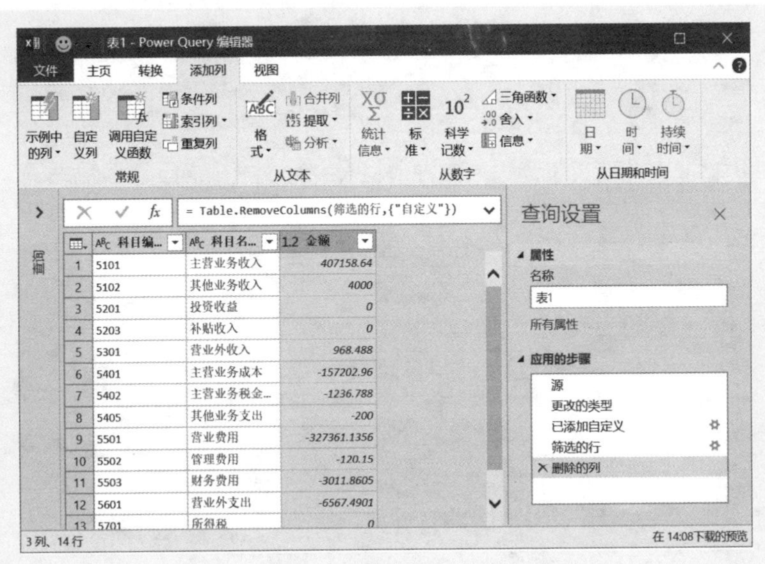

= Table.RemoveColumns(筛选的行,{"自定义"})

	科目编...	科目名...	金额
1	5101	主营业务收入	407158.64
2	5102	其他业务收入	4000
3	5201	投资收益	0
4	5203	补贴收入	0
5	5301	营业外收入	968.488
6	5401	主营业务成本	-157202.96
7	5402	主营业务税金...	-1236.788
8	5405	其他业务支出	-200
9	5501	营业费用	-327361.1356
10	5502	管理费用	-120.15
11	5503	财务费用	-3011.8605
12	5601	营业外支出	-6567.4901
13	5701	所得税	0

图2-7　删除自定义列

最后将“查询设置”窗格关闭并上载成表，得到需要的总账科目表，如图2-8所示。

科目编码	科目名称	金额
5101	主营业务收入	407158.64
5102	其他业务收入	4000
5201	投资收益	0
5203	补贴收入	0
5301	营业外收入	968.488
5401	主营业务成本	-157202.96
5402	主营业务税金及附加	-1236.788
5405	其他业务支出	-200
5501	营业费用	-327361.1356
5502	管理费用	-120.15
5503	财务费用	-3011.8605
5601	营业外支出	-6567.4901
5701	所得税	0
5801	以前年度损益调整	0

图2-8　总账科目表

在这个表格中，收入项目采用了正数，成本费用及支出采用了负数，因此对这些数据汇总合计，得到的就是净利润。

选中“设计”选项卡下的“汇总行”复选框，如图2-9所示。

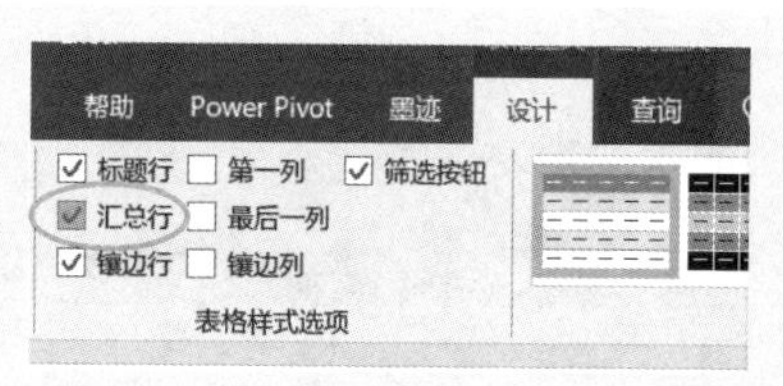

图2-9　选中“汇总行”复选框

这样就在表格的底部插入了一个汇总行，计算出净利润，如图2-10所示。

科目编码	科目名称	金额
5101	主营业务收入	407158.64
5102	其他业务收入	4000
5201	投资收益	0
5203	补贴收入	0
5301	营业外收入	968.488
5401	主营业务成本	-157202.96
5402	主营业务税金及附加	-1236.788
5405	其他业务支出	-200
5501	营业费用	-327361.1356
5502	管理费用	-120.15
5503	财务费用	-3011.8605
5601	营业外支出	-6567.4901
5701	所得税	0
5801	以前年度损益调整	0
汇总		-83573.2562

图2-10　表格底部插入汇总行，计算净利润

注意

Text.Length函数只能计算文本字符串的字符数，而不能计算数字的位数（这跟Excel中的LEN函数有所不同）。如果数据类型是数字（整数），使用Text.Length就会出现错误，如图2-11和图2-12所示。

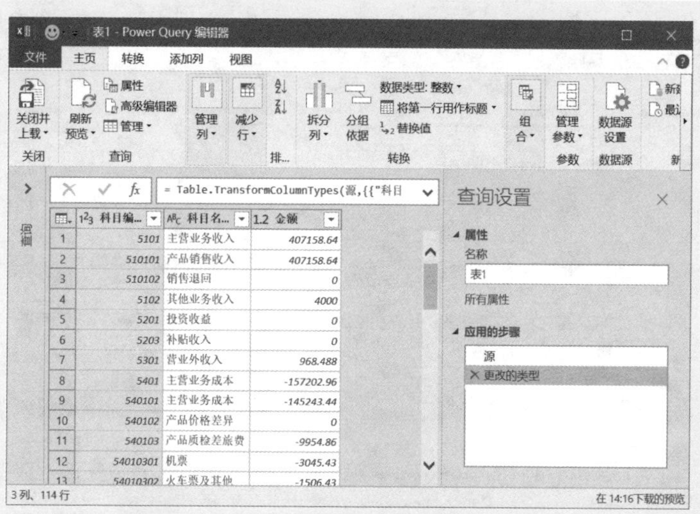

图2-11　第一列科目编码是数字（整数）

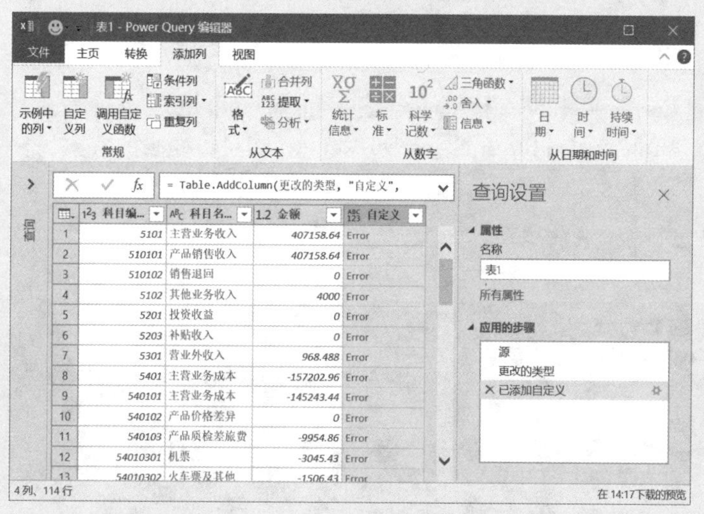

图2-12　使用Text.Length函数计算，结果出现错误

因此，可以先将第一列科目编码的数据类型设置为“文本”，或者在公式中使用Text.From函数将数字转换为文本后，再使用Text.Length函数，此时自定义列公式如下所示，自定义列的添加如图2–13所示。

```
= Text.Length(Text.From([科目编码]))
```

自定义列

添加从其他列计算的列。

新列名

自定义

自定义列公式

= Text.Length(Text.From([科目编码]))

可用列

科目编码

科目名称

金额

<< 插入

了解 Power Query 公式

✓ 未检测到语法错误。

确定 取消

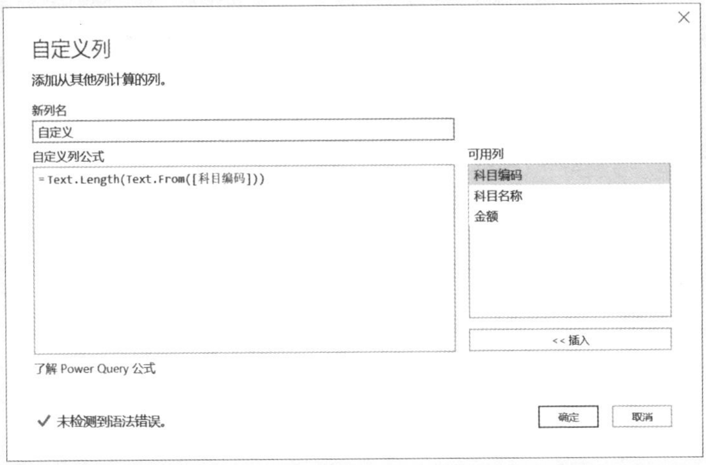

图2–13　联合使用Text.From函数和Text.Length函数计算数字的位数

案例2–1的介绍是为了帮助读者熟悉Power Query的基本操作，并掌握Text.Length函数的应用方法。其实，案例2–1也可以使用Table.SelectRows函数一次性完成数据提取，公式代码如下：

```
let
    源 = Excel.CurrentWorkbook(){[Name="表1"]}[Content],
    总账科目 = Table.SelectRows( 源 ,each Text.Length([科目编码])=4)
in
    总账科目
```

2.2 提取字符

很多情况下，需要从字符串中把需要的字符提取出来，生成一个新列，这就是提取字符的问题。

提取字符常用的M函数有：

- Text.Start
- Text.End
- Text.Middle
- Text.Range
- Text.At
- Text.BeforeDelimiter
- Text.AfterDelimiter
- Text.BetweenDelimiters
- Text.Select

2.2.1 Text.Start函数：从文本字符串左侧提取字符

在Excel中，如果要从文本字符串左侧提取字符，需要使用LEFT函数。在M语言中，则需要使用Text.Start函数。其用法为：

```
= Text.Start( 文本字符串 , 要提取的字符个数 )
```

例如，Text.Start("2020-2021年预算分析第1稿",9)，结果是"2020-2021"。

案例2-2

图2-14所示是银行账号与银行名称连在一起的几组数据，现在需要从中提取出银行账号。银行账号是固定的12位数字。

	A
1	银行及账号
2	090110220254招行唐山分行
3	100030460148招行北京分行四环路支行
4	090110260258招行唐山分行
5	090110700911海通证券学院路营业部
6	090100980836中信北京海淀支行
7	090100990837中信北京西城支行
8	

图2-14　银行及账号数据

这个问题的解决方法有很多种，可以使用Excel的LEFT函数实现，其公式如下：

```
=LEFT(A2,12)
```

也可以执行Power Query中的"添加列"→"提取"→"首字符"命令，如图2-15所示。

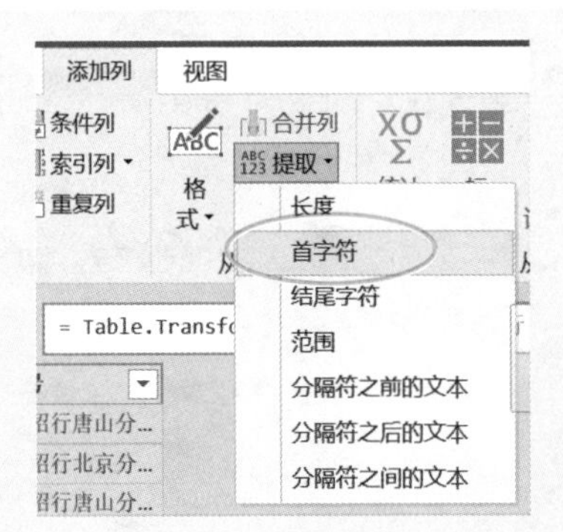

图2-15 “添加列”→“提取”→“首字符”命令

下面介绍通过添加自定义列，使用Text.Start函数提取字符串的方法，如图2-16所示。自定义列公式为：

= Text.Start([银行及账号],12)

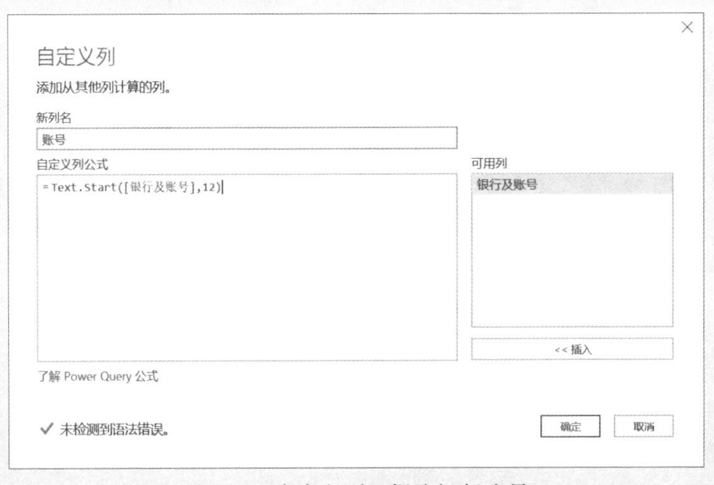

图2-16 自定义列，提取银行账号

这样就得到下面的“账号”列，如图2-17所示。

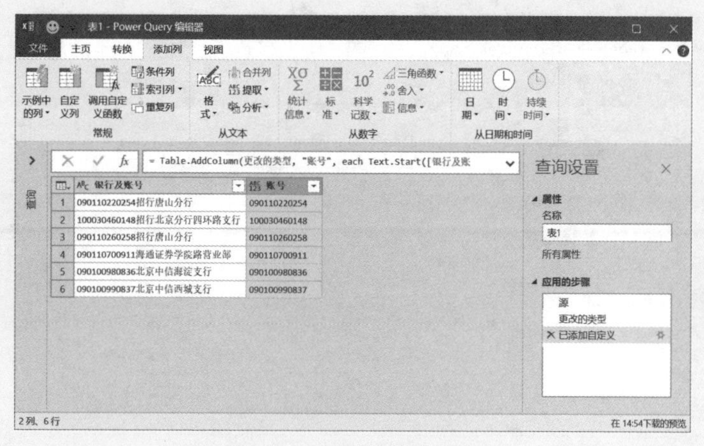

图2–17　得到的银行账号

注意

Text.Start函数也只能对文本字符串提取字符。如果数据是数字，使用Text.Start函数就会出现错误，如图2–18所示，此时自定义列公式为：

= Text.Start([数字],3)

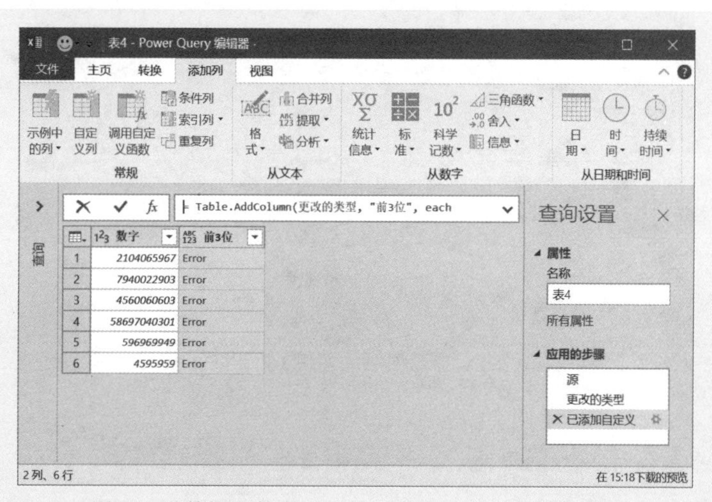

图2–18　数据为数字时，使用Text.Start函数就会出错

如果要从数字中提取，可以先将第一列的数字设置为“文本”，或者在公式中直接转换，如图2–19所示。公式为：

= Text.Start(Text.From([数字]),3)

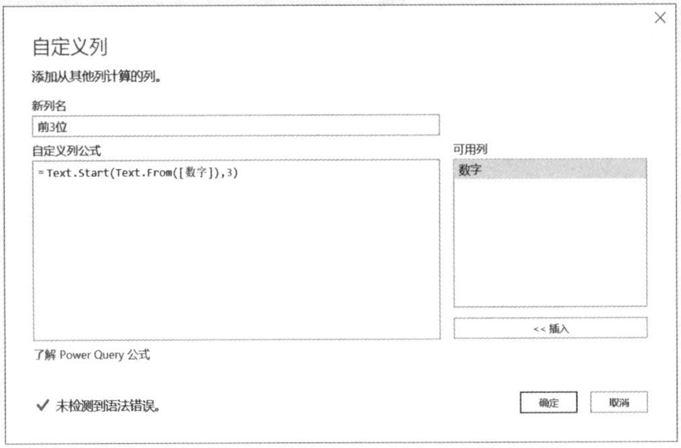

自定义列
添加从其他列计算的列。
新列名
前3位
自定义列公式
= Text.Start(Text.From([数字]),3)
可用列
数字
<< 插入
了解 Power Query 公式
✓ 未检测到语法错误。
确定 取消

图2-19　在公式中使用Text.From函数转换文本

提取后的结果如图2-20所示。

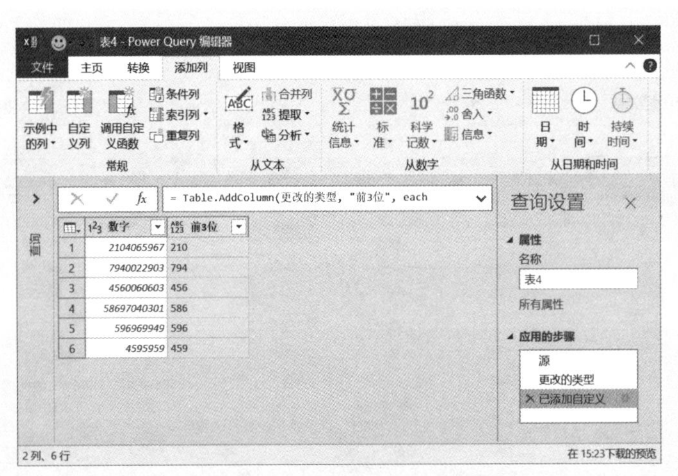

图2-20　提取的左侧3个字符

2.2.2 Text.End函数：从文本字符串右侧提取字符

在Excel中，如果要从字符串右侧提取字符，可以使用RIGHT函数。在M语言中，则需要使用Text.End函数。其用法为：

= Text. End(文本字符串 , 要提取的字符个数)

例如，Text.End ("2020-2021年预算分析第1稿",3)，结果是"第1稿"。

案例2-3

以案例2-2的数据为例，提取右侧的银行名称，则可以使用下面的公式自定义列，如图2-21所示。

```
= Text.End([银行及账号],Text.Length([银行及账号])-12)
```

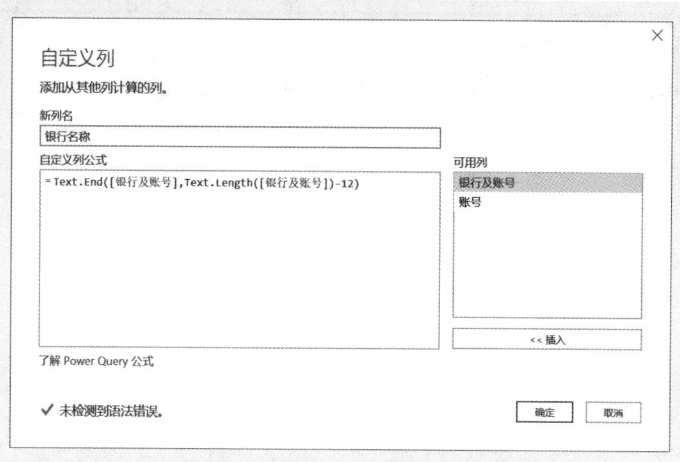

图2-21　自定义列，提取右侧数据

由于无法确定右侧要提取的字符个数，因此使用Text.Length函数先计算出字符总个数，再减去左侧的账号个数(12)，即可得到要实际提取的右侧字符个数。提取后的结果如图2-22所示。

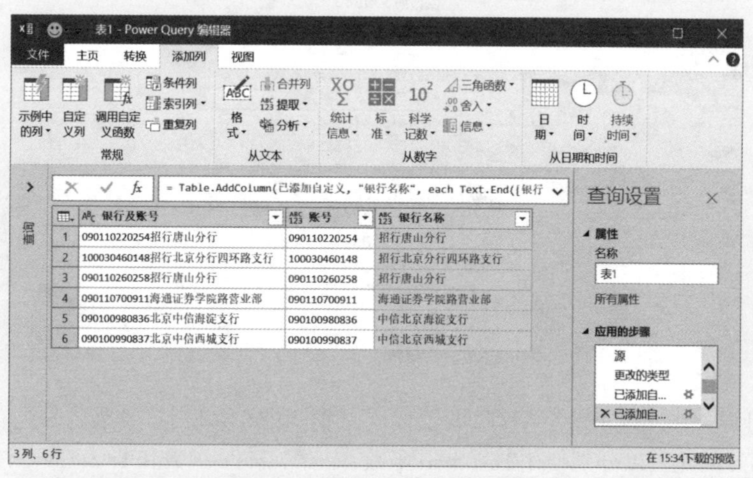

	银行及账号	账号	银行名称
1	090110220254招行唐山分行	090110220254	招行唐山分行
2	100030460148招行北京分行四环路支行	100030460148	招行北京分行四环路支行
3	090110260258招行唐山分行	090110260258	招行唐山分行
4	090110700911海通证券学院路营业部	090110700911	海通证券学院路营业部
5	090100980836北京中信海淀支行	090100980836	中信北京海淀支行
6	090100990837北京中信西城支行	090100990837	中信北京西城支行

图2-22　提取出的银行名称

注意

Text.End函数只能处理文本，不能处理数字。若要处理数字，必须先将数字转换为文本。

2.2.3 Text.Middle 函数：从文本字符串指定位置提取字符

在Excel中，如果要从字符串指定位置提取字符，可以使用MID函数。在M语言中，则需要使用Text.Middle函数，其用法为：

= Text.Middle(文本字符串，指定开始位置，要提取的字符个数)

例如，Text.Middle ("2020-2021年预算分析第1稿",5,4)，结果是"2021"。

注意

文本字符串中，左边第一个字符的索引是0，第二个字符的索引是1，第三个字符的索引是2，以此类推。也就是说，在M函数中，字符索引是从0开始的，而在Excel函数中，字符索引是从1开始的。

案例2-4

图2-23所示是一张股票信息表，现在要求从这些数据中分别提取所属行业、股票代码和股票名称。

扫一扫，看视频

	A	B
1	股票信息	
2	机械行业600980北矿科技	
3	高速公路600033福建高速	
4	电子元件600563法拉电子	
5	通讯行业600745闻泰科技	
6	塑胶制品603615茶花股份	
7	造纸印刷603165荣晟环保	
8	专用设备688288鸿泉物联	
9	通讯行业601869长飞光纤	
10	软件服务300682朗新科技	
11	软件服务300253卫宁健康	
12	化工行业300067安诺其	
13	农牧饲渔600127金健米业	
14	医药制造600085同仁堂	
15	有色金属600331宏达股份	

图2-23　股票信息表

所属行业是左侧的4个汉字字符，股票代码是中间的6位数字，股票名称是右侧的长度不定的汉字字符，因此可以分别使用Text.Start函数、Text. Middle函数和Text. End函数进行提取。

首先建立基本查询。提取左侧所属行业的自定义列公式如下(见图2-24):

```
= Text.Start([股票信息],4)
```

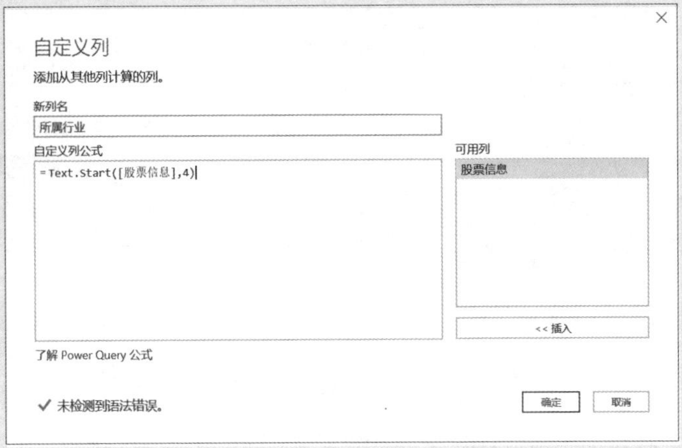

图2-24　自定义列，提取左侧的所属行业

提取中间的股票代码的自定义列公式如下(见图2-25):

```
= Text.Middle([股票信息],4,6)
```

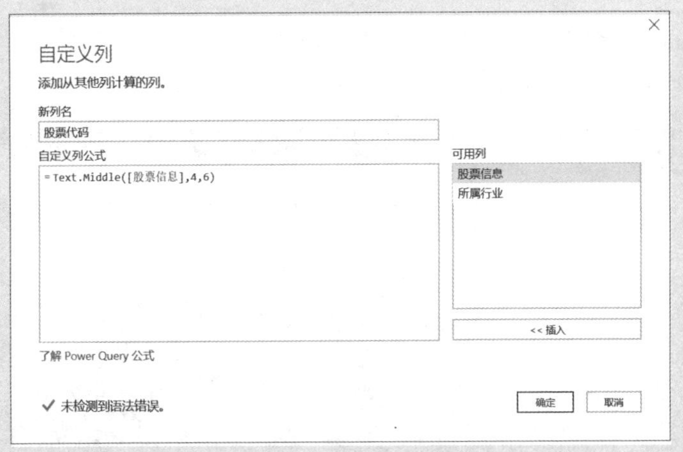

图2-25　自定义列，提取中间的股票代码

提取右侧的股票名称，可以使用Text.End函数，此时自定义列公式如下(见图2-26):

```
= Text.End([股票信息],Text.Length([股票信息])-10)
```

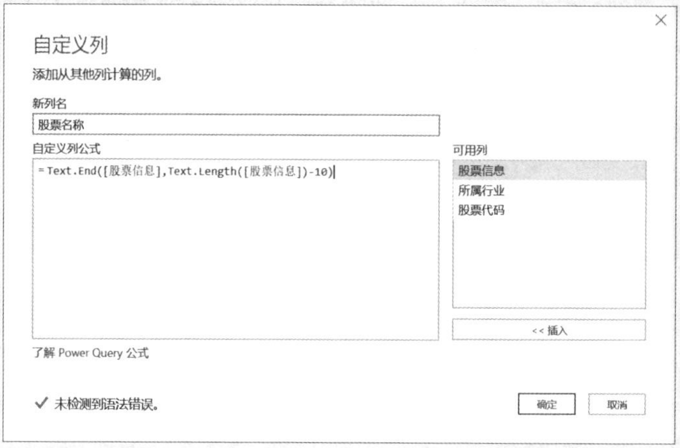

自定义列

添加从其他列计算的列。

新列名

股票名称

自定义列公式

= Text.End([股票信息],Text.Length([股票信息])-10)

可用列

股票信息

所属行业

股票代码

<< 插入

了解 Power Query 公式

✓ 未检测到语法错误。

确定 取消

图2-26 自定义列，提取右侧的股票名称

这里先使用Text.Length函数计算出原始字符串长度，再去除左侧的10个字符，剩余的就是右侧的股票名称字符数。

此外，也可以使用Text.Middle函数提取最右侧的股票名称，也就是从第11个字符(索引号是10)开始取，右侧有多少就取多少，将函数的第三个参数设置为一个较大的数字即可，公式如下：

= Text.Middle([股票信息],10,100)

这样，就得到了需要的数据，如图2-27所示。

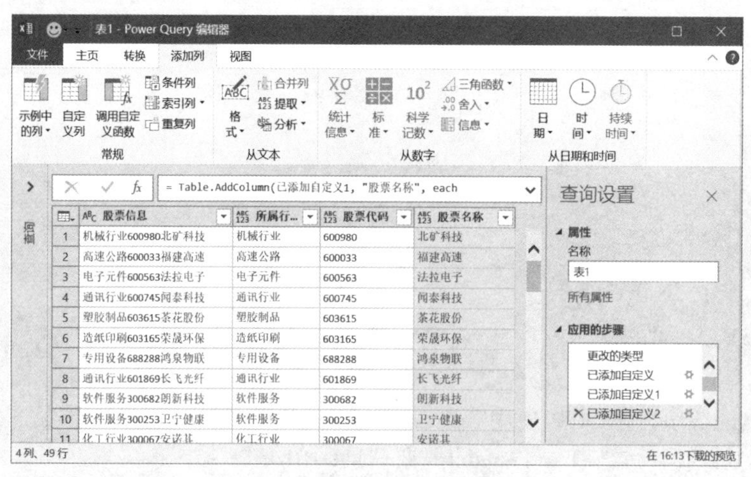

图2-27 提取出的股票相关信息

上述操作过程的M公式代码如下：

```
let
    源 = Excel.CurrentWorkbook(){[Name=" 表 1"]}[Content],
    更改的类型 = Table.TransformColumnTypes( 源 ,{{" 股票信息 ", type text}}),
    已添加自定义 = Table.AddColumn( 更改的类型 , " 所属行业 ", each Text.Start([股票信息],4)),
    已添加自定义 1 = Table.AddColumn( 已添加自定义 , " 股票代码 ", each Text.Middle([股票信息],4,6)),
    已添加自定义 2 = Table.AddColumn( 已添加自定义 1, " 股票名称 ", each Text.Middle([股票信息],10,100))
in
    已添加自定义 2
```

2.2.4 Text.Range函数：提取指定范围的字符

当要从文本字符串指定位置提取指定个数字符时，除了使用前面介绍的Text.Middle函数外，还可以使用Text.Range函数。

Text.Range函数用于从字符串中指定位置，提取指定范围的字符，其用法为：

```
= Text.Range( 文本字符串 , 指定开始位置 , 要提取的字符个数 )
```

例如，Text.Range ("2020–2021年预算分析第1稿",5,4)，结果是"2021"。

Text.Range函数和Text.Middle函数用法基本一样，唯一不同的是，Text.Middle函数没有界限的限制，也就是说，如果指定的字符个数超过字符串的字符个数，Text.Middle函数不会报错，而是把指定位置以后的所有字符取出。但是，当指定字符个数超出了源字符数时，Text.Range函数就会报错。

因此，在使用Text.Middle函数时，无须考虑字符数超界的问题，而使用Text.Range函数时，这个问题必须进行处理。

例如，下面的公式结果是"分析报告"：

```
= Text.Middle("2020 年预算分析报告 ",7,10)
```

但下面的公式结果就报错了，如图2–28所示。

```
= Text.Range("2020 年预算分析报告 ",7,10)
```

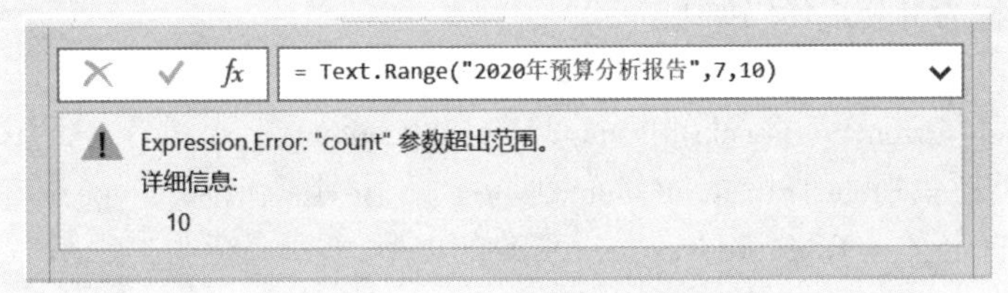

图2-28　Text.Range函数参数超界

在案例2-4中，提取中间的股票代码的公式还可以写为：

=Text.Range([股票信息],4,6)

注意

Text.Range也只能处理文本，不能处理数字。若要处理数字，必须先将数字转换为文本。另外，Text.Range函数的第三个参数设置，不能超过源字符串的字符个数，否则会报错。

2.2.5 Text.At 函数：提取指定位置的一个字符

当需要从指定位置仅提取一个字符时，除了可以使用前面介绍的Text.Middle函数外，还可以使用Text.At函数。

Text.At函数用于从字符串指定位置提取一个字符，其用法为：

= Text.At(文本字符串 , 指定开始位置)

例如，Text.At("ABCDEFG",3)，结果是 "D"，注意字母D是第4个字符，其索引是3。

如果指定的索引号超出了字符位数，函数就会报错。

案例2-5

图2-29所示是一列合同编号，中间的字母是合同类别，现在要添加一列，保存合同类别。

	A	B
1	合同编号	
2	AUY-A-20200392	
3	AUY-A-20200393	
4	AUY-B-20201108	
5	AUY-B-20201109	
6	AUY-A-20200396	
7	AUY-C-20194859	
8	AUY-C-20194860	
9	AUY-D-20191207	
10		

图2-29　合同编号

建立查询，添加自定义列，公式如下（见图2-30）：

```
= Text.At([合同编号],4)
```

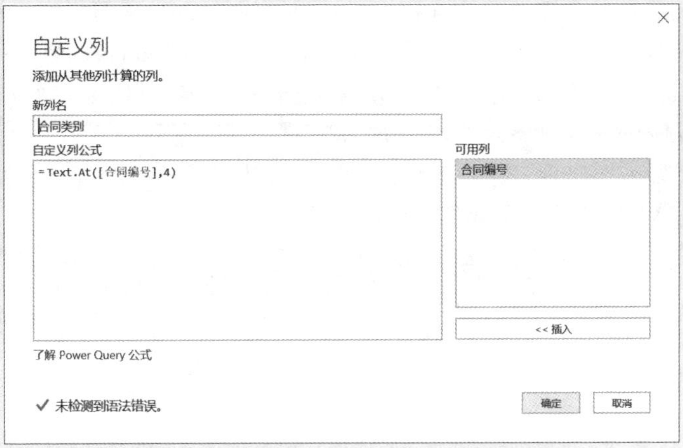

图2-30 自定义列使用Text.At函数提取

提取后的结果如图2-31所示。

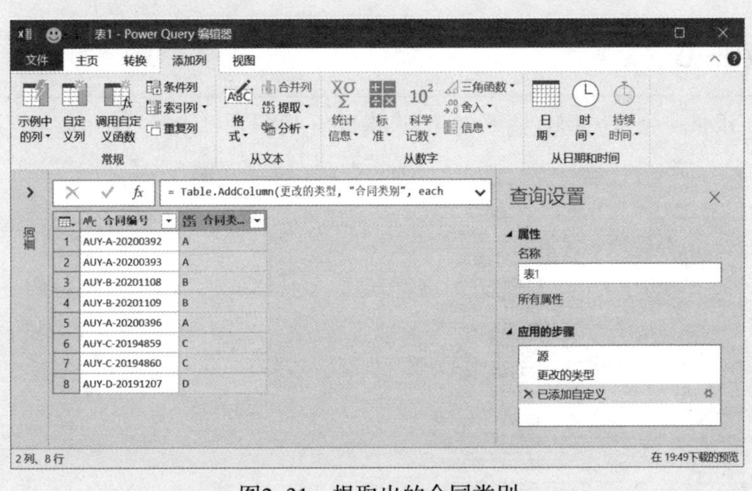

图2-31 提取出的合同类别

当然，也可以使用Text.Middle函数提取合同类别，此时公式为：

```
= Text.Middle([合同编号],4,1)
```

Text.At函数每次只能从指定位置取一个字符。如果要取多个字符，就需要使用Text.Middle函数了。

2.2.6 Text.BeforeDelimiter 函数：提取分隔符之前的文本

如果要提取的字符并不知道其位置和长度，但是有明显的分隔符界定，此时可以使用Text.BeforeDelimiter 函数、Text.AfterDelimiter 函数和 Text.BetweenDelimiters 函数。

Text.BeforeDelimiter 函数用于提取指定分隔符之前的文本，其用法为：

= Text.BeforeDelimiter(文本字符串 , 分隔符 , 哪一次出现)

第三个参数"哪一次出现"是可选参数，当出现相同分隔符时，指定是哪一次出现的；如果忽略，默认为是第一次出现的分隔符之前的字符。

注意

0表示分隔符第一次出现的位置；1表示分隔符第二次出现的位置，以此类推。

分隔符可以是符号、字母或汉字等。

例如：

=Text.BeforeDelimiter("AU–A–20–Q","–")，结果是 "AU"，即第 1 个"–"之前的字符。

=Text.BeforeDelimiter("AU–A–20–Q","–",1)，结果是 "AU–A"，即第 2 个"–"之前的字符。

=Text.BeforeDelimiter("21 幢 305"," 幢 ")，结果是 "21"，即"幢"之前的字符。

案例2–6

图 2–32 所示是一张房屋信息摘要表，要求提取出"楼号""房号"和"业主"三列新数据。

	A	B	C	D
1	摘要	楼号	房号	业主
2	21幢305，黄天峰			
3	8幢1209，夏灿			
4	7幢2201，黄桦			
5	34幢1477，刘晓晨			
6	38幢1512，祁正人			
7	11幢1234，张丽莉			
8	23幢2355，孟欣然			
9	19幢2124，毛利民			
10	37幢1413，马一晨			
11	13幢1465，王浩忌			
12	28幢896，王玉成			
13	23幢491，蔡齐豫			
14	16幢923，秦玉邦			

图2–32　房屋信息摘要表

建立基本查询，插入自定义列，公式如下(见图 2–33)：

= Text.BeforeDelimiter([摘要]," 幢 ")

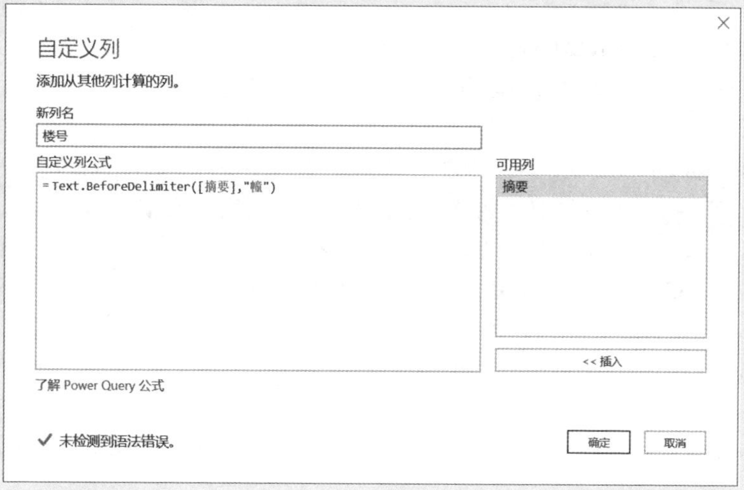

自定义列

添加从其他列计算的列。

新列名

楼号

自定义列公式

```
= Text.BeforeDelimiter([摘要],"幢")
```

可用列

摘要

<< 插入

了解 Power Query 公式

✓ 未检测到语法错误。

确定　取消

图2-33　自定义列，使用Text.BeforeDelimiter函数提取楼号

提取出的楼号如图2-34所示。

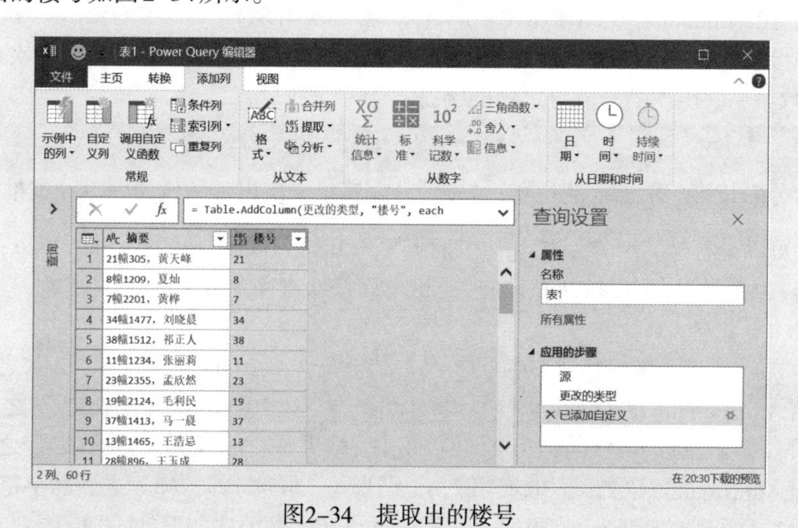

图2-34　提取出的楼号

Text.BeforeDelimiter函数可以指定分隔符出现的方向，也就是说，是从左往右出现的次数，还是从右往左出现的次数。

例如，下面的两个公式结果是相同的。

公式1：

= Text.BeforeDelimiter("AUY-A-202-Q","-",1)

结果是 " AUY-A"，是取从左往右第二个分隔符“-”之前的文本。

公式2：

= Text.BeforeDelimiter("AUY-A-202-Q","-",{1, RelativePosition.FromEnd})

结果是 " AUY-A"，也就是取倒数第二个分隔符“-”之前的文本。

RelativePosition.FromEnd可以用1表示，表示从右往左。

RelativePosition.FromStart可以用0表示，表示从左往右。

因此，公式2还可以写为：

= Text.BeforeDelimiter("AUY-A-202-Q","-",{1, 1})

2.2.7 Text.AfterDelimiter 函数：提取分隔符之后的文本

如果要提取分隔符之后的文本，可以使用Text.AfterDelimiter 函数。

Text.AfterDelimiter函数用于提取指定分隔符之后的文本，其用法为：

= Text.AfterDelimiter(文本字符串 , 分隔符 , 哪一次出现)

第三个参数“哪一次出现”是可选参数，当出现相同分隔符时，指定是哪一次出现的；如果忽略，就取第一次出现的分隔符之后的字符。

注意

0表示分隔符第一次出现的位置，1表示分隔符第二次出现的位置，以此类推。

分隔符可以是符号、字母或汉字等，并且与Text.BeforeDelimiter函数一样，可以指定分隔符出现的方向，也就是说，可以按从左往右数，也可以按从右往左数。

例如：

= Text.AfterDelimiter("AU-A-20-Q","-")，结果是 " A-20-Q"，第 1 个“-”之后的字符。

= Text.AfterDelimiter("AU-A-20-Q","-",1)，结果是 " 20-Q "，第 2 个“-”之后的字符。

= Text.AfterDelimiter("AU-A-20-Q","-",{0,1})，结果是 "Q"，倒数第 1 个“-”之后的字符。

= Text.AfterDelimiter("21 幢 305"," 幢 ")，结果是 "305"，即“幢”之后的字符。

以案例2-6所示的数据为例，提取业主姓名的自定义列公式如下(见图2-35)：

= Text.AfterDelimiter([摘要],"，")

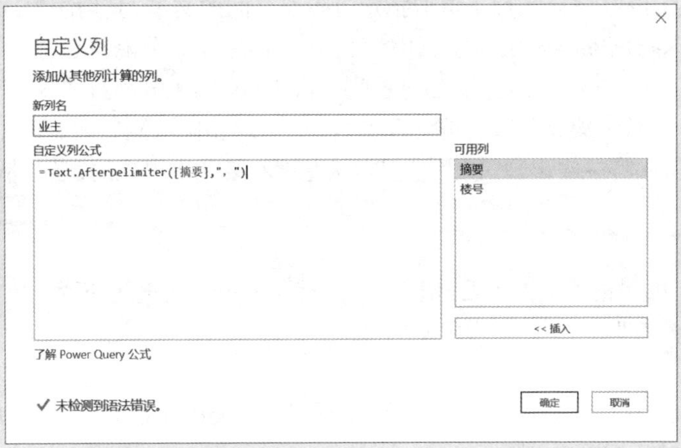

自定义列

添加从其他列计算的列。

新列名

业主

自定义列公式

```
= Text.AfterDelimiter([摘要],"，")
```

可用列

摘要

楼号

<< 插入

了解 Power Query 公式

✓ 未检测到语法错误。

确定　取消

图2-35　自定义列，提取分隔符后面的业主姓名

提取出的结果如图2-36所示。

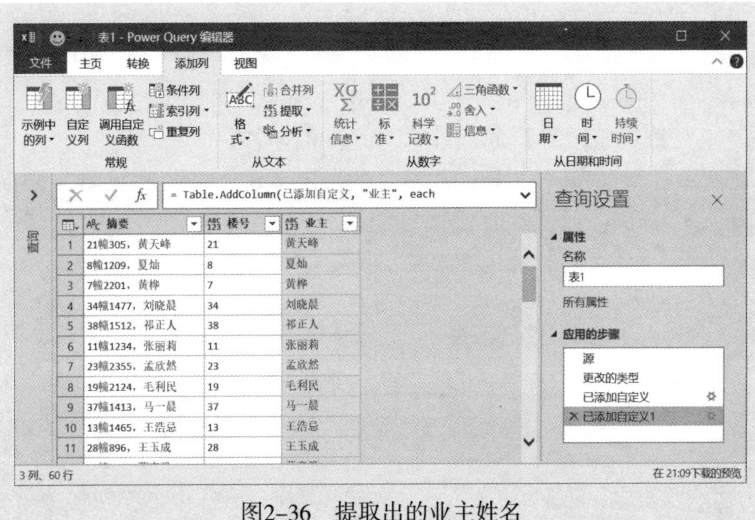

图2-36　提取出的业主姓名

Text.AfterDelimiter 函数和Text.BeforeDelimiter函数的使用方法相同，注意事项也一样，唯一区别是，一个在分隔符之前取数，一个在分隔符之后取数。

2.2.8 Text.BetweenDelimiters 函数：提取分隔符之间的文本

如果要提取分隔符之间的文本，可以使用Text.BetweenDelimiters函数。

Text.BetweenDelimiters函数用于提取指定分隔符之间的文本，其用法为：

= Text.BetweenDelimiters(文本字符串,开始分隔符,结束分隔符,
开始分隔符在哪一次出现,结束分隔符在哪一次出现)

这里，第4个参数和第5个参数是可选参数，当出现相同分隔符时，可以分别指定开始分隔符和结束分隔符在哪一次出现，以及它们是从左往右第几次出现的，还是从右往左的第几次出现的。

例如，公式1：

= Text.BetweenDelimiters(" 支票号 (0839) 合同号 (94950) 记账凭证号 (291)","(",")")

结果是"0839"，即第1个括号内的支票号。

公式2：

= Text.BetweenDelimiters(" 支票号 (0839) 合同号 (94950) 记账凭证号 (291)","(",")",1,0)

结果是"94950"，即第2个括号内的合同号。

公式3：

= Text.BetweenDelimiters(" 支票号 (0839) 合同号 (94950) 记账凭证号 (291)","(",")",2,0)

结果是"291"，即第3个括号内的记账凭证号。

公式4：

= Text.BetweenDelimiters(" 外币 ：美元，外币金额 ：2000","：","，")

结果是"美元"，即第1个冒号和第1个逗号之间的字符。

以案例2-6所示的数据为例，提取业主房号的自定义列公式如下(见图2-37)：

= Text.BetweenDelimiters([摘要]," 幢 ","，")

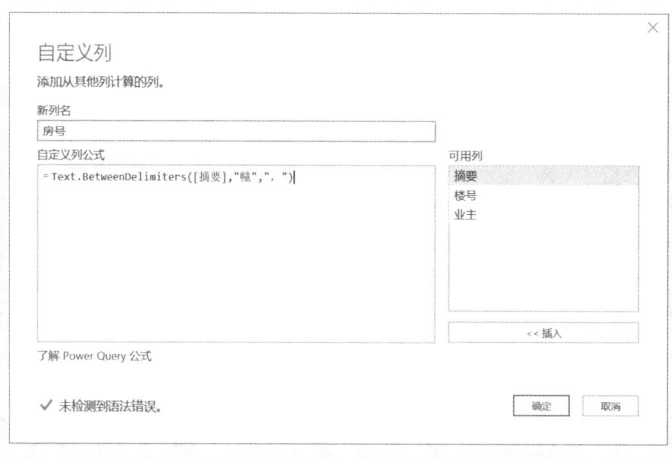

图2-37　自定义列，提取中间的房号

提取出的结果如图2–38所示。

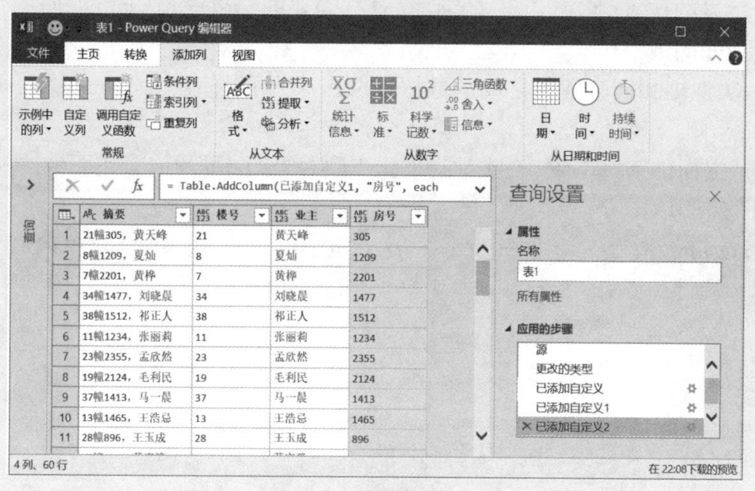

图2–38　提取出的房号

调整各列位置，删除第一列，关闭并上载数据，就得到需要的表格，如图2–39所示。

	A	B	C	D
1	业主	楼号	房号	
2	黄天峰	21	305	
3	夏灿	8	1209	
4	黄桦	7	2201	
5	刘晓晨	34	1477	
6	祁正人	38	1512	
7	张丽莉	11	1234	
8	孟欣然	23	2355	
9	毛利民	19	2124	
10	马一晨	37	1413	
11	王浩忌	13	1465	
12	王玉成	28	896	
13	蔡齐豫	23	491	
14	秦玉邦	16	923	
15	马梓	32	1733	

图2–39　提取分列得到的业主姓名、楼号和房号

由于是提取两个指定分隔符之间的文本，因此需要根据具体情况，确定是指定从左往右还是从右往左的哪一次出现。确定开始位置，再从这个开始位置，往右找第几个出现位置，此时往右找的位置不是从字符串从左往右的绝对位置，而是相对位置。

例如，原始字符串为"支票(0839)合同(94950)记账凭证(291)"，下面的公式是取中间的合同号：

```
= (" 支票 (0839) 合同 (94950) 记账凭证 (291)","(",")",{1,1},{0,0})
```

这里，{1,1}是从右往左找第2个括号“(”的位置，它在“同”的后面；{0,0}表示从这个“同”往右找第1个括号的位置，它在“记”的前面，这样需要的结果就是“同”后面括号“(”和“记”前面括号“)”之间的数字。

如果想一次性把相同分隔符之间的数据提取出来，可以使用List.Transform函数将其处理为列表。

例如，要从上面的字符串中，一次性提取出支票号、合同号和记账凭证号，并生成列表，则公式如下(见图2-40)：

= List.Transform({0..2},each Text.BetweenDelimiters(" 支票 (0839) 合同 (94950) 记账凭证 (291)","(",")",_))

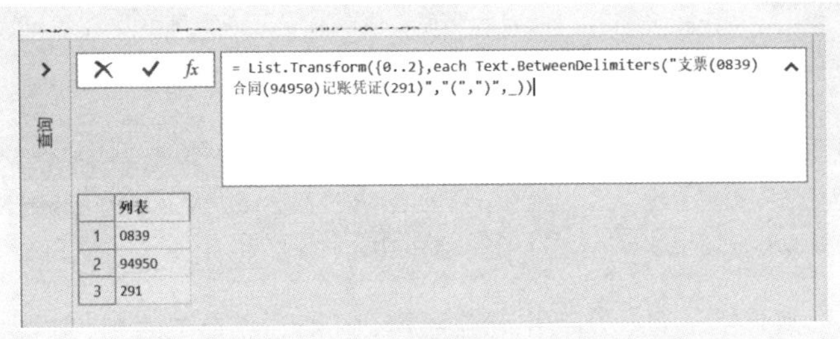

图2-40　一次性提取出数据，并处理为列表

2.2.9 Text.Select 函数：提取指定类型字符

如何将下方文本字符串中的金额提取出来？原始字符串为：

信达科技 34060.49 万元

类似这样的问题可以使用Text.Select函数快速解决。

Text.Select函数用于从字符串中筛选留下指定的字符，并把其他的字符剔除出去。其用法如下：

= Text.Select(文本字符串 , 要提取的单个字符或字符集)

函数的第二个参数可以使用列表批量筛选字符。

例如，下面公式的结果是字符串"34060.49"：

= Text.Select(" 信达科技 34060.49 万元 ",{"0".."9","."})

由于函数得到的结果是文本，而需要得到的是真正的金额数字34060.49，因此可以使用Number.FromText函数进行转换：

= Number.FromText(Text.Select(" 信达科技 34060.49 万元 ",{"0".."9","."}))

案例2-7

扫一扫，看视频

图2-41所示的“目录名称”列中科目编码和总账科目连在一起，现在要从这列提取出科目编码和总账科目来。

	A	B	C	D	E
1	目录名称	科目编码	总账科目	一级明细	二级明细
2	1002000200029918银行存款/公司资金存款/中国建设银行				
3	1002000200045001银行存款/公司资金存款/中国农业银行				
4	11220001应收账款/职工借款				
5	112200020001应收账款/暂付款/暂付设备款				
6	112200020002应收账款/暂付款/暂付工程款				
7	11220007应收账款/单位往来				
8	112200100001应收账款/待摊费用/房屋租赁费				
9	112200100005应收账款/待摊费用/物业管理费				
10	112200100010应收账款/待摊费用/其他				
11	11320001应收利息/预计存款利息				
12	1231坏账准备				
13	16010001固定资产/房屋及建筑物				
14	16010002固定资产/电子设备				
15	16010003固定资产/运输设备				

图2-41 科目编码和总账科目连在一起

使用Text.Select函数，可以快速提取出科目编码；而使用Text.BetweenDelimiters函数可以快速提取各级科目名称。

建立基本查询，如图2-42所示。

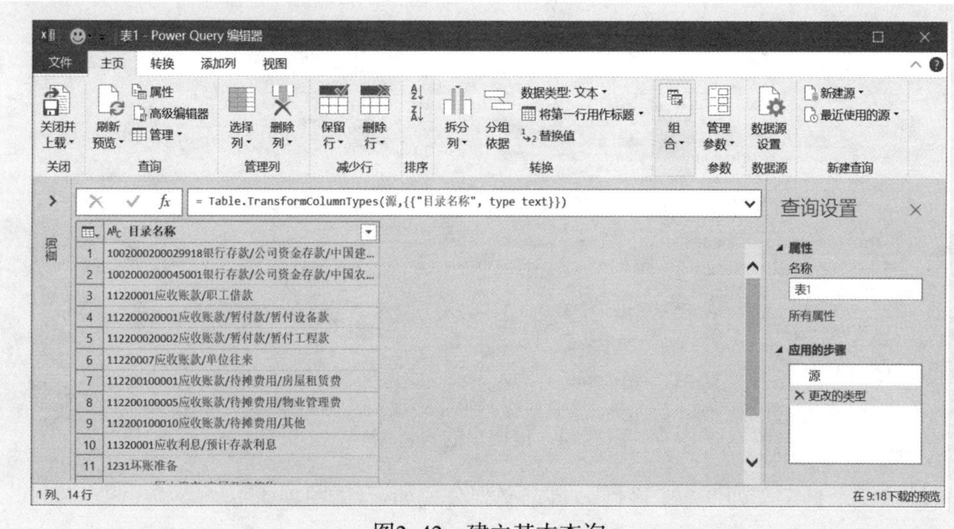

图2-42 建立基本查询

添加一个自定义列“科目编码”，自定义列公式如下(见图2-43)：

= Text.Select([目录名称],{"0".."9"})

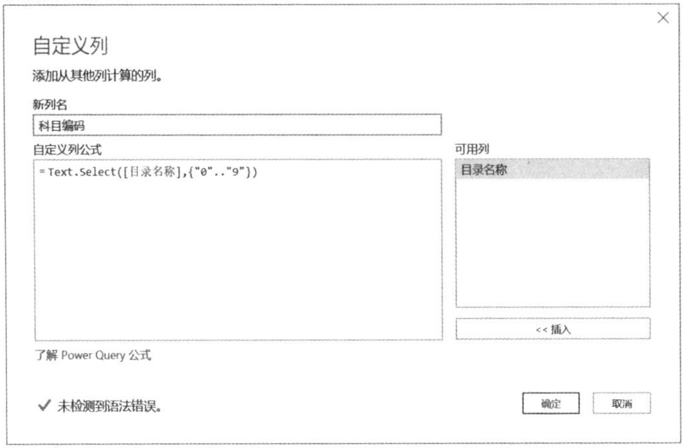

图2-43　自定义列，提取科目编码

这样就得到“科目编码”列，如图2-44所示。

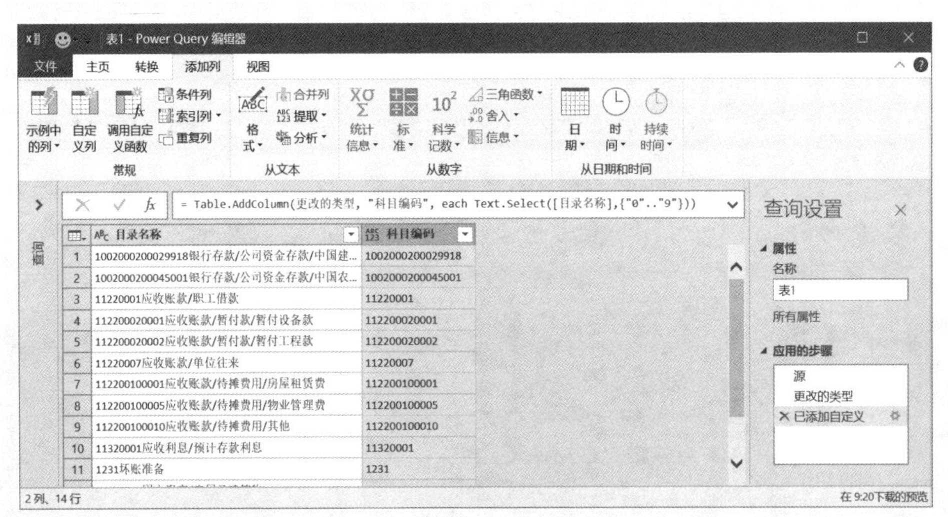

图2-44　提取出的科目编码

再添加一个自定义列“总账科目”，自定义列公式如下(见图2-45)：

= Text.Select(Text.BeforeDelimiter([目录名称],"/"),{"一".."龟"})

这个公式的含义是：先用Text.BeforeDelimiter函数提取出第一个斜杠“/”之前的字符，再

用Text.Select函数从这个提取出的字符串中将汉字提取出来。这里结尾的是汉字“龟”，在“龟”后的字很少用到，输入“龟”就基本上涵盖了常用的汉字。

这个公式也可以使用Text.Remove函数将字符串中的数字剔除出去，得到的就是总账科目名称，公式如下：

```
=Text.Remove(Text.BeforeDelimiter([目录名称],"/"),{"0".."9"})
```

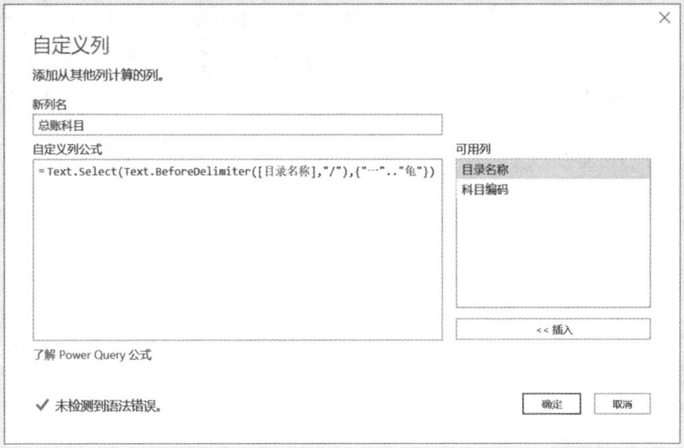

图2-45　自定义列，提取总账科目

这样就得到了“总账科目”列，如图2-46所示。

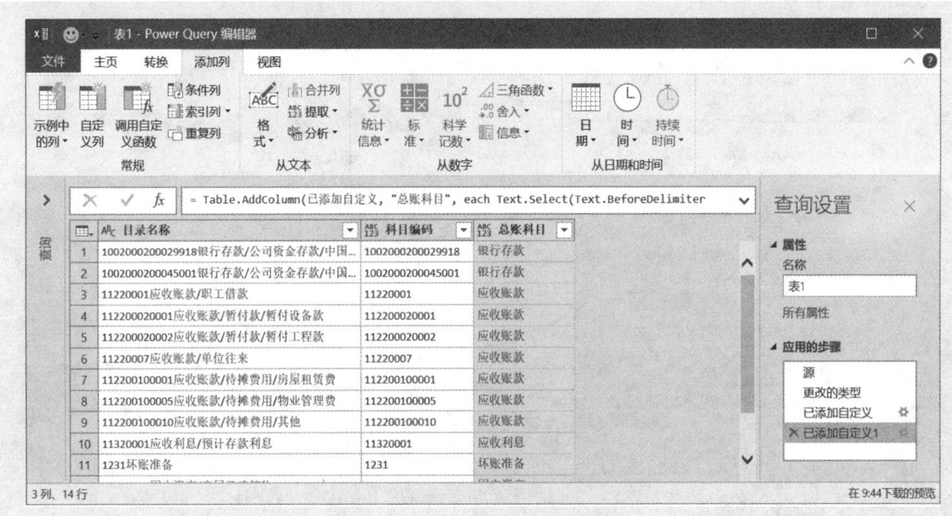

图2-46　提取的总账科目

再添加一个自定义列“一级明细”，自定义列公式如下(见图2-47)：

= Text.BetweenDelimiters([目录名称],"/","/")

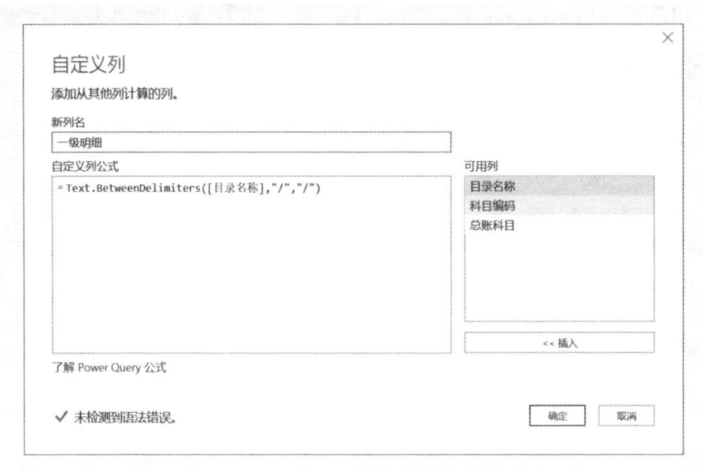

图2-47　自定义列，提取一级明细科目名称

这样就得到了“一级明细”列，如图2-48所示。

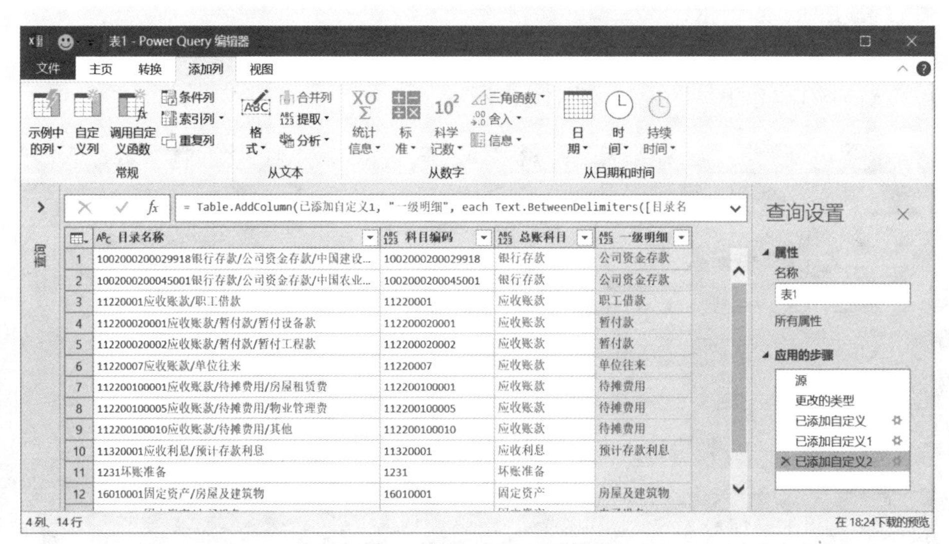

	目录名称	科目编码	总账科目	一级明细
1	1002000200029918银行存款/公司资金存款/中国建设...	1002000200029918	银行存款	公司资金存款
2	1002000200045001银行存款/公司资金存款/中国农业...	1002000200045001	银行存款	公司资金存款
3	11220001应收账款/职工借款	11220001	应收账款	职工借款
4	112200020001应收账款/暂付款/暂付设备款	112200020001	应收账款	暂付款
5	112200020002应收账款/暂付款/暂付工程款	112200020002	应收账款	暂付款
6	11220007应收账款/单位往来	11220007	应收账款	单位往来
7	112200100001应收账款/待摊费用/房屋租赁费	112200100001	应收账款	待摊费用
8	112200100005应收账款/待摊费用/物业管理费	112200100005	应收账款	待摊费用
9	112200100010应收账款/待摊费用/其他	112200100010	应收账款	待摊费用
10	11320001应收利息/预计存款利息	11320001	应收利息	预计存款利息
11	1231坏账准备	1231	坏账准备	
12	16010001固定资产/房屋及建筑物	16010001	固定资产	房屋及建筑物

图2-48　提取出的一级明细

再添加一个自定义列“二级科目”，自定义列公式如下(见图2-49)：

= Text.BetweenDelimiters([目录名称],"/","/",1,0)

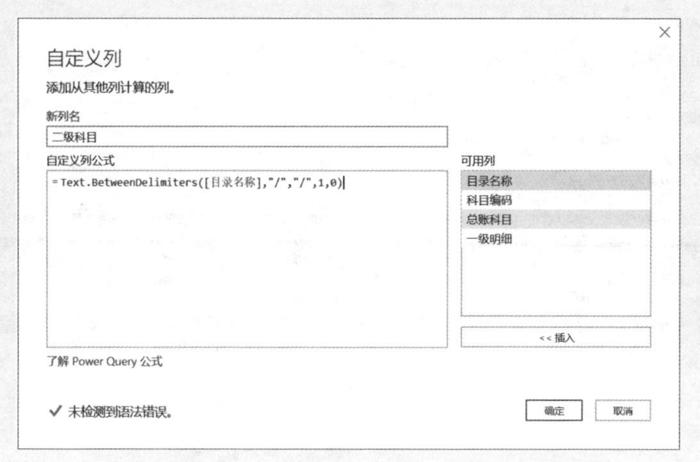

图2-49　自定义列，提取二级科目

这样就得到了“二级科目”列，如图2-50所示。

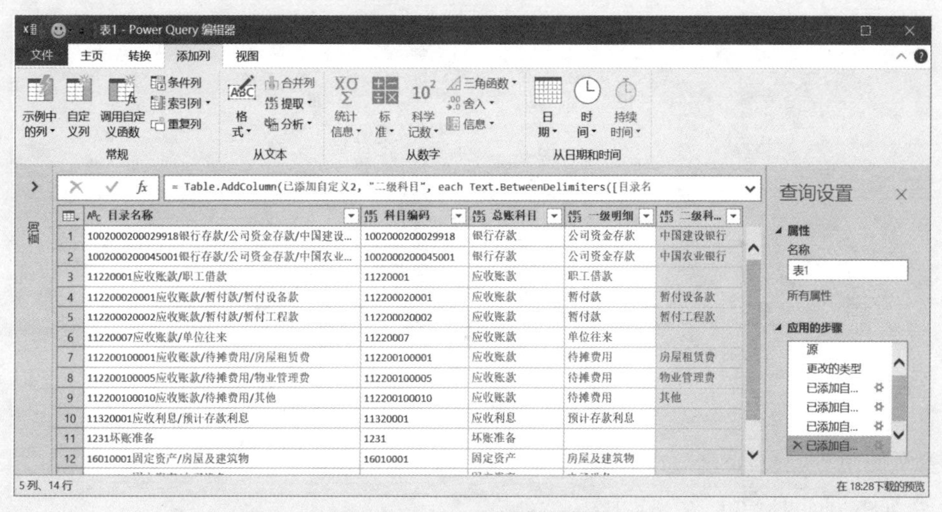

	目录名称	科目编码	总账科目	一级明细	二级科...
1	1002000200029918银行存款/公司资金存款/中国建设...	1002000200029918	银行存款	公司资金存款	中国建设银行
2	1002000200045001银行存款/公司资金存款/中国农业...	1002000200045001	银行存款	公司资金存款	中国农业银行
3	11220001应收账款/职工借款	11220001	应收账款	职工借款	
4	112200020001应收账款/暂付款/暂付设备款	112200020001	应收账款	暂付款	暂付设备款
5	112200020002应收账款/暂付款/暂付工程款	112200020002	应收账款	暂付款	暂付工程款
6	11220007应收账款/单位往来	11220007	应收账款	单位往来	
7	112200100001应收账款/待摊费用/房屋租赁费	112200100001	应收账款	待摊费用	房屋租赁费
8	112200100005应收账款/待摊费用/物业管理费	112200100005	应收账款	待摊费用	物业管理费
9	112200100010应收账款/待摊费用/其他	112200100010	应收账款	待摊费用	其他
10	11320001应收利息/预计存款利息	11320001	应收利息	预计存款利息	
11	1231坏账准备	1231	坏账准备		
12	16010001固定资产/房屋及建筑物	16010001	固定资产	房屋及建筑物	

图2-50　提取出的二级科目

最后关闭查询，将数据上载为表，得到需要的最终结果，如图2-51所示。

	A	B	C	D	E
1	目录名称	科目编码	总账科目	一级明细	二级科目
2	1002000200029918银行存款/公司资金存款/中国建设银行	1002000200029918	银行存款	公司资金存款	中国建设银行
3	1002000200045001银行存款/公司资金存款/中国农业银行	1002000200045001	银行存款	公司资金存款	中国农业银行
4	11220001应收账款/职工借款	11220001	应收账款	职工借款	
5	112200020001应收账款/暂付款/暂付设备款	112200020001	应收账款	暂付款	暂付设备款
6	112200020002应收账款/暂付款/暂付工程款	112200020002	应收账款	暂付款	暂付工程款
7	11220007应收账款/单位往来	11220007	应收账款	单位往来	
8	112200100001应收账款/待摊费用/房屋租赁费	112200100001	应收账款	待摊费用	房屋租赁费
9	112200100005应收账款/待摊费用/物业管理费	112200100005	应收账款	待摊费用	物业管理费
10	112200100010应收账款/待摊费用/其他	112200100010	应收账款	待摊费用	其他
11	11320001应收利息/预计存款利息	11320001	应收利息	预计存款利息	
12	1231坏账准备	1231	坏账准备		
13	16010001固定资产/房屋及建筑物	16010001	固定资产	房屋及建筑物	
14	16010002固定资产/电子设备	16010002	固定资产	电子设备	
15	16010003固定资产/运输设备	16010003	固定资产	运输设备	

图2-51　最终的结果

案例2-8

图2-52所示是一张记账表，要求从“摘要”列中提取内部支票号，内部支票号即“摘要”列括号内的数字。

	A	B	C	D	E
1	月	日	凭证号数	摘要	借方
2	5	2	银-0039	*列装饰检测费（0742）	60,000.00
3	5	2	银-0040	*列装饰钢筋（0743）	500,000.00
4	5	2	银-0043	*列装饰杂料（7652）	205,000.00
5	5	2	银-0047	*列装饰制作费（0700）	41,907.20
6	5	2	银-0055	*列装饰团费（0745）	21,000.00
7	5	6	银-0184	*列装饰工费（0748）	150,000.00
8	5	6	银-0185	*列装饰分包（0747）	100,000.00
9	5	6	银-0186	*列装饰材料（0749）	65366
10	5	6	银-0196	*列装饰地毯（1528）	375420.5
11	5	6	银-0201	*列装饰工费（1532）	500000
12	5	6	银-0202	*列装饰材料（1529）	1000000

图2-52　括号内的数字为内部支票号

这里使用Text.Select函数最简单，自定义列公式如下(见图2-53)：

```
= Text.Select([摘要],{"0".."9"})
```

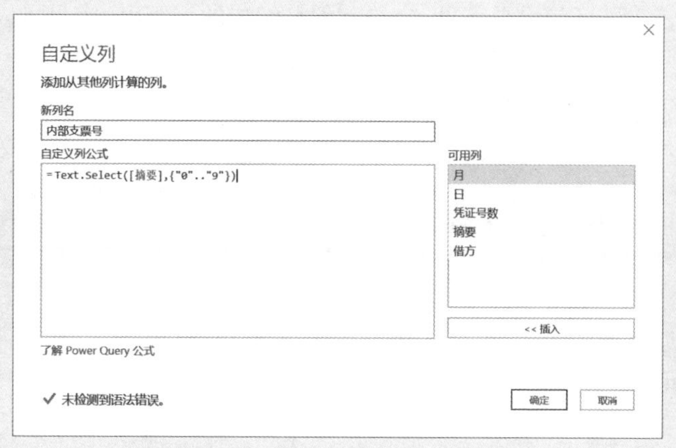

图2–53　自定义列，提取内部支票号

提取出的内部支票号如图2–54所示。

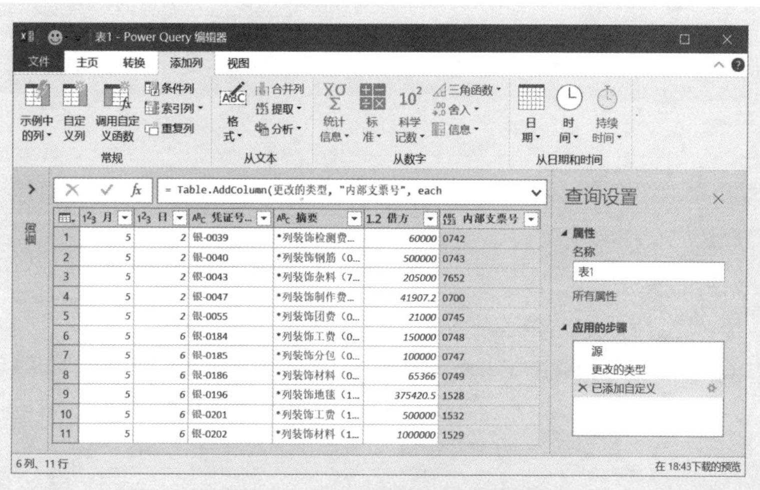

图2–54　提取出的内部支票号

这个例子也可以使用Text.BetweenDelimiters函数，自定义列公式为：

```
= Text.BetweenDelimiters([摘要],"（","）")
```

案例2–9

图2–55所示的“科目名称”列中科目编码和科目名称连在一起，现在要求从这列中分别提取出科目编码和科目名称。

科目编码是数字；科目名称是字母、空格和斜杠组成的字符串，字母可以是大写字母。

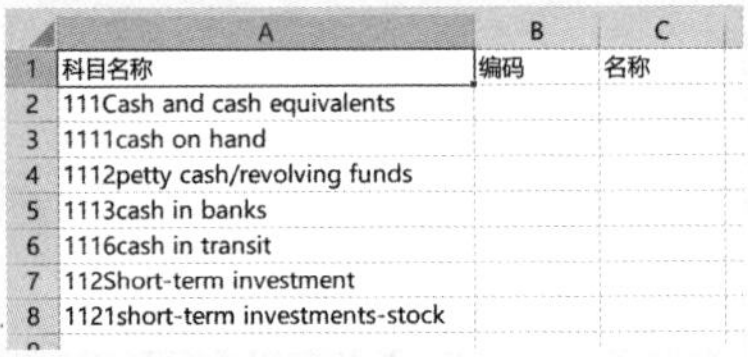

A
B
C
1 科目名称
编码
名称
2 111Cash and cash equivalents
3 1111cash on hand
4 1112petty cash/revolving funds
5 1113cash in banks
6 1116cash in transit
7 112Short-term investment
8 1121short-term investments-stock

图2-55　科目编码和科目名称连在一起

建立查询，添加自定义列“编码”，自定义列公式如下(见图2-56)：

= Text.Select([科目名称],{"0".."9"})

自定义列
添加从其他列计算的列。
新列名
编码
自定义列公式
= Text.Select([科目名称],{"0".."9"})
可用列
科目名称
<< 插入
了解 Power Query 公式
未检测到语法错误。
确定
取消

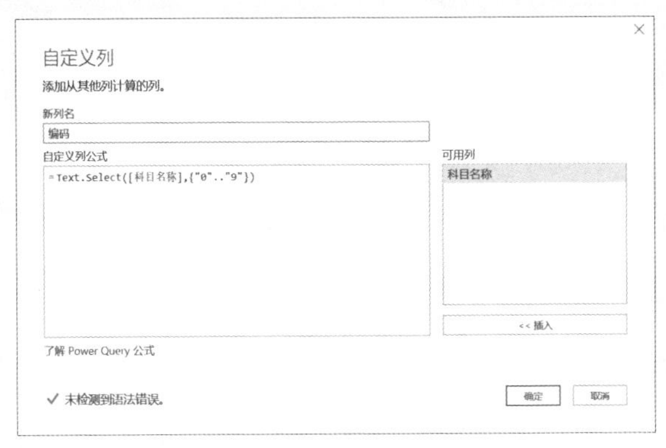

图2-56　自定义“编码”列，准备提取科目编码

再添加一个自定义列“名称”，自定义列公式如下(见图2-57)：

= Text.Select([科目名称],{"A".."z"," ","/"})

自定义列
添加从其他列计算的列。
新列名
名称
自定义列公式
= Text.Select([科目名称],{"A".."z"," ","/"})
可用列
科目名称
编码
<< 插入
了解 Power Query 公式
未检测到语法错误。
确定
取消

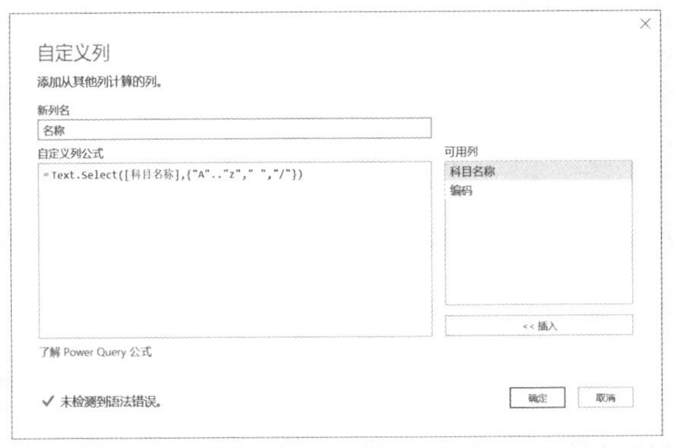

图2-57　自定义“名称”列，准备提取科目名称

这样即可得到科目编码和科目名称，如图 2–58 所示。

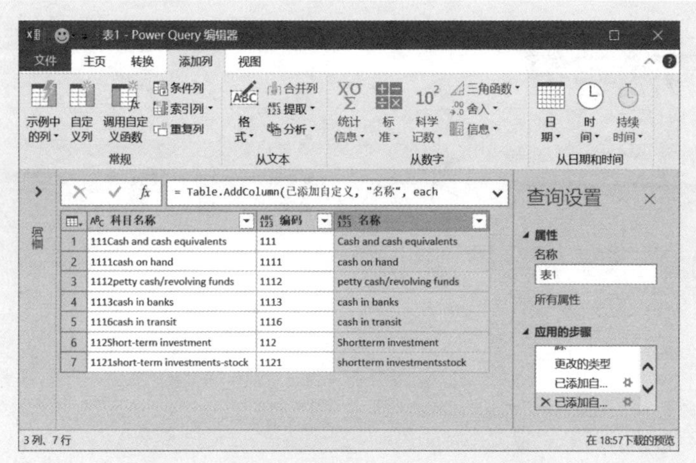

图2–58　提取出的科目编码和科目名称

最后关闭查询，上载数据，结果如图 2–59 所示。

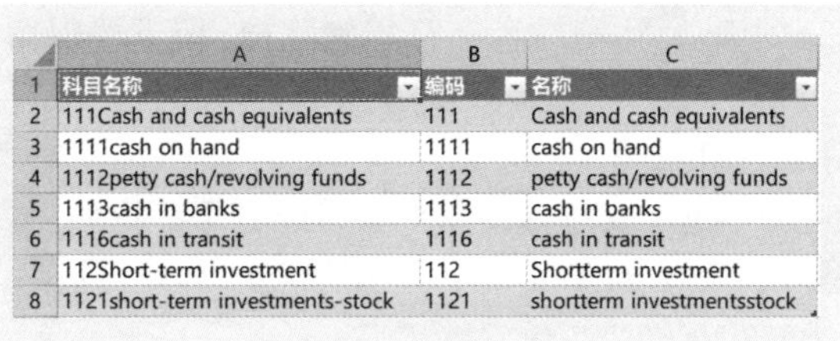

	A	B	C
1	科目名称	编码	名称
2	111Cash and cash equivalents	111	Cash and cash equivalents
3	1111cash on hand	1111	cash on hand
4	1112petty cash/revolving funds	1112	petty cash/revolving funds
5	1113cash in banks	1113	cash in banks
6	1116cash in transit	1116	cash in transit
7	112Short-term investment	112	Shortterm investment
8	1121short-term investments-stock	1121	shortterm investmentsstock

图2–59　最终结果

使用 Text.Select 函数（以及 Text.Remove 函数）提取指定类型字符，只需要指定要选择的字符即可。但是，如果要选择某类字符，则需要构建一个字符列表。常用的字符列表如下所示。

- 0~9 的数字：{"0".."9"}
- 大写字母 A~Z：{"A".."Z"}
- 小写字母 a~z：{"a".."z"}
- 全部大写字母和小写字母：{"A".."z"}，或者 {"A".."Z","a".."z"}
- 常用的汉字：{" 一 ".." 龟 "}
- 带小数点的数字：{"0".."9","."}
- 带小数点以及负号的数字：{"0".."9",".","–"}

2.3 清除字符

实际数据处理中，经常要对文本字符进行清洗和加工，以清除字符前后的特殊字符，剔除不需要的字符。常见的用于消除字符的文本函数有：

- Text.Remove
- Text.RemoveRange
- Text.Clean
- Text.Trim
- Text.TrimStart
- Text.TrimEnd

2.3.1 Text.Remove 函数：剔除指定的字符

如果要将文本字符串中某个字符或者字符集剔除掉，留下要保留的字符，可以使用Text.Remove函数。

Text.Remove函数的用法如下：

= Text.Remove(文本字符串，要剔除的单个字符或者字符集)

例如，下面的公式是将字符串"A/B/C//D/E///G"中的斜杠"/"全部清除，得到字符串"ABCDEG"：

= Text.Remove("A/B/C//D/E///G","/")

下面的公式是将字符串"预算底稿V1.2版"中的字符"版"清除，得到字符串"预算底稿V1.2"：

= Text.Remove(" 预算底稿 V1.2 版 "," 版 ")

下面的公式是将字符串"2020年预算底稿V1.2版"中的所有数字、大写字母V、句点"."、汉字"年"全部清除，得到字符串"预算底稿"：

= Text.Remove("2020 年预算底稿 V1.2 版 ",{"0".."9","V","."," 年 "})

但是，下面的公式是错误的，因为2020不是一个单节字符。

= Text.Remove("2020 年预算底稿 V1.2 版 ","2020")

也就是说，Text.Remove函数只能剔除一个字符或者一个字符集。

如果要剔除连续多个字符，就需要使用Text.Replace函数或者Text.ReplaceRange函数。

案例2-10

在案例2-9中，使用Text.Select函数获取科目编码比较简单，这是因为科目编码是0~9的数字。但是使用Text.Select函数获取总账科目就稍微复杂了。此时，可以换个思路，使用Text.Remove函数简化计算量，也就是将0~9的数字剔除掉，剩下的不就是总账科目了吗？

此时，相关公式如下(见图2-60)：

提取科目编码：= Text.Select([科目名称],{"0".."9"})

提取总账科目：= Text.Remove([科目名称],{"0".."9"})

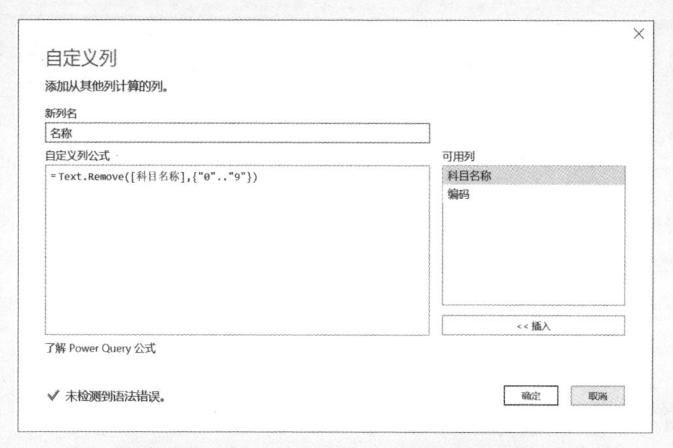

图2-60　使用Text.Remove提取总账科目

案例2-11

图2-61所示是成品下料尺寸数据，包含规格、数量和单位。

例如，0.7*180*860/1件，斜杠前面的0.7*180*860是规格，斜杠后面的1是数量，最后的一个汉字是单位。

	A	B	C	D
1	成品下料尺寸	规格	数量	单位
2	0.7*180*860/1件			
3	0.7*105*1000/26件			
4	4.5*70*1000/41件			
5	1.2*105*1000/5件			
6	0.7*200*750/1套			
7	0.7*188*1000/10件			
8	1250*140*1.0/10件			
9	1.0*168*980/8套			
10	1.2*340*1320/5套			

图2-61　包含规格、数量和单位的成品下料尺寸数据

建立查询，添加自定义列“规格”，先使用Text.BeforeDelimiter函数提取规格，公式如下(见

图2-62）：

= Text.BeforeDelimiter([成品下料尺寸],"/")

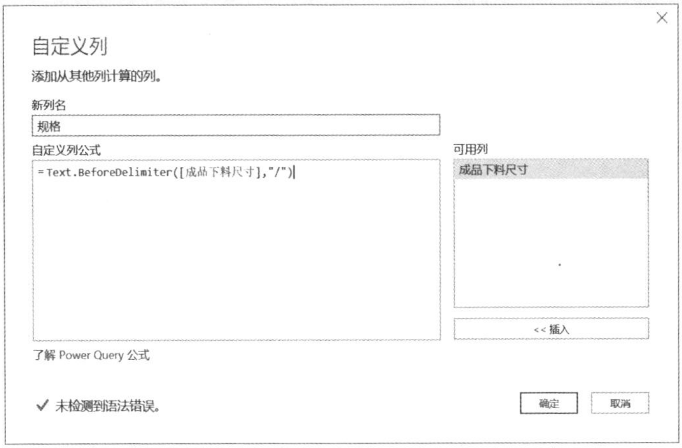

图2-62　使用Text.BeforeDelimiter函数提取规格

提取出的规格如图2-63所示。

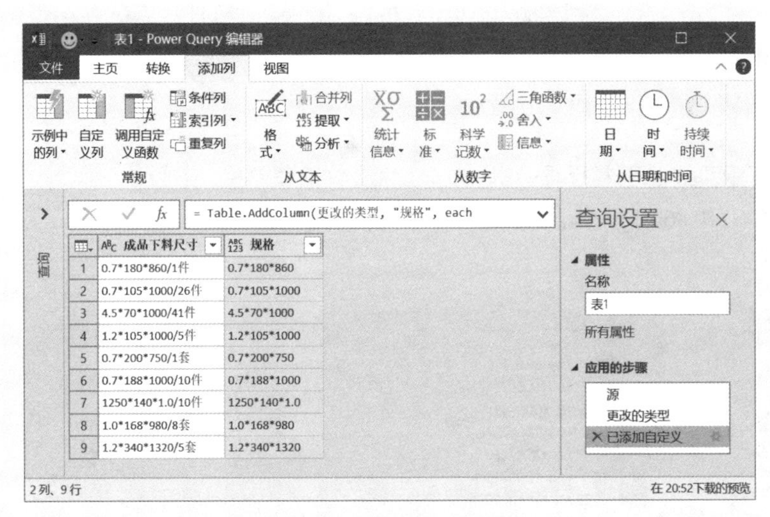

图2-63　提取出的规格

添加自定义列“数量”，自定义列公式如下（见图2-64）：

= Number.From(Text.Remove(Text.AfterDelimiter([成品下料尺寸],"/"),{"件","套"}))

这个公式分成3步完成数量的提取。

步骤1　使用Text.AfterDelimiter函数提取斜杠后面的字符。

步骤2　使用Text.Remove函数将步骤1取出的字符中的汉字“件”和“套”剔除。

步骤3　使用Number.From函数将得到的文本数字转换为纯数字。

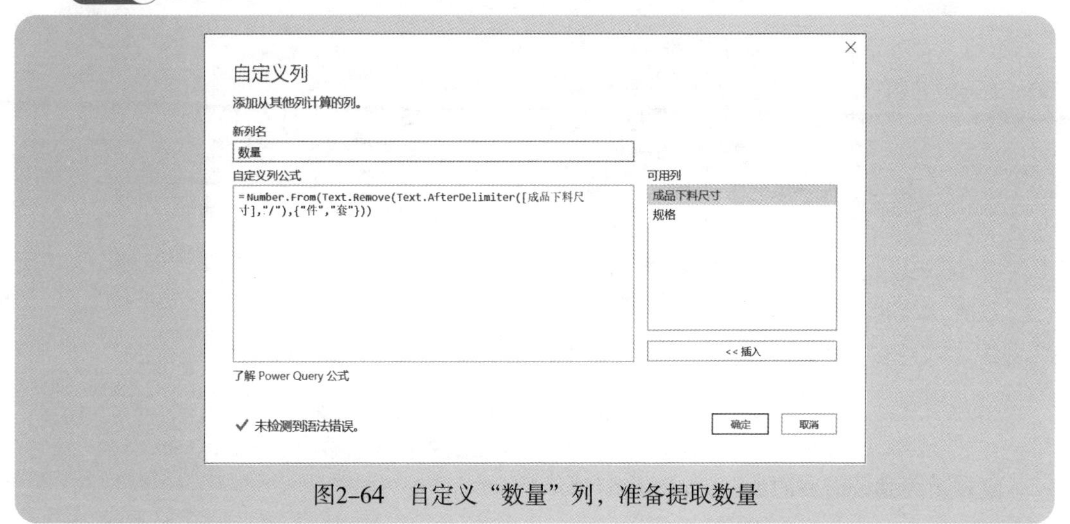

图2-64　自定义“数量”列，准备提取数量

这样就得到了数量数字，如图2-65所示。

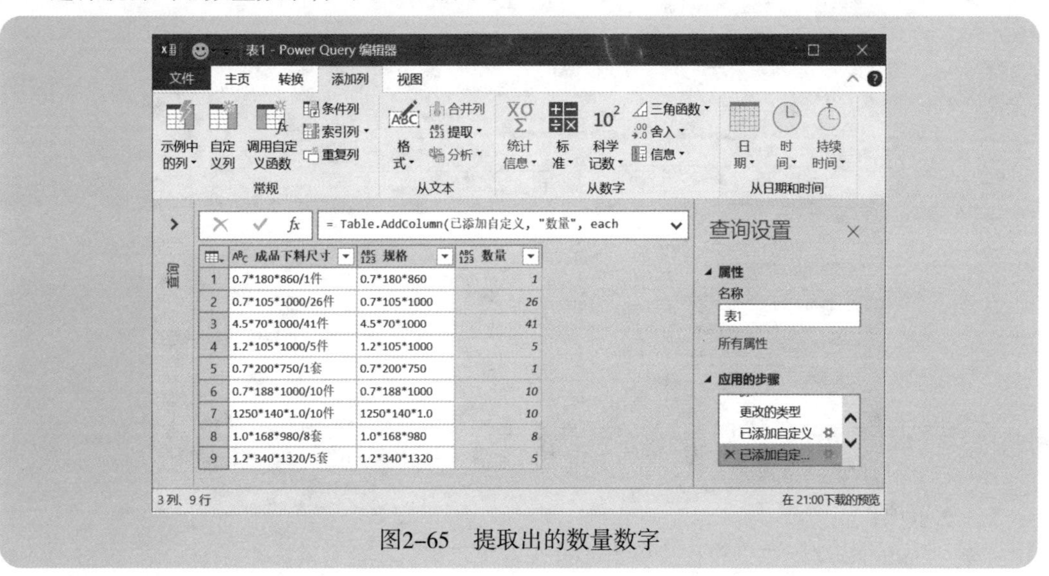

	成品下料尺寸	规格	数量
1	0.7*180*860/1件	0.7*180*860	1
2	0.7*105*1000/26件	0.7*105*1000	26
3	4.5*70*1000/41件	4.5*70*1000	41
4	1.2*105*1000/5件	1.2*105*1000	5
5	0.7*200*750/1套	0.7*200*750	1
6	0.7*188*1000/10件	0.7*188*1000	10
7	1250*140*1.0/10件	1250*140*1.0	10
8	1.0*168*980/8套	1.0*168*980	8
9	1.2*340*1320/5套	1.2*340*1320	5

图2-65　提取出的数量数字

再添加自定义列“单位”，使用Text.End函数提取单位，公式如下(见图2-66)：

```
= Text.End([成品下料尺寸],1)
```

也可以使用Text.Select函数提取单位，公式如下：

```
= Text.Select([成品下料尺寸],{"件","套"})
```

图2-66　提取单位

这样就得到了需要的数据，如图2-67所示。

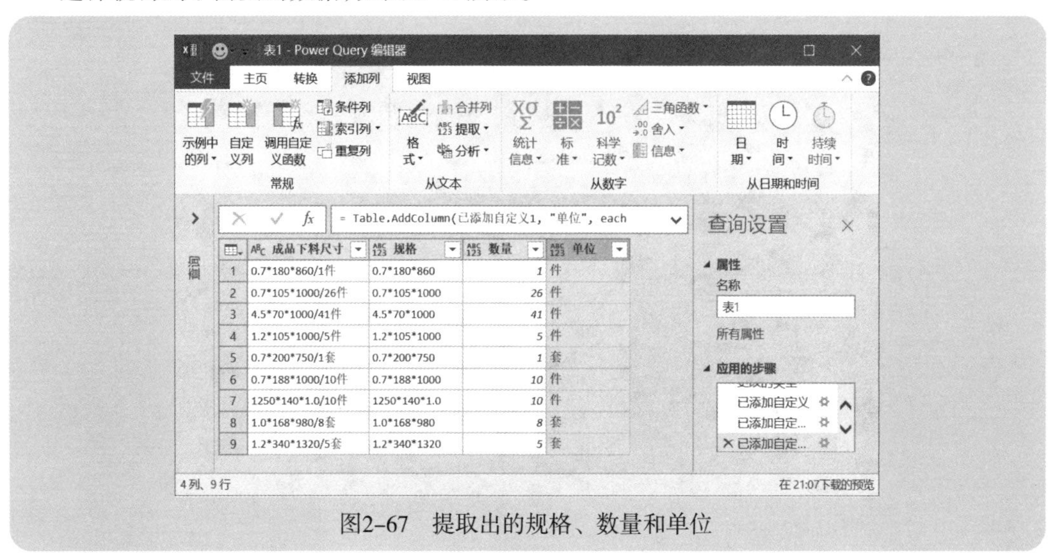

	成品下料尺寸	规格	数量	单位
1	0.7*180*860/1件	0.7*180*860	1	件
2	0.7*105*1000/26件	0.7*105*1000	26	件
3	4.5*70*1000/41件	4.5*70*1000	41	件
4	1.2*105*1000/5件	1.2*105*1000	5	件
5	0.7*200*750/1套	0.7*200*750	1	套
6	0.7*188*1000/10件	0.7*188*1000	10	件
7	1250*140*1.0/10件	1250*140*1.0	10	件
8	1.0*168*980/8套	1.0*168*980	8	套
9	1.2*340*1320/5套	1.2*340*1320	5	套

图2-67　提取出的规格、数量和单位

注意事项：

- Text.Remove函数只能移除单个字符或者字符集，不能移除多个字符。
- 如果要移除某类字符，需要构建字符列表，常见的字符列表参阅2.2.9小节相关内容。
- 如果要批量移除多个字符，可以使用Text.RemoveRange函数或者Text.Replace函数。

2.3.2 Text.RemoveRange 函数：剔除指定位置、指定个数的字符

如果要把文本字符串中指定位置的多个字符剔除，可以使用Text.RemoveRange函数。

Text.RemoveRange函数的用法如下：

```
= Text.RemoveRange( 文本字符串 , 起始位置索引号 , 要剔除的字符个数 )
```

第二个参数“起始位置索引号”是指定的开始位置，第一个字符的位置索引号是0，第二个字符的位置索引号是1，以此类推。

第三个参数“要剔除的字符个数”是可选参数，如果忽略，就是剔除1个字符。但如果给定了字符个数，那么就不能超出原字符串的范围。

例如，下面的公式删除字符串 "ABCDEG" 的第三个字符C，得到新字符 "ABDEG"：

```
= Text.RemoveRange("ABCDEG",2)
```

下面的公式删除字符串 "ABCDEG" 中第三个字符后的两个字符CD，得到新字符 "ABEG"：

```
= Text.RemoveRange("ABCDEG",2,2)
```

下面的公式删除字符串 "2020年预算底稿V1.2版" 中的前4个字符“2020年”，它们的位置索引号是0，要移除的字符个数为5，得到新字符 " 预算底稿V1.2版 "：

```
= Text.RemoveRange("2020 年预算底稿 V1.2 版 ",0,5)
```

案例2-12

图2-68所示是一张工程数据资料表，现在需要从“工程类别编号”列中提取工程编码。

	A	B
1	工程类别编号	工程编码
2	主业工程.NB001	NB.001
3	主业工程.NB003	
4	主业工程.NB006	
5	客户工程.BD0808001	
6	客户工程.BD0912003	
7	客户工程.BD1011002	
8	客户工程.BD1106001	

图2-68　工程数据资料

由于工程编码前面是固定的5个字符(4个汉字和1个句点)，因此既可以使用Text.Middle函数，也可以使用Text.RemoveRange函数或Text.Remove函数，当然也可以使用Text.Select函数。

下面是几个公式的比较，读者可以自行练习。

使用Text.Middle函数：

```
= Text.Middle([工程类别编号],5,100)
```

使用Text.RemoveRange函数：

```
= Text.RemoveRange([工程类别编号],0,5)
```

使用Text.Remove函数：

```
= Text.Remove([工程类别编号],{" 一 ".." 龟 ","."})
```

使用Text.Select函数：

```
=Text.Select([工程类别编号],{"A".."Z","0".."9"})
```

Text.RemoveRange函数在实际数据处理中，使用的并不多。因为这个函数需要知道开始位置，而恰恰开始位置是变化的，这就限制了Text.RemoveRange函数的应用。但是，在某些固定位置、固定长度字符的情况下，使用Text.RemoveRange函数还是比较方便的。

2.3.3 Text.Clean函数：清除字符串中的非打印字符

在Excel中，如果要清除字符串中的非打印字符，可以使用CLEAN函数。在M语言中，也有一个函数可以清除字符串中的非打印字符(如换行符)，这就是Text.Clean函数。

Text.Clean函数的基本用法如下：

```
= Text.Clean( 文本字符串 )
```

2.3.4 Text.Trim函数：清除字符串两端指定的字符

在Excel中，如果要清除字符串两端的指定字符(主要是空格)，可以使用TRIM函数。而在M函数中，这个任务就交给了Text.Trim函数。

Text.Trim函数的用法如下：

```
= Text.Trim( 文本字符串 , 指定单个字符或字符集 )
```

第二个参数“指定单个字符或字符集”是可选参数，可以指定单个字符，也可以是多个字符的集合，如果忽略，就只清除字符串两端的空格。

下面的公式是把字符串 " XYQ-589A-MXY   " 两端的空格全部清除，得到一个两端没有空格的字符串 " XYQ-589A-MXY "：

```
= Text.Trim("  XYQ-589A-MXY   ")
```

下面的公式是将字符串 "XYQ-589A-MXY" 两端的字母X和Y清除，得到一个字符串 "Q-589A-M"：

```
= Text.Trim("XYQ-589A-MXY",{"X","Y"})
```

下面的公式是将字符串 "XYQ-589A-MXY" 两端的字母X清除，得到一个字符串 " YQ-

589A-MXY "：

```
= Text.Trim("XYQ-589A-MXY","X")
```

下面公式是将字符串 "100395XYQ-589A-MXY2019" 两端的数字清除，得到一个字符串 " XYQ-589A-MXY "：

```
= Text.Trim("100395XYQ-589A-MXY2019",{"0".."9"})
```

案例2-13

图2-69所示的是一组原始数据，现在要求将"编码名称"列字符串前面的"付款："和"工程："以及后面的年份数字移除。

	A	B
1	编码名称	
2	付款：对讲机付款时间2019	
3	工程：断点信息科技项目2020	
4	工程：明韵小区绿化1999	
5	付款：四度空间大数据分析2018	
6	付款：明韵小区绿化2016	
7		

图2-69　原始数据

建立查询，添加自定义列"项目名称"，自定义列公式如下(见图2-70)：

```
= Text.Trim([编码名称],{"工","程","付","款","：","0".."9"})
```

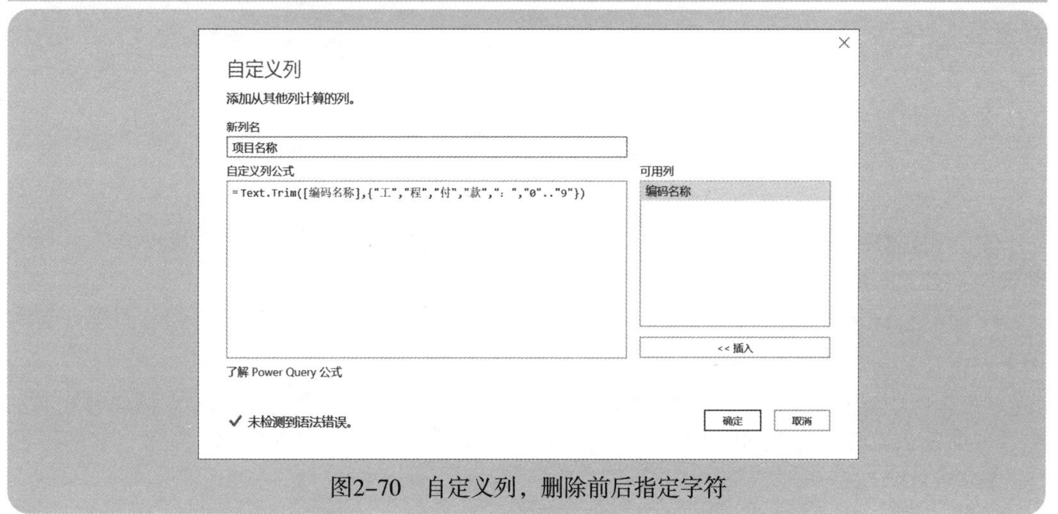

图2-70　自定义列，删除前后指定字符

得到的结果如图2-71所示。

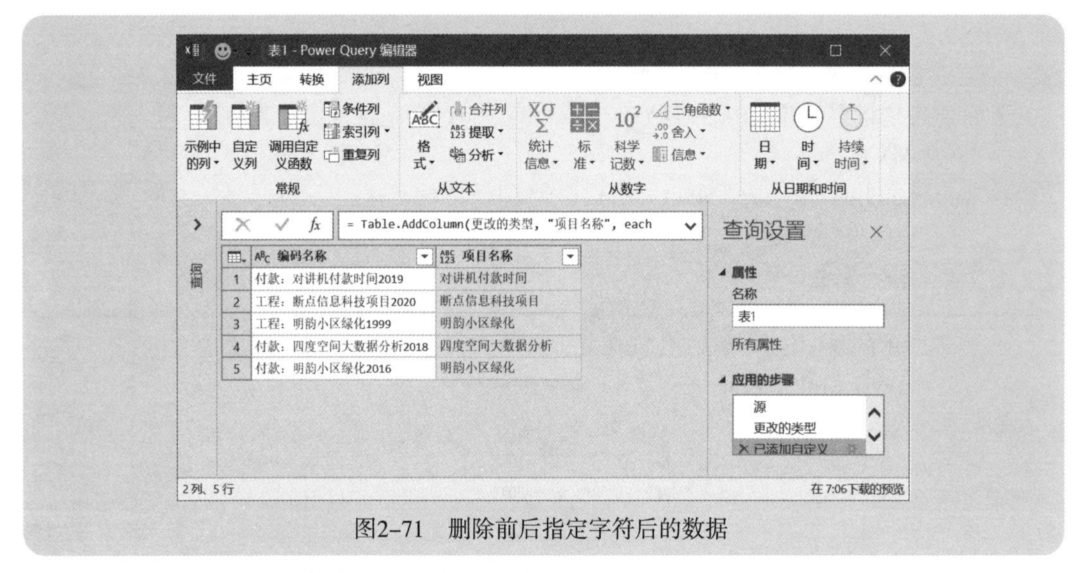

图2-71　删除前后指定字符后的数据

Text.Trim函数删除字符串两端指定的字符，可以是指定的一个字符，也可以是多个指定字符的集合，后者要注意输入这些字符的列表。

当忽略函数的第二个参数时，仅仅删除字符串两端的空格，但对字符串中间存在的空格没有任何作用，这一点与Excel中的TRIM函数是不一样的。

如果字符串前后没有要清除的指定字符，函数就会报错。

2.3.5 Text.TrimStart 函数：清除字符串前面的指定字符

如果要清除字符串前面的指定字符，可以使用Text.TrimStart函数。

Text.TrimStart函数的用法与Text.Trim函数一样，语法如下：

```
= Text.TrimStart( 文本字符串 , 指定单个字符或字符集 )
```

第二个参数“指定单个字符或字符集”是可选参数，可以指定单个字符，也可以指定多个字符的集合，如果忽略，就只清除前面的空格。

下面的公式是将字符串 "　XYQ-589A-MXY　" 前面的空格全部清除，得到前面没有空格的字符串 " XYQ-589A-MXY　"：

```
= Text.TrimStart("  XYQ-589A-MXY  ")                // 结果是 : " XYQ-589A-MXY  "
```

下面的公式是将字符串 "XYQ-589A-MXY" 最前面的字母X和Y清除，得到一个字符串 " Q-589A-MXY"：

```
= Text.TrimStart("XYQ-589A-MXY",{"X","Y"})          // 结果是 : " Q-589A-MXY"
```

下面的公式是将字符串 "XYQ-589A-MXY" 前面的字母X清除，得到一个字符串 " YQ-

589A-MXY ":

```
= Text.TrimStart("XYQ-589A-MXY","X")                  // 结果是 : " YQ-589A-MXY "
```

下面的公式是将字符串 "1039XYQ-589A-MXY2019" 前面的数字清除，得到一个字符串 " XYQ-589A-MXY2019":

```
= Text.TrimStart("1039XYQ-589A-MXY2019",{"0".."9"}) // 结果是 : "XYQ-589A-MXY2019"
```

2.3.6 Text.TrimEnd 函数：清除字符串后面的指定字符

如果要清除字符串后面的指定字符，可以使用Text.TrimEnd函数。

Text.TrimEnd函数的用法与Text.TrimStart函数一样，语法如下：

```
= Text.TrimEnd( 文本字符串 , 指定单个字符或字符集 )
```

第二个参数“指定单个字符或字符集”是可选参数，可以指定单个字符，也可以指定多个字符的集合，如果忽略，就只清除后面的空格。

下面的公式是将字符串 " XYQ-589A-MXY   " 后面的空格全部清除，得到后面没有空格的字符串 " XYQ-589A-MXY ":

```
= Text.TrimEnd("  XYQ-589A-MXY   ")                    // 结果是 : "  XYQ-589A-MXY "
```

下面的公式是将字符串 "XYQ-589A-MXY" 后面的字母X和Y清除，得到一个字符串 "XYQ-589A-M":

```
= Text.TrimEnd("XYQ-589A-MXY",{"X","Y"})              // 结果是 : " XYQ-589A-M"
```

下面的公式是将字符串 "XYQ-589A-MXY" 后面字母Y清除，得到一个字符串 "XYQ-589A-MX":

```
= Text.TrimEnd("XYQ-589A-MXY","Y")                    // 结果是 : " XYQ-589A-MX"
```

下面的公式是将字符串 "1039XYQ-589A-MXY2019" 后面的数字清除，得到一个字符串 "1039XYQ-589A-MXY":

```
= Text.TrimEnd("1039XYQ-589A-MXY2019",{"0".."9"})     // 结果是 : "1039XYQ-589A-MXY"
```

2.4 替换字符

如果需要将字符串中指定的字符替换为另外指定的字符，在 Excel 中，可以使用 SUBSTITUTE 函数或者 REPLACE 函数。在 M 语言中，可以使用 Text.Replace 函数或者 Text.ReplaceRange 函数完成。

2.4.1 Text.Replace 函数：替换指定字符

Text.Replace 函数用于将字符串中指定的字符替换为另外的字符，与Excel中的SUBSTITUTE 函数基本相同。其用法如下：

```
=Text.Replace( 字符串 , 旧字符 , 新字符 )
```

下面的公式就是将字符串 "AX-BX-CX-DX" 中的X全部替换为Q，得到新字符串 "AQ-BQ-CQ-DQ"：

```
= Text.Replace("AX-BX-CX-DX","X","Q")            // 结果："AQ-BQ-CQ-DQ"
```

下面的公式就是将字符串 "AX-BX-CX-DX" 中的X全部替换为空值，得到新字符串 "A-B-C-D"：

```
= Text.Replace("AX-BX-CX-DX","X","")             // 结果：" A-B-C-D"
```

下面的公式就是将字符串 "新技术2019论坛" 中的2019替换为2020，得到新字符串 "新技术2020论坛"：

```
= Text.Replace(" 新技术 2019 论坛 ","2019","2020")    // 结果：" 新技术 2020 论坛 "
```

Text.Replace 函数既可以替换一个指定单节字符，也可以替换一个指定的多节字符。

案例2-14

图2-72所示的是一组原始数据，现要求将“目录名称”列的“科目:”替换掉。

	A
1	目录名称
2	科目:1001现金
3	科目:1002银行存款
4	科目:1122应收账款
5	科目:1132应收利息
6	科目:1152内部清算
7	科目:1231坏账准备
8	科目:1601固定资产

图2-72　原始数据

建立查询，添加自定义列“科目名称”，自定义列公式如下(见图2-73)：

```
= Text.Replace([目录名称]," 科目 :","")
```

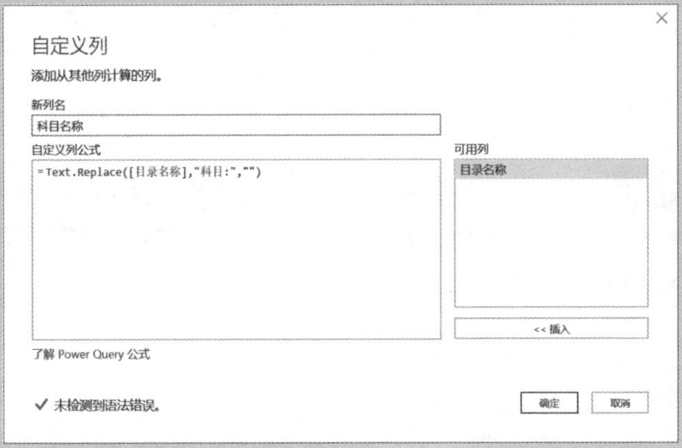

自定义列

添加从其他列计算的列。

新列名

科目名称

自定义列公式

=Text.Replace([目录名称],"科目:","")

可用列

目录名称

<< 插入

了解 Power Query 公式

✓ 未检测到语法错误。

确定　取消

图2-73　自定义列，替换原字符串中的“科目:”

其实，这个问题也可以使用Text.TrimStart函数，公式如下：

```
=Text.TrimStart([目录名称],{" 科 "," 目 ",":"})
```

还可以使用Text.Remove函数，公式如下：

```
=Text.Remove([目录名称],{" 科 "," 目 ",":"})
```

但这两个公式，都不如Text.Replace函数的公式简单。

2.4.2 Text.ReplaceRange函数：从指定位置替换指定个数字符

如果要从字符串的指定位置替换指定个数字符，就需要使用Text.ReplaceRange函数了，它对应Excel的REPLACE函数。

Text.ReplaceRange函数的用法如下：

```
=Text.ReplaceRange( 字符串 , 指定位置 , 字符个数 , 新字符 )
```

例如，要将字符串 "ABCDEFGHKM" 中，从第3个位置开始的4个字符，替换成1234，则公式如下，计算结果为"AB1234GHKM"：

```
= Text.ReplaceRange("ABCDEFGHKM",2,4,"1234")       // 结果："AB1234GHKM"
```

2.5 添加前缀和后缀以补足位数

如果要在字符串前面或后面填补字符，让字符串满足要求的位数，则可以使用Text.PadStart函数或Text.PadEnd函数。

2.5.1 Text.PadStart 函数：在字符串前面添加补足字符

Text.PadStart 函数用于在字符串前面添加补足字符，使字符串成为指定位数的字符串。其用法如下：

```
= Text.PadStart( 字符串 , 新字符串长度 , 指定要填补的字符 )
```

这里，第三个参数“指定要填补的字符”是可选的，如果忽略，即填补空格。

下面的公式就是将数字"123"前面填补三个字符0，使之成为6位字符的新字符串"000123"：

```
= Text.PadStart("123",6,"0")          // 结果："000123"
```

下面的公式是在字符串"AB"前面填补三个字符2，使之成为5位数的新字符串"222AB"：

```
= Text.PadStart("AB",5,"2")          // 结果："222AB"
```

下面的公式是在字符串"AB"前面填补4个字符a，使之成为6位数的新字符串"aaaaAB"：

```
= Text.PadStart("AB",6,"a")          // 结果："aaaaAB"
```

案例2-15

图2-74所示是一张原始数据表，现要求将1位的月份数字变为2位的月份文本数字。例如，1变为01，2变为02，以此类推。

	A	B	C	D	E
1	年	月	日	产品	销售额
2	2019	1	1	产品20	2660
3	2019	1	1	产品16	455
4	2019	1	1	产品13	1891
5	2019	1	2	产品3	2333
6	2019	1	2	产品12	810
7	2019	1	2	产品8	1605
8	2019	1	3	产品14	2431
9	2019	1	3	产品8	2223
10	2019	1	3	产品1	468
11	2019	1	3	产品17	2557
12	2019	1	3	产品5	598
13	2019	1	3	产品12	1567
14	2019	1	3	产品9	608

图2-74　原始数据

建立基本查询，注意要先将“月”列的数据类型设置为“文本”，然后添加自定义列“月份”，自定义列公式如下（见图2-75）：

```
= Text.PadStart([月],2,"0")
```

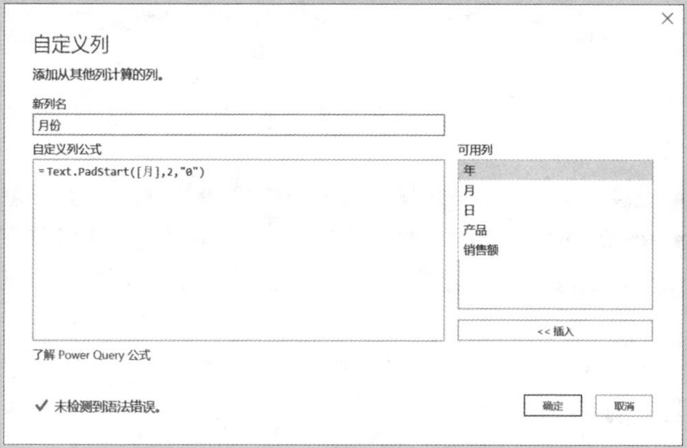

自定义列

添加从其他列计算的列。

新列名

月份

自定义列公式

= Text.PadStart([月],2,"0")

可用列

年

月

日

产品

销售额

<< 插入

了解 Power Query 公式

✓ 未检测到语法错误。

确定　取消

图2-75　自定义列，将月份数字转换为2位数字

转换的结果如图2-76所示。

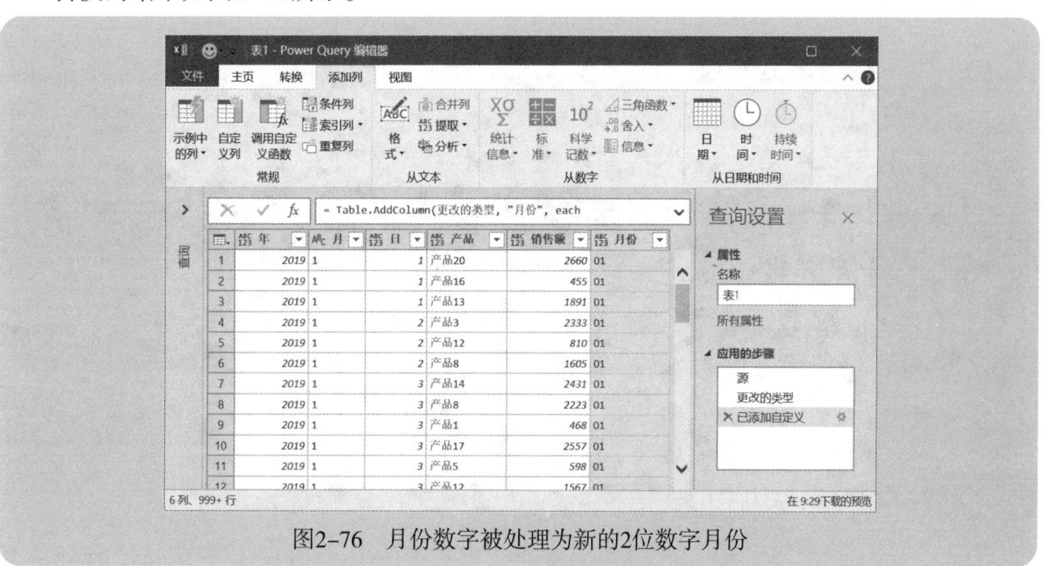

图2-76　月份数字被处理为新的2位数字月份

如果不先将这列数据类型设置为“文本”，公式就会报错，此时可以先使用Text.From函数将数字转换为文本，公式如下：

```
= Text.PadStart(Text.From([月]),2,"0")
```

如果要将2位数字的月份再转换为诸如“01月”“02月”“11月”的字符，可以将上述公式修改为：

```
= Text.PadStart([月],2,"0") & " 月 "
```

2.5.2 Text.PadEnd 函数：在字符串后面添加补足字符

Text.PadEnd函数用于在字符串后面添加补足字符，使字符串成为指定位数的字符串。其用法如下：

```
=Text.PadEnd( 字符串 , 新字符串长度 , 指定要填补的字符 )
```

这里，第三个参数“指定要填补的字符”是可选的，如果忽略，就填补空格。

例如，下面的公式就是将数字字符串"123"后面填补三个字符0，使之成为6位数的新字符串"123000"：

```
= Text.PadEnd("123",6,"0")            // 结果："123000"
```

下面的公式是在字符串"AB"后面填补三个字符2，使之成为5位数的新字符串"AB222"：

```
= Text.PadEnd("AB",5,"2")             // 结果："AB222"
```

2.6 查找字符

如果要查找指定字符是否在字符串中存在，或者找出指定字符在字符串中的位置，则可以使用以下函数：

- Text.Contains
- Text.StartsWith
- Text.EndsWith
- Text.PositionOf
- Text.PositionOfAny

2.6.1 Text.Contains 函数：判断指定字符是否存在

Text.Contains函数用于查找指定字符在字符串中是否存在，如果存在，结果就是true；如果不存在，结果就是false，用法如下：

```
=Text.Contains( 字符串 , 要查找的字符 , 可选比较参数 )
```

注意

这个函数是区分大小写的。第三个参数是可选参数，一般忽略掉。

下面的公式是从字符串"ABCDE"中查找是否含有字母A，结果是true：

```
= Text.Contains("ABCDE","A")                    // 结果：true
```

下面的公式是从字符串"ABCDE"中查找是否含有字母a，结果是false：

```
= Text.Contains("ABCDE","a")                    // 结果：false
```

下面的公式是从字符串"ABCDE"中查找是否含有字母CD，结果是true：

```
= Text.Contains("ABCDE","CD")                   // 结果：true
```

下面的公式是从字符串"ABCDE"中查找是否含有字母Cd，结果是false：

```
= Text.Contains("ABCDE","Cd")                   // 结果：false
```

案例2-16

图2-77所示是一张材料列表，需要将“摘要”列中含有“钢材”字符的数据筛选出来。

	A	B	C
1	日期	摘要	数量
2	2020-3-23	净化水设备	450
3	2020-3-24	河北钢铁建筑钢材60规格	654
4	2020-3-25	168螺纹钢材	10006
5	2020-3-26	钢材类，汽车板10mm	2139
6	2020-3-27	390号速干水泥	79
7	2020-3-30	镀锌钢板，钢材类	458

图2-77　材料列表

这个问题的解决方法很多，可以在Excel中筛选，也可以在Power Query中筛选，当然还可以使用M函数设计公式解决。

建立查询，打开“高级编辑器”对话框，增加一条下面的语句，并将in语句的内容改为“筛选数据”，如图2-78所示，即可得到如图2-79所示的结果。

```
筛选数据 =Table.SelectRows( 更改的类型 , each Text.Contains([摘要], " 钢材 "))
```

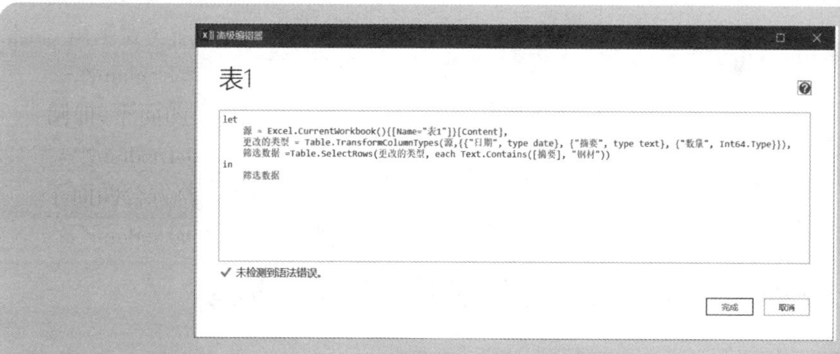

图2-78　编辑添加M公式

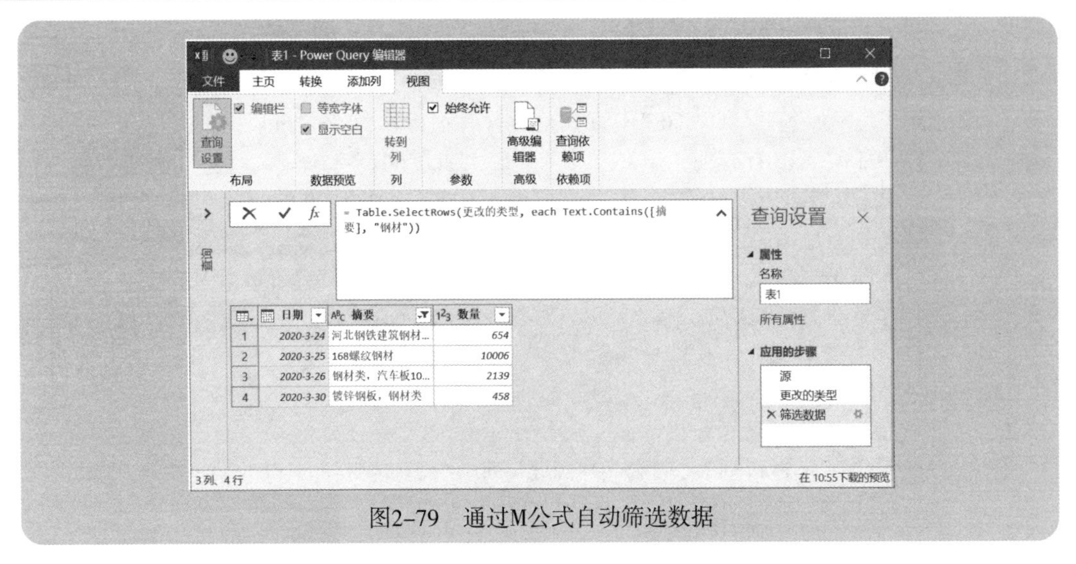

图2-79　通过M公式自动筛选数据

2.6.2 Text.StartsWith 函数：判断是否以指定字符开头

Text.StartsWith 函数用于判断某个字符串是否以指定字符开头，如果是，结果就是true；如果不是，结果就是false。其用法如下：

```
=Text.StartsWith( 字符串 , 要查找的字符 , 可选比较参数 )
```

注意

这个函数是区分大小写的。第三个参数是可选参数，一般忽略掉。

下面的公式是从字符串 "ABCDE" 中查找是否以字母 A 开头，结果是 true：

```
= Text.StartsWith("ABCDE","A")        // 结果：true
```

下面的公式是从字符串 "ABCDE" 中查找是否以字母 a 开头，结果是 false：

```
= Text.StartsWith("ABCDE","a")        // 结果：false
```

下面的公式是从字符串 "ABCDE" 中查找是否以字母 AB 开头，结果是 true：

```
= Text.StartsWith("ABCDE","AB")       // 结果：true
```

下面的公式是从字符串 "ABCDE" 中查找是否以字母 aB 开头，结果是 false：

```
= Text.StartsWith("ABCDE","aB")       // 结果：false
```

2.6.3 Text.EndsWith 函数：判断是否以指定字符结尾

Text.EndsWith 函数用于判断某个字符串是否以指定的字符结尾，如果是，结果就是true；

如果不是，结果就是false。其用法如下：

```
=Text.EndsWith (字符串，要查找的字符，可选比较参数)
```

注意

这个函数是区分大小写的。第三个参数是可选参数，一般忽略掉。

下面的公式是从字符串"ABCDE"中查找是否以字母E结尾，结果是true：

```
= Text.EndsWith ("ABCDE","E")        // 结果：true
```

下面的公式是从字符串"ABCDE"中查找是否以字母e结尾，结果是false：

```
= Text.EndsWith ("ABCDE","e")        // 结果：false
```

下面的公式是从字符串"ABCDE"中查找是否以字母DE结尾，结果是true：

```
= Text.EndsWith ("ABCDE","DE")       // 结果：true
```

下面的公式是从字符串"ABCDE"中查找是否以字母de结尾，结果是false：

```
= Text.EndsWith ("ABCDE","de")       // 结果：false
```

2.6.4 Text.PositionOf 函数：查找指定字符出现的位置

Text.PositionOf函数用于查找指定字符在字符串中出现的位置，相当于Excel的FIND函数。其用法如下：

```
=Text.PositionOf( 字符串 , 要查找的字符 , 指定哪次出现 , 可选比较参数 )
```

- 第三个参数是可选参数，如果忽略，默认查找第一次出现的位置。
- 第四个参数是可选参数，一般忽略掉。
- Text.PositionOf 函数是区分大小写的。
- 该函数查找得到的位置索引是从 0 开始的。
- 如果找不到指定的字符，函数的结果是 -1。
- 例如，下面的公式是在字符串 "ANSG-x-405-x01" 中查找 x 第一次出现的位置，结果是 5：

```
= Text.PositionOf("ANSG-x-405-x01","x")
```

也可使用以下公式：

```
= Text.PositionOf("ANSG-x-405-x01","x",Occurrence.First)
```

下面的公式是在字符串"ANSG-x-405-x01"中查找x最后一次出现的位置，结果是11：

```
= Text.PositionOf("ANSG-x-405-x01","x", Occurrence.Last)
```

下面的公式是在字符串"ANSG-x-405-x01"中查找405出现的位置，结果是7：

```
= Text.PositionOf("ANSG-x-405-x01","405")
```

下面公式的结果是-1，因为在字符串"ANSG-x-405-x01"中查找不到Q:

```
= Text.PositionOf("ANSG-x-405-x01","Q")
```

下面的公式是在字符串"ANSG-x-405-x01-2x"中将字符x每次出现的位置都找出来，得到的结果是一个列表(List)，如图2-80所示。

```
= Text.PositionOf("ANSG-x-405-x01-2x","x", Occurrence.All)
```

这里第三个参数设置为Occurrence.All，以找出该字符出现的所有位置。

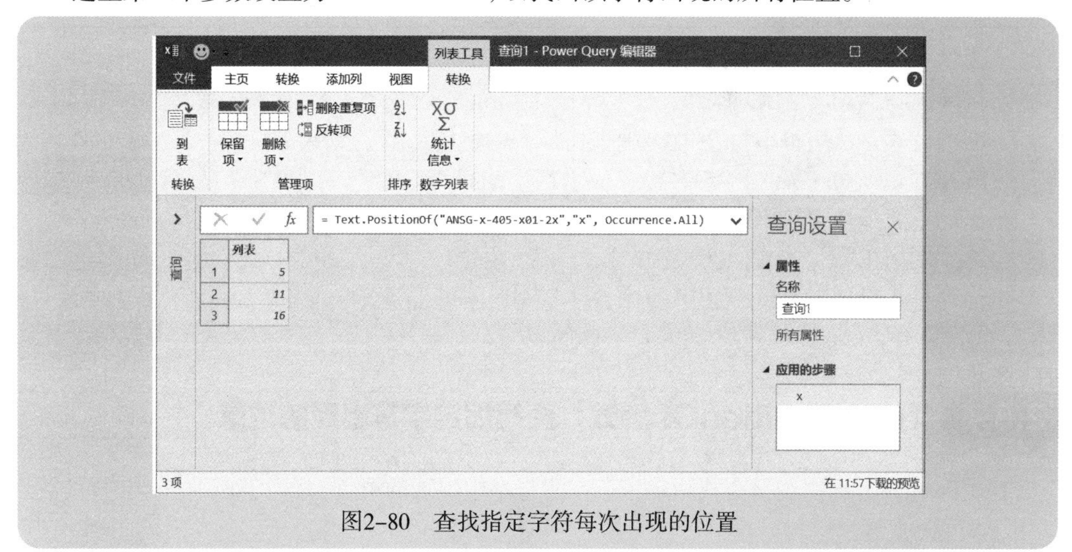

图2-80　查找指定字符每次出现的位置

2.6.5 Text.PositionOfAny 函数：查找任意字符出现的位置

Text.PositionOfAny函数用于查找任意字符在字符串中出现的位置。其用法如下：

```
=Text.PositionOfAny( 字符串 , 字符集 , 指定哪次出现 )
```

第三个参数是可选参数，如果忽略，默认查找第一次出现的位置。

Text.PositionOfAny函数是区分大小写的。

查找得到的位置索引是从0开始的。

例如，下面的公式是在字符串"2020-AB-CD-BA-DC"中查找字母A或B第一次出现的位置，结果是5(即第6个字母是要找的字母A或者B)：

```
= Text.PositionOfAny("2020-AB-CD-BA-DC",{"A","B"})
```

下面的公式是在字符串"2020-AB-CD-BA-DC"中查找字母A或B最后出现的位置，结果是12(即第13个字母是要找的A或B最后出现的位置)：

```
= Text.PositionOfAny("2020-AB-CD-BA-DC",{"A","B"}, Occurrence.Last)
```

下面的公式是在字符串"2020-AB-CD-BA-DC"中，查找字母A或B每次出现的位置，结果是{5,6,11,12}，如图2-81所示。也就是说，A或B每次出现的位置分别是第6个、第7个、第

12个和第13个。

```
= Text.PositionOfAny("2020-AB-CD-BA-DC",{"A","B"}, Occurrence.All)
```

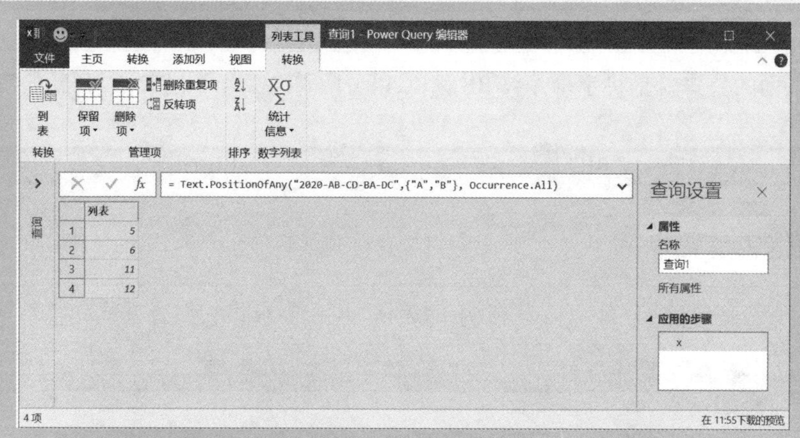

图2-81 查找多个字符在字符串中出现的所有位置

2.7 合并文本

如果要将几个字符以指定的分隔符进行合并，可以使用连接运算符，也可以使用 Text.Combine 函数，结合具体情况，哪个简单就用哪个。

2.7.1 使用连接符“&”合并文本

使用连接符“&”合并文本是最简单的方法，例如，下面的公式结果就是字符串"AB"：

```
= "A" & "B"                    // 结果："AB"
```

下面的公式结果就是字符串"A--B"：

```
= "A" & "--" & "B"             // 结果："A--B"
```

2.7.2 Text.Combine 函数：以指定分隔符合并文本

对于表格数据处理来说，使用Text.Combine函数以指定分隔符合并文本，无疑是最方便的。其用法如下：

= Text.Combine(字符集，分隔符)

注意

需要合并的字符必须是一个字符集列表。

例如，下面的公式就是将字母AA、BB和CC以分隔符“/”合并起来，得到新的字符串"AA/BB/CC"：

= Text.Combine({"AA","BB","CC"},"/")　　// 结果："AA/BB/CC"

案例2-17

图2-82所示是保存年、月、日三列数字的表格，现在要求将它们合并成完整日期。

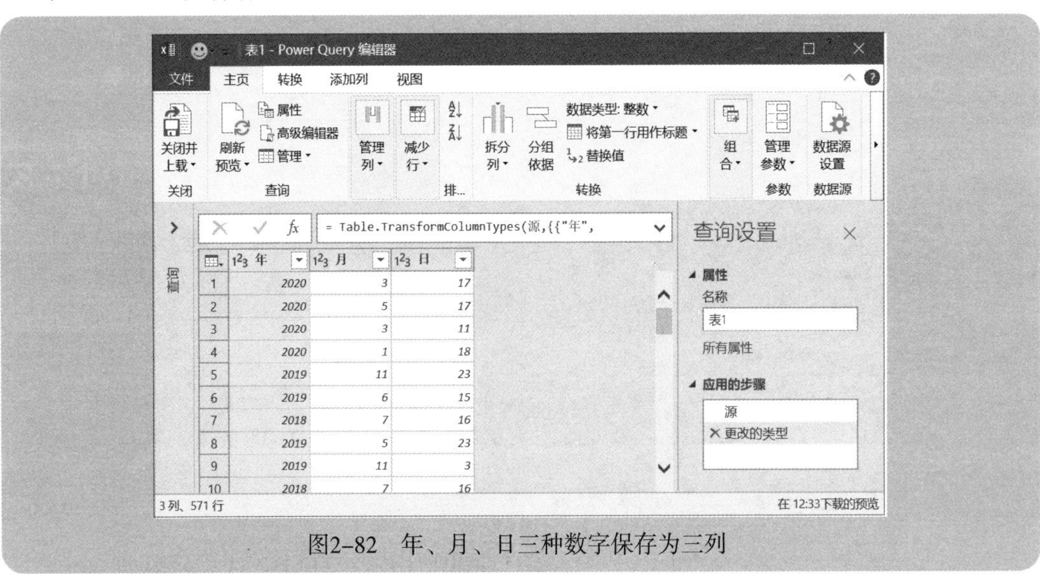

	年	月	日
1	2020	3	17
2	2020	5	17
3	2020	3	11
4	2020	1	18
5	2019	11	23
6	2019	6	15
7	2018	7	16
8	2019	5	23
9	2019	11	3
10	2018	7	16

图2-82　年、月、日三种数字保存为三列

考虑表格中的年、月、日三列数字是纯数字，并不是文本，因此可以先将它们的数据类型设置为“文本”，然后添加自定义列“日期”。自定义列公式如下(见图2-83)，结果如图2-84所示。

= Date.FromText(Text.Combine({[年],[月],[日]},"-"))

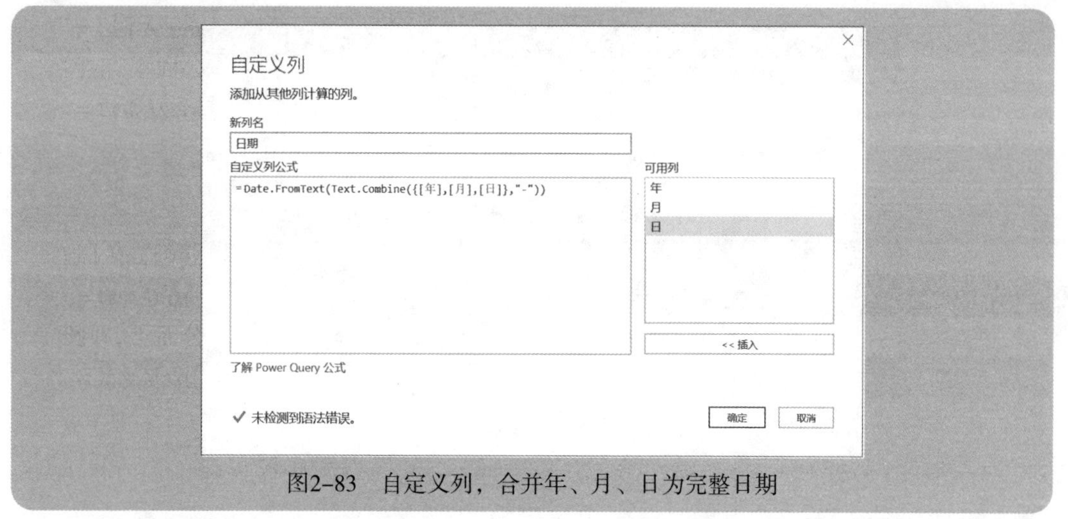

图2-83　自定义列，合并年、月、日为完整日期

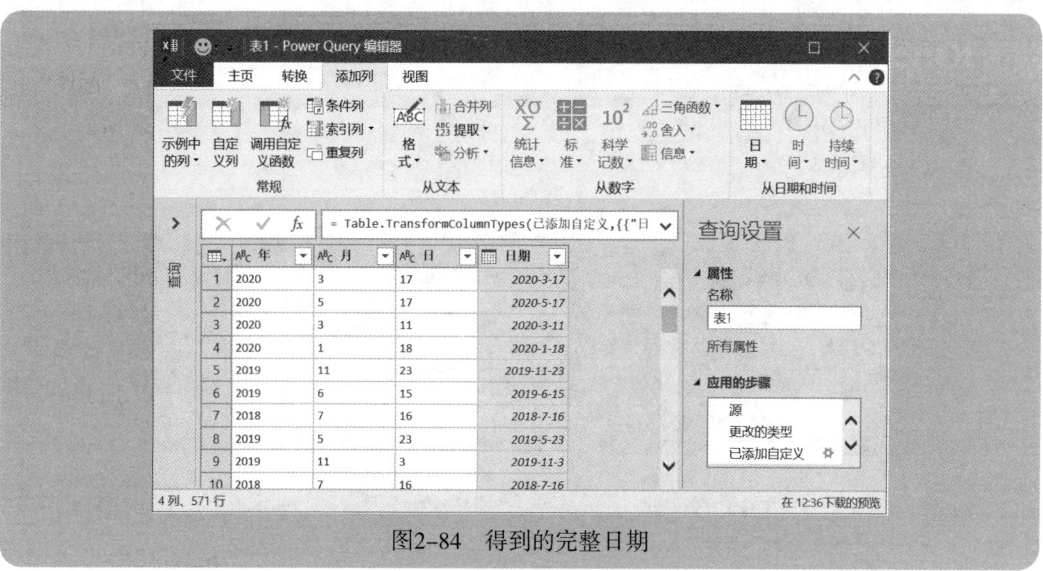

	年	月	日	日期
1	2020	3	17	2020-3-17
2	2020	5	17	2020-5-17
3	2020	3	11	2020-3-11
4	2020	1	18	2020-1-18
5	2019	11	23	2019-11-23
6	2019	6	15	2019-6-15
7	2018	7	16	2018-7-16
8	2019	5	23	2019-5-23
9	2019	11	3	2019-11-3
10	2018	7	16	2018-7-16

图2-84　得到的完整日期

如果事先没有把年、月、日三列的数据类型设置为“文本”，那么上面的公式就会报错，如图2-85所示。

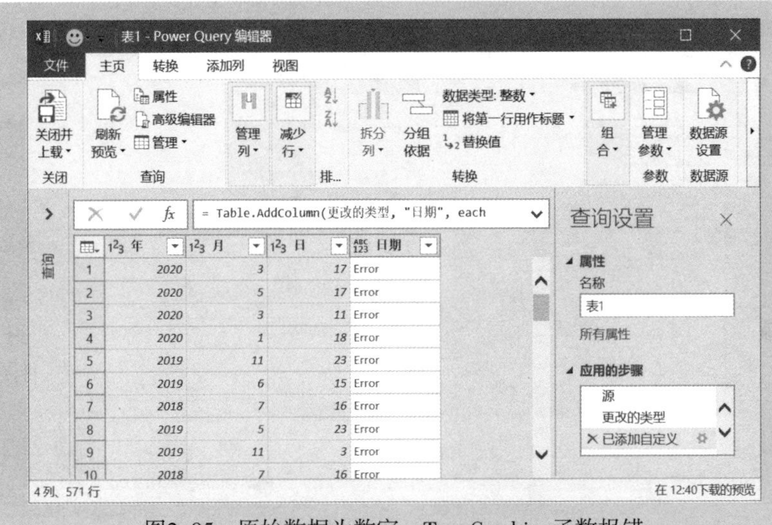

图2-85　原始数据为数字，Text.Combine函数报错

此时，可以在公式中直接使用Text.From函数将年、月、日数据转换为文本，公式如下：

```
=Date.FromText(Text.Combine(
{Text.From([年]),Text.From([月]),Text.From([日])},"-"))
```

2.8 插入和重复字符

如果要在字符串中插入和重复字符，可以使用下面的两个函数：Text.Insert函数和Text.Repeat函数。

2.8.1 Text.Insert函数：在字符串的指定位置插入字符

Text.Insert函数用于在字符串的指定位置插入指定的字符，用法如下：

```
=Text.Insert(字符串,指定插入的位置,要插入的新字符)
```

注意

如果指定插入的位置小于0，或者超过了原字符串的长度，就会报错。

下面的公式就是在字符串"ABCDEF"的第三个字符位置插入新字符"000"，第三个字符以后的字符依次往后移位，得到新字符串"AB000CDEF"：

```
= Text.Insert("ABCDEF",2,"000")                //结果："AB000CDEF"
```

下面的公式是在字符串"预算分析"最后面插入新字符"讨论稿"，得到新字符串"预算分析讨论稿"，这里字符的长度是自动计算出来的：

```
= Text.Insert(" 预算分析 ",Text.Length(" 预算分析 ")," 讨论稿 ") //结果：" 预算分析讨论稿 "
```

下面的公式是在字符串"预算分析"最前面插入新字符"2020年"，得到新字符串"2020年预算分析"：

```
= Text.Insert(" 预算分析 ",0,"2020 年 ")         //结果："2020 年预算分析 "
```

2.8.2 Text.Repeat 函数：重复生成字符串

Text.Repeat函数用于重复字符，以生成一个新字符串，用法如下：

```
=Text.Repeat ( 要重复的字符 , 重复次数 )
```

例如，下面的公式就是在将字符A重复5次，生成新字符串"AAAAA"：

```
= Text.Repeat("A",5)                           //结果："AAAAA"
```

下面的公式是将字符串A0重复5次，生成新字符串"A0A0A0A0A0"：

```
= Text.Repeat("A0",5)                          //结果："A0A0A0A0A0"
```

2.9 将数字转换为文本

前面有关的公式已经使用过了文本转换函数 Text.From，该函数的作用就是将数字、日期、时间等转换为文本，类似于 Excel 的 TEXT 函数。

在文本转换中，常用的函数有：

- Text.From
- Text.Format

2.9.1 Text.From 函数：将数字、日期和时间转换为文本

数字是无法使用文本函数进行处理的，需要先将其转换为文本数据，此时，可以使用Text.From函数，其用法为：

```
=Text.From( 数值 ,WIN 系统选项 )
```

例如，下面的公式是将数字10485转换为文本 "10485"：

```
= Text.From(10485)                        // 结果："10485"
```

例如，下面的公式是将日期2020-4-7转换为文本 "2020/4/7"：

```
= Text.From(#date(2020,4,7))              // 结果："2020/4/7"
```

例如，下面的公式是将日期2020-4-7转换为文本 "4/7/2020"：

```
= Text.From(#date(2020,4,7),"en-CN")      // 结果："4/7/2020"
```

2.9.2 Text.Format 函数：格式化文本字符串

Text.Format 函数用于格式化文本字符串，即按照指定的格式对文本字符串进行转换，其用法为：

```
=Text.Format( 需要格式化的文本字符串 , 字符集 , 区域选项 )
```

例如，下面的公式结果是“今天是 2020年 4月 7日”：

```
= Text.Format(" 今天是 #{0} 年 #{1} 月 #{2} 日 ",{2020,4,7})
```

{0}是取字符集{2020,4,7}中的第1个2020，{1}是取第2个4，{1}是取第3个7。

下面的公式是构建一个文本字符串"要坚持学习 Excel，Power Query，函数和数据分析"，如图2-86所示。

```
= Text.Format(" 要坚持学习 #{0}, #{1}, #{2} 和 #{3}",{"Excel","Power Query"," 函数 "," 数据分析 "})
```

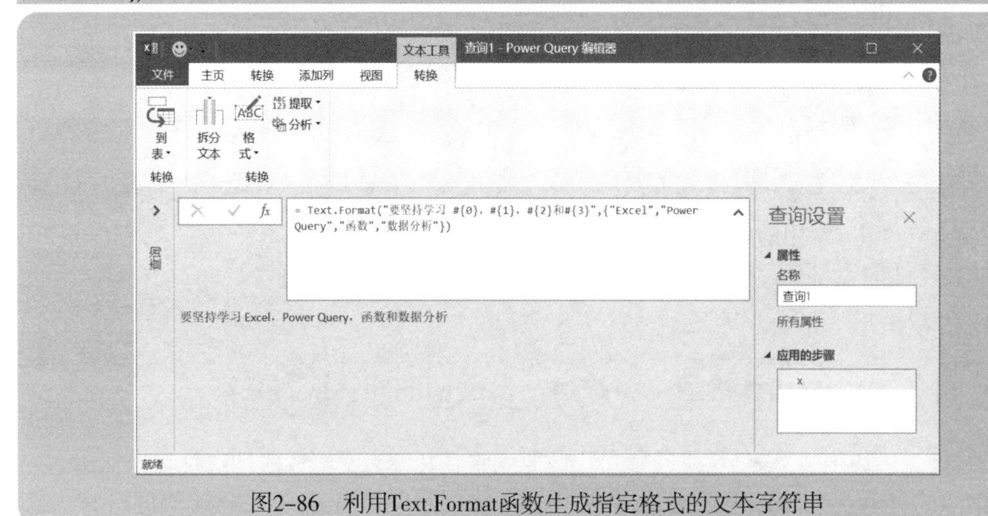

图2-86　利用Text.Format函数生成指定格式的文本字符串

案例2-18

图2-87所示是经过查询计算得到的每个人的考试成绩，现在要添加一列，用文字说明每个人各科的考试分数。

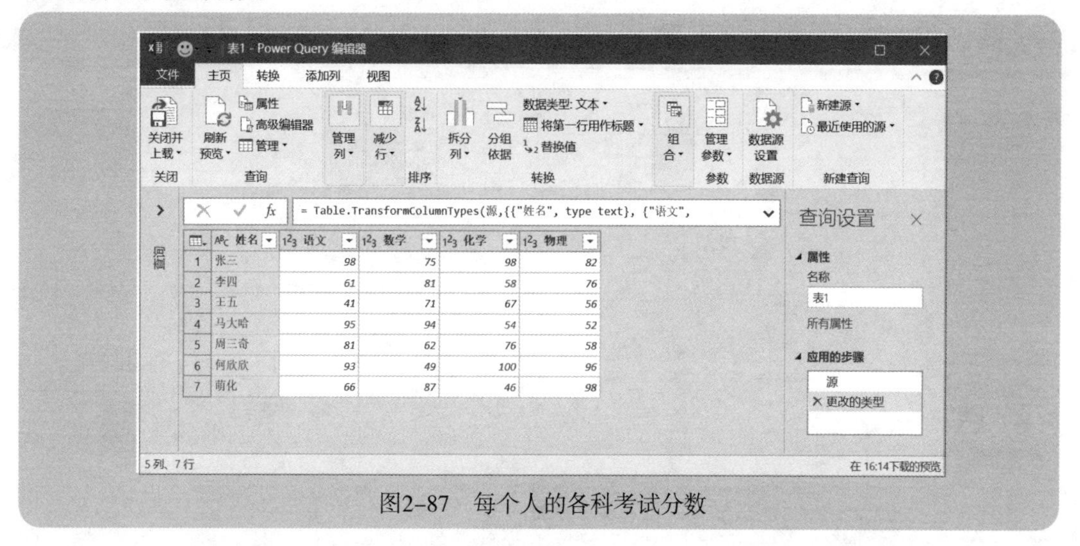

	姓名	语文	数学	化学	物理
1	张三	98	75	98	82
2	李四	61	81	58	76
3	王五	41	71	67	56
4	马大哈	95	94	54	52
5	周三奇	81	62	76	58
6	何欣欣	93	49	100	96
7	萌化	66	87	46	98

图2-87 每个人的各科考试分数

添加自定义列“说明”，公式如下(见图2-88)。公式中的下划线表示所有列。

```
= Text.Format(" 各科分数：语文 #[语文]/ 数学 #[数学]/ 化学 #[化学]/ 物理 #[物理]",_)
```

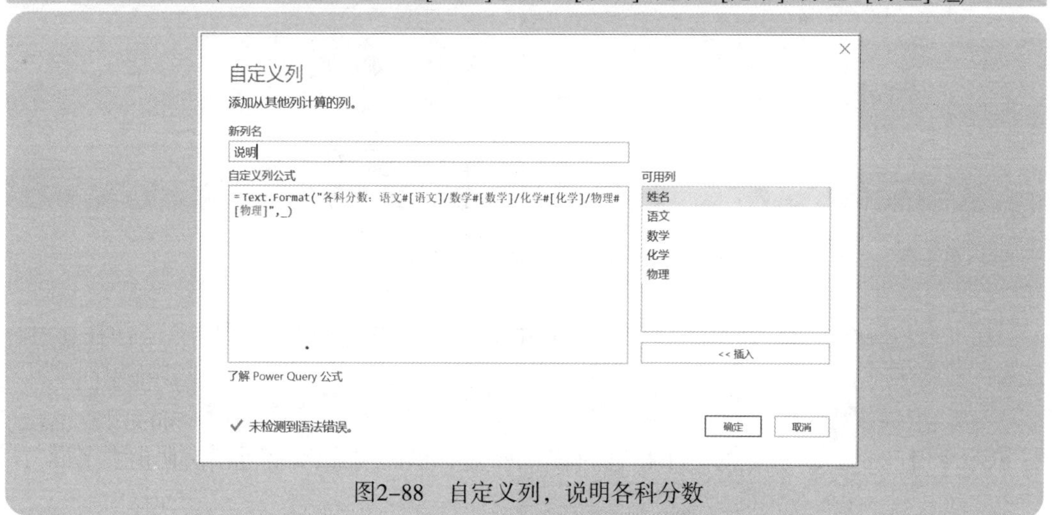

图2-88 自定义列，说明各科分数

这样就得到如图2-89所示的结果。

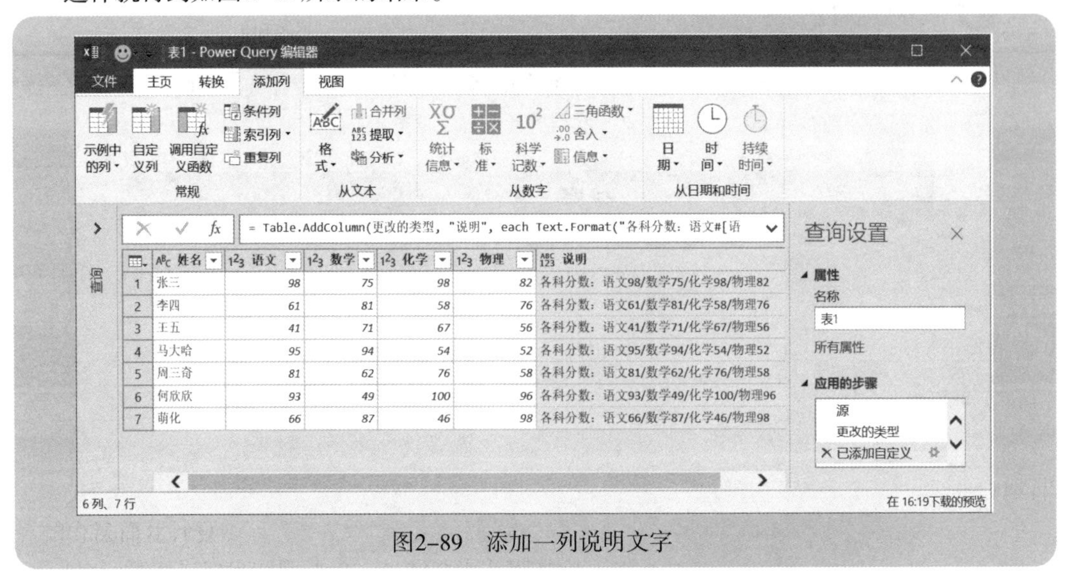

图2-89 添加一列说明文字

2.10 英文字母大小写转换

如果要处理英文文本，需要注意英文字母的大小写。对英文字母的大小写进行处理，可以使用以下函数：

- Text.Lower
- Text.Upper
- Text.Proper

2.10.1 Text.Lower 函数：所有字母转换为小写

如果要把所有字母转换为小写，可以使用Text.Lower函数，此函数等同于Excel的LOWER函数。其用法如下(第二个参数一般忽略)：

```
=Text.Lower( 文本字符串 , 区域选项 )
```

例如，下面的公式就是将字符串"AN-29-and-d2-OR"中的所有字母转换为小写字母，其结果为"an-29-and-d2-or"：

```
= Text.Lower("AN-29-and-d2-OR")          // 结果："an-29-and-d2-or"
```

2.10.2 Text.Upper 函数：所有字母转换为大写

如果要把所有字母转换为大写，可以使用Text.Upper函数，此函数等同于Excel的UPPER函数。其用法如下(第二个参数一般忽略)：

```
=Text.Upper ( 文本字符串 , 区域选项 )
```

例如，下面的公式就是将字符串"AN-29-and-d2-OR"中的所有字母转换为大写字母，其结果为"AN-29-AND-D2-OR"：

```
= Text.Upper("AN-29-and-d2-OR ")          // 结果："AN-29-AND-D2-OR"
```

2.10.3 Text.Proper 函数：所有分隔的单词首字母大写

如果仅仅是要把每个分隔的单词首字母转换为大写，可以使用Text.Proper函数，此函数等同于Excel的PROPER函数。其用法如下(第二个参数一般忽略)：

```
=Text.Proper ( 文本字符串 , 区域选项 )
```

例如，下面的公式就是将字符串"a Teacher of excel"的每个单词的首字母转换为大写，转换后的字符串为"A Teacher Of Excel"：

```
= Text.Proper("a Teacher of excel")          // 结果："A Teacher Of Excel"
```

2.11 Text.Reverse函数：倒序字符前后位置

在某些情况下对数据进行倒序处理非常有用。

例如，要从如下所示的文本中提取电话号码。

- 北京市平安大街201号15号楼张三01062891849
- 北京市平安大街2040号李四13523951128
- 深圳市南山区3000号王无敌075529959040
- 纽约市百老汇大街110街Tom 304194188

这样的问题，无法直接使用Text.Select函数，也无法使用Text.Remove函数，更无法使用Text.AfterDelimiter函数。

但是，如果能从另外一个角度考虑，先将字符串倒序，将电话号码置于文本的最前面，就比较容易提取。

倒序字符前后位置的函数是Text.Reverse函数。其用法如下：

```
=Text.Reverse( 字符串 )
```

例如，下面的公式就是将字符串"A12K60-98"转换为"89-06K21A"：

```
= Text.Reverse("A12K60-98")
```

 案例2-19

下面来看如何解决从地址中提取电话号码的问题，已经建立的查询如图2-90所示。

扫一扫，看视频

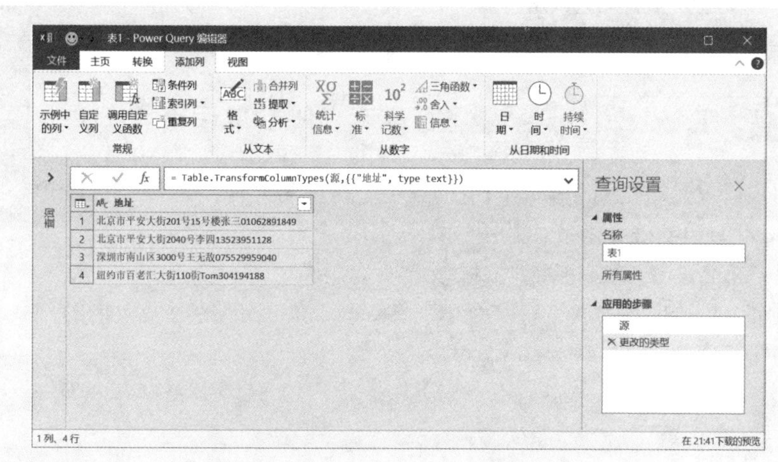

图2-90　建立基本查询

添加一个自定义列“自定义”，公式如下，将原地址字符串倒序处理，如图2-91所示。

```
= Text.Reverse([地址])
```

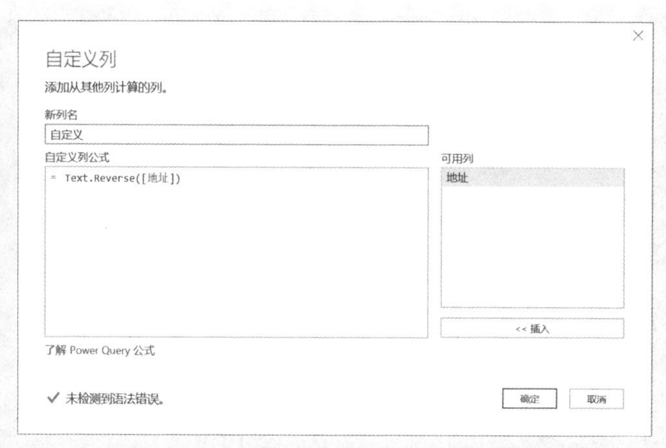

图2-91　自定义列，将原地址字符串倒序

这样就得到如图2-92所示的结果。

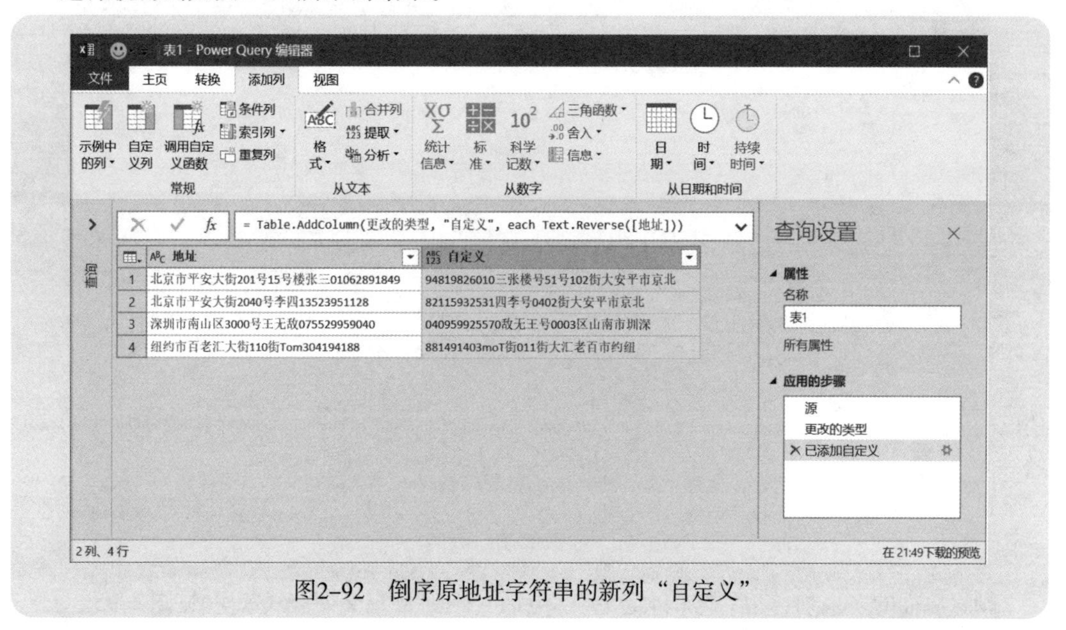

图2-92　倒序原地址字符串的新列“自定义”

选择这个自定义列，执行“转换”→“拆分列”→“按照从数字到非数字的转换”命令，如图2-93所示。

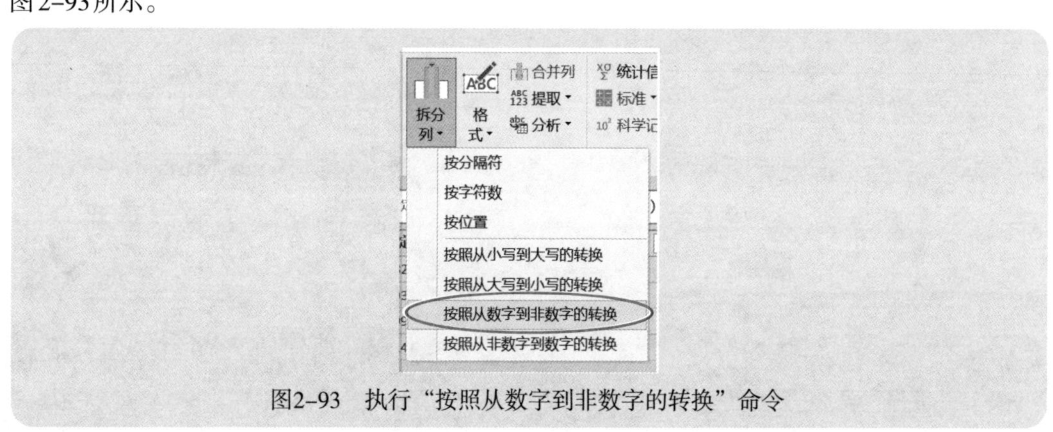

图2-93　执行“按照从数字到非数字的转换”命令

这样就将“自定义”列最左侧的数字提取出来了，结果如图2-94所示。

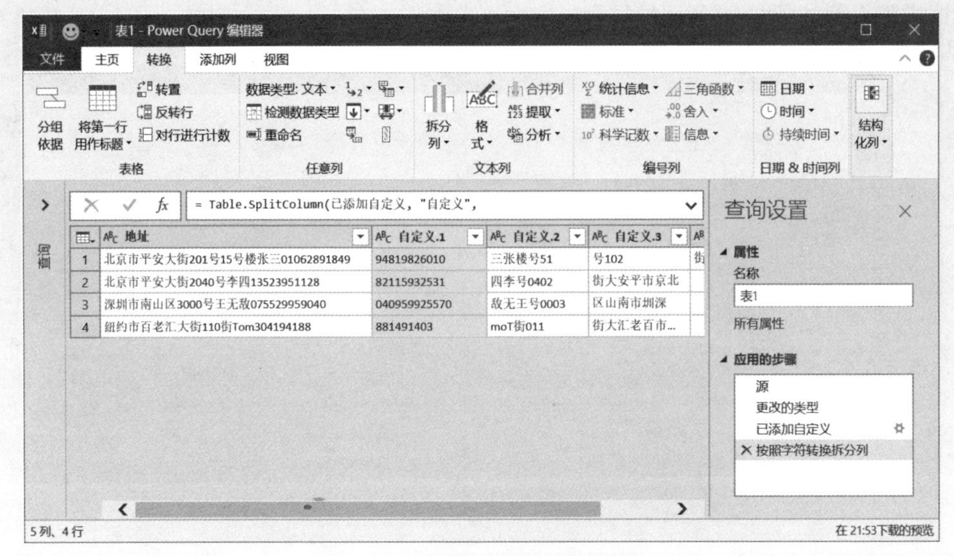

图2-94　提取的倒序电话号码

删除后面的多余列，然后添加自定义列“电话号码”，自定义列公式如下(见图2-95)：

= Text.Reverse([自定义 .1])

图2-95　自定义列“电话号码”，处理倒序的电话号码

这样就得到了一个真正的电话号码数据，如图2-96所示。

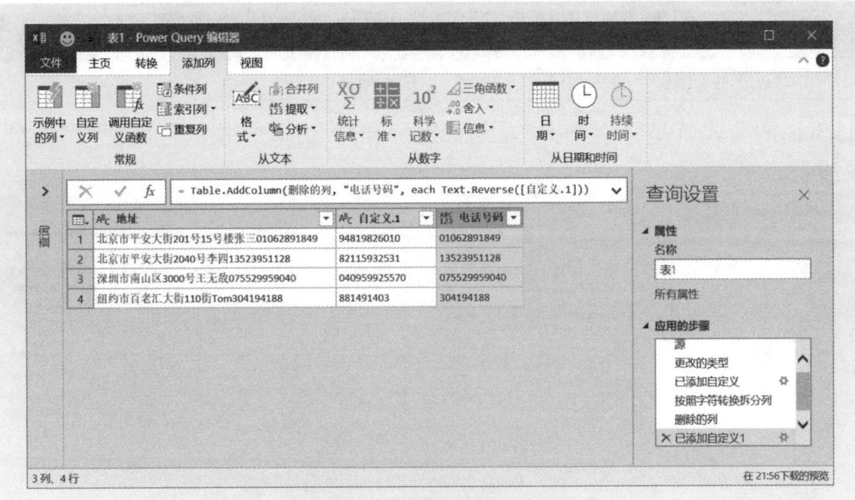

	地址	自定义.1	电话号码
1	北京市平安大街201号15号楼张三01062891849	94819826010	01062891849
2	北京市平安大街2040号李四13523951128	82115932531	13523951128
3	深圳市南山区3000号王无敌075529959040	040959925570	075529959040
4	纽约市百老汇大街110街Tom304194188	881491403	304194188

图2-96　得到的电话号码

将“自定义”列删除，关闭查询，数据上载到Excel，就得到如图2-97所示的结果。

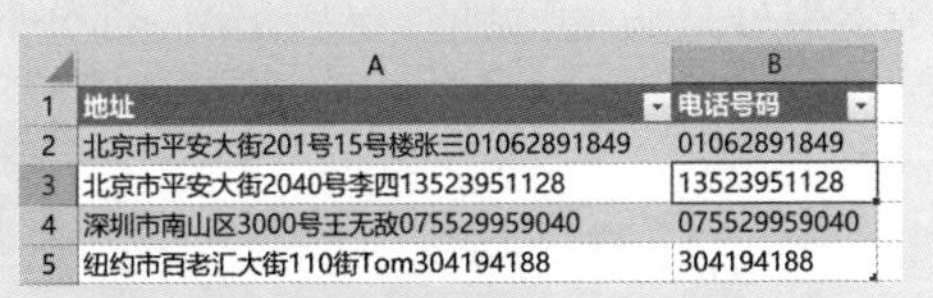

	A	B
1	地址	电话号码
2	北京市平安大街201号15号楼张三01062891849	01062891849
3	北京市平安大街2040号李四13523951128	13523951128
4	深圳市南山区3000号王无敌075529959040	075529959040
5	纽约市百老汇大街110街Tom304194188	304194188

图2-97　提取出的电话号码

2.12　拆分列

拆分列是数据处理加工经常要做的工作之一，既可以使用“拆分列”菜单命令完成，也可以使用 M 函数创建公式完成，常用的拆分列函数如下：

- Text.Split
- Text.SplitAny

2.12.1　Text.Split 函数：按照分隔符拆分文本

Text.Split 函数可以根据指定分隔符，将文本拆分成几列，并构成一个文本值列表，用法如下：

```
=Text.Split(字符串,分隔符)
```

注意

Text.Split函数得到的不是一个值，而是一个列表。

例如，下面的公式就是将字符串"日期/产品/客户/销量"，根据分隔符"/"拆分成列表，如图2-98所示。

```
= Text.Split("日期/产品/客户/销量","/")
```

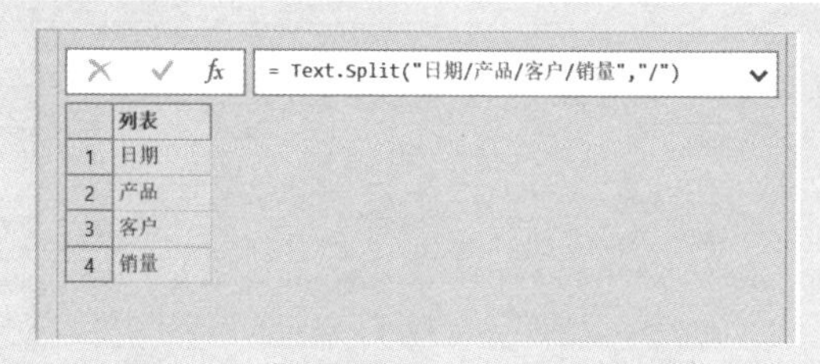

图2-98　根据分隔符拆分文本字符串

在这个拆分出的列表中，如果要把第三部分"客户"提取出来，可以把公式修改为：

```
= Text.Split("日期/产品/客户/销量","/"){2}
```

{2}表示第三部分，这个索引号是从0开始的，0表示第一部分，1表示第二部分，2表示第三部分，以此类推。

案例2-20

图2-99所示的是一组原始目录名称数据，现在要求从中提取数字斜杠"/"后面的总账科目名称。

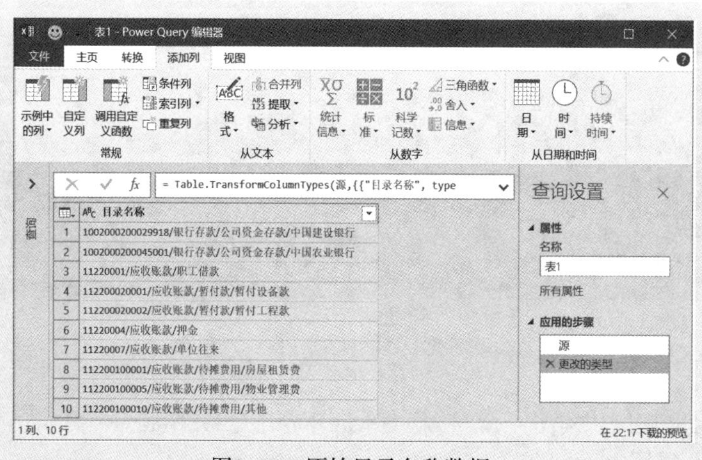

图2-99　原始目录名称数据

这个问题，既可以使用前面介绍过的Text.BetweenDelimiters函数解决，其公式为：

```
=Text.BetweenDelimiters([目录名称],"/","/")
```

也可以使用Text.Split函数解决，公式为：

```
= Text.Split([目录名称],"/"){1}
```

结果如图2-100所示。

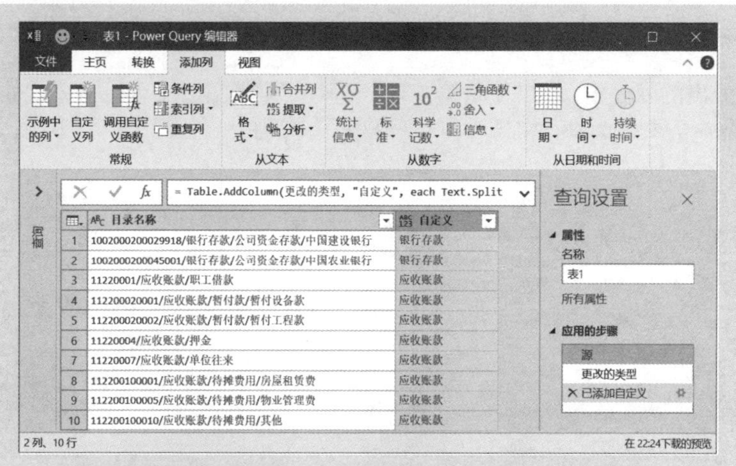

图2-100　使用Text.Split函数提取的总账科目名称

2.12.2 Text.SplitAny函数：按照分隔符集中的每个字符拆分文本

Text.SplitAny函数可以根据指定的分隔符集中的每个字符，将文本拆分成几列，构成一个文本值列表，用法如下：

```
=Text.SplitAny(字符串,分隔符)
```

注意

Text.SplitAny函数得到的不是一个值，而是一个列表。

例如，下面的公式就是将字符串"日期-产品/客户-销量"，根据分隔符"/"和"-"拆分成列表，如图2-101所示。

```
= Text.SplitAny("日期-产品/客户-销量","/-")
```

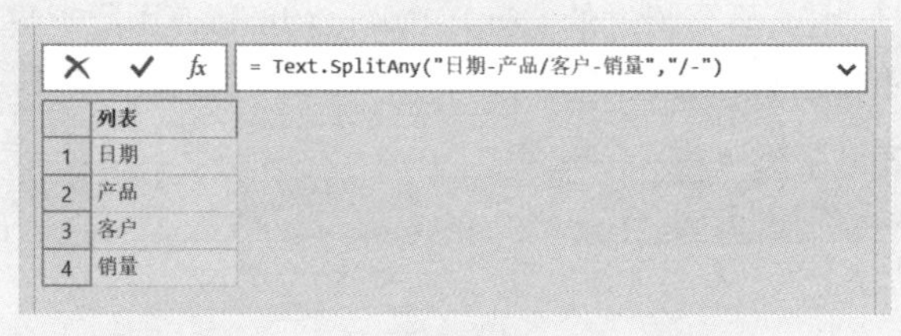

图2-101　根据分隔符拆分文本字符串

在这个拆分出的列表中，如果要将第3部分“客户”提取出来，可以将公式修改为：

= Text.SplitAny(" 日期 – 产品 / 客户 – 销量 ","/–"){2}

2.13 文本函数综合练习

本节结合三个实际案例，将文本函数综合应用起来，让读者进一步掌握这些函数的使用方法和技能。

2.13.1 提取关键数据

案例2-21

图2-102所示是一张包含规格描述的原始数据表，现在要从“规格描述”列中，提取字母U、K、O和M前面的数字。

例如，第2行要提取0.022，第3行要提取0.0047，第4行要提取4.99，以此类推。

	A	B
1	料站位	规格描述
2	35	CAP,0.022U 50V20% X7R CER0805 RoHS
3	37	CAP, 0.0047U 50V X7R 10%, CER, 0805, RoHS
4	43	RES,4.99K 1% 1/4W,1206,RoHS
5	45	CAP,10U 25V X5R 20% CER 1206, RoHS
6	47	CAP, 0.1U 50V X7R 5%, CER 0805, RoHS
7	49	RES, 221K 1% 1/4W SMD 1206, RoHS
8	51	RES, 249 O 1% 1/4W,SMD 1206, RoHS
9	53	CAP,0.068U 50V10% X7R CER0805 RoHS
10	55	CAP, 1U 50V X7R, 20%, 0805, RoHS
11	61	RES,100 O 1% 1/4W SMD 1206, RoHS
12	65	RES,5.90K 1% 1/4W,1206,RoHS
13	67	RES, 2.2K O 1% 1/4W, 1206, RoHS
14	69	RES, 1K 1% 1/4W SMD 1206, RoHS
15	71	RES, 2M 1% 1/4W SMD 1206,RoHS RoHS

图2-102　原始数据表

仔细观察数据特征，要提取的数字前面是逗号“,”，后面是字母U、K、O或M，那么可以使用M函数来设计公式进行提取。

建立查询，添加自定义列“数字”，计算公式如下(见图2-103)：

```
= Text.Trim(Text.SplitAny([规格描述],",UKOM"){1})
```

这个公式的原理是：先用Text.SplitAny函数按照分隔符“,”、U、K、O和M拆分，即可将规格描述拆分成包含数个字符的列表，然后提取这个字符列表的第2个字符，由于这个字符前后可能会有空格，因此最后使用Text.Trim函数清除这些空格即可。

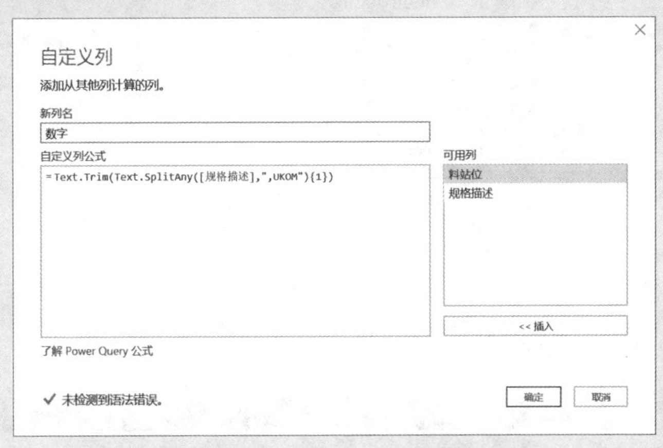

图2-103　自定义列，提取需要的数字

这样就得到需要的结果，如图2-104所示。

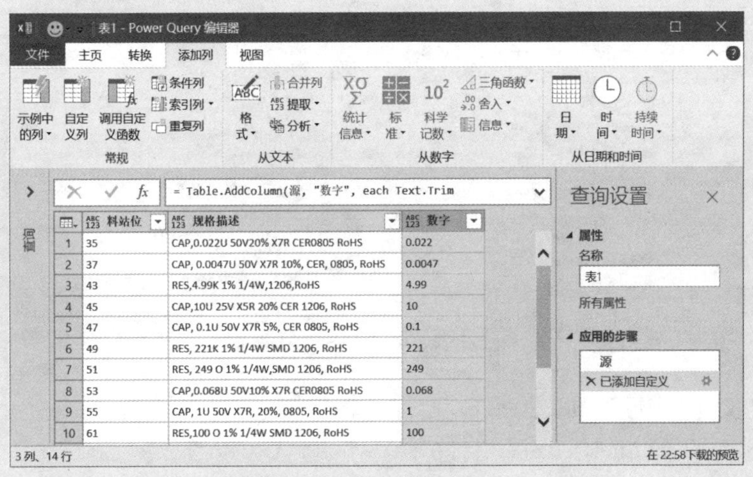

图2-104　得到的数字

案例2-22

图2-105所示的是一组原始数据，要求提取最后一个分隔符“-”后面的所有字母，例如，第2行结果是S，第3行结果是XL，第4行结果是H，第5行结果是L。

	A
1	合同号
2	GZ-SDXH-1901006-S
3	GZ-JCDB-1901004-XL
4	GZ-YSTG-1901001-H新合同
5	GZ-XJAS5#-1901001-L
6	GZ-GYDB-1804002-X
7	GZ-GYDB-1807005-W-补充2019
8	GZ-QAJJ-1901001-CYA
9	GZ-NGDB-1901006-O补发合同
10	GZ-GYDB-1808018-CX
11	GZ-QAJJ-1901017-TM
12	GZHB-QAJJ-180443-HAWQ
13	GZ-QAJJ-1810019-JRD

图2-105　原始数据

建立基本查询，如图2-106所示。

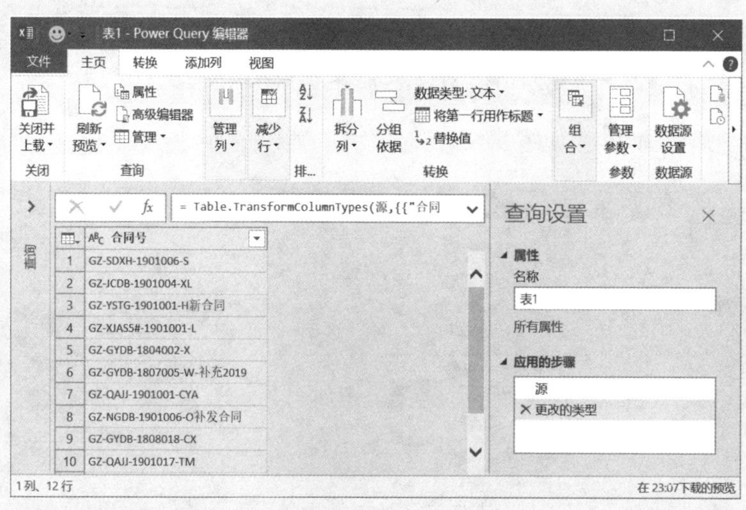

图2-106　建立基本查询

添加自定义列“字母”，其公式如下(见图2-107)：

```
= Text.Select(Text.AfterDelimiter([合同号], "-", 2),{"A".."Z","a".."z"})
```

这个公式的原理是：先用Text.AfterDelimiter函数提取第3个分隔符“-”之后的文本，然后

再用Text.Select函数将这个文本中的字母提取出来。

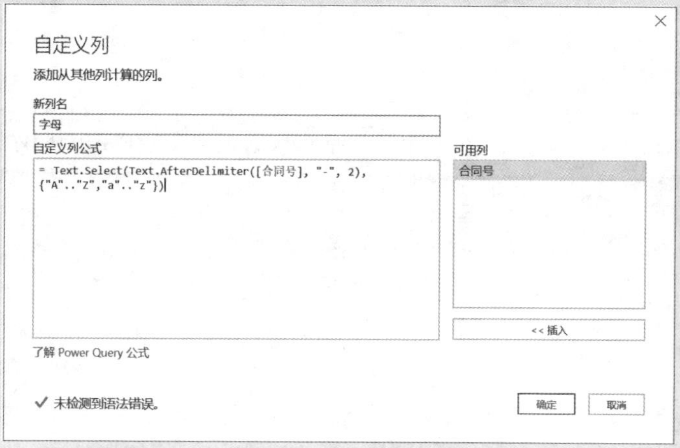

自定义列

添加从其他列计算的列。

新列名

字母

自定义列公式

```
= Text.Select(Text.AfterDelimiter([合同号], "-", 2),
{"A".."Z","a".."z"})
```

可用列

合同号

<< 插入

了解 Power Query 公式

✓ 未检测到语法错误。

确定　取消

图2-107　自定义列“字母”，提取需要的字母

这样就得到需要的结果，如图2-108所示。

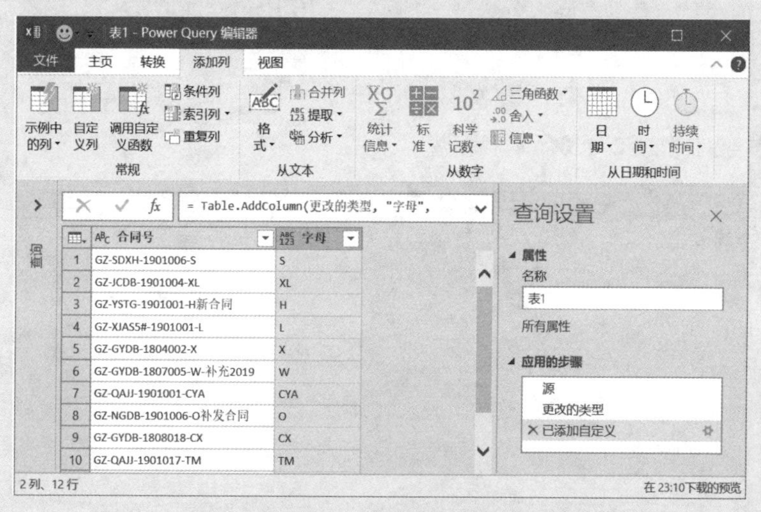

图2-108　提取出的字母

2.13.2 整理表格数据

案例2-23

图2-109所示是一个典型的从系统导出的原始数据表格，现在要求从B列的科目名称中提取出部门名称和费用名称，并生成两个新列。

	A	B	C
1	科目代码	科目名称	本期发生额
2	6602	管理费用	143904.75
3	6602.4110	工资	72424.62
4		[01]总经办	8323.24
5		[02]人事行政部	12327.29
6		[03]财务部	11362.25
7		[04]采购部	9960.67
8		[05]生产部	12660.18
9		[06]信息部	10864.87
10		[07]贸易部	6926.12
11	6602.4140	个人所得税	3867.57
12		[01]总经办	1753.91
13		[02]人事行政部	647.6
14		[03]财务部	563.78
15		[04]采购部	167.64
16		[05]生产部	249.33
17		[06]信息部	193.7
18		[07]贸易部	291.61
19	6602.4150	养老金	3861.9

Sheet1

图2-109　系统导出的原始数据

建立基本查询，如图2-110所示。

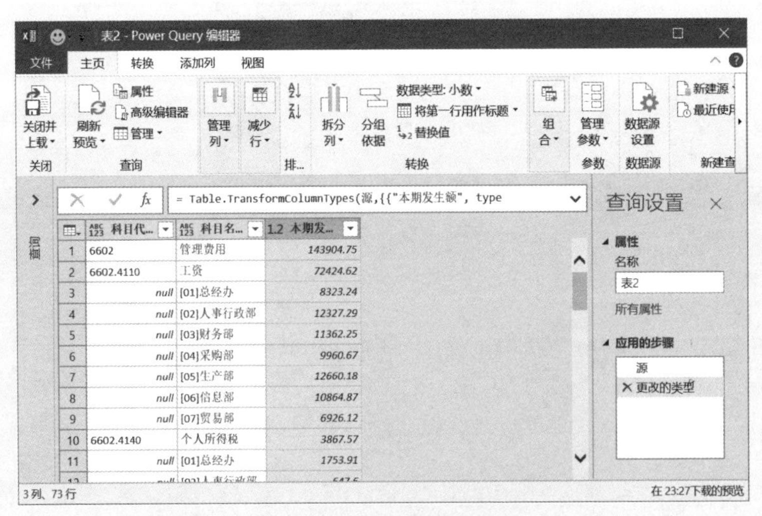

图2-110　建立基本查询

添加自定义列“部门”，公式如下(见图2-111):

```
= Text.AfterDelimiter([科目名称],"]")
```

图2-111 自定义列“部门”，提取部门名称

这样就得到一个新列“部门”，并提取部门名称，如图2-112所示。

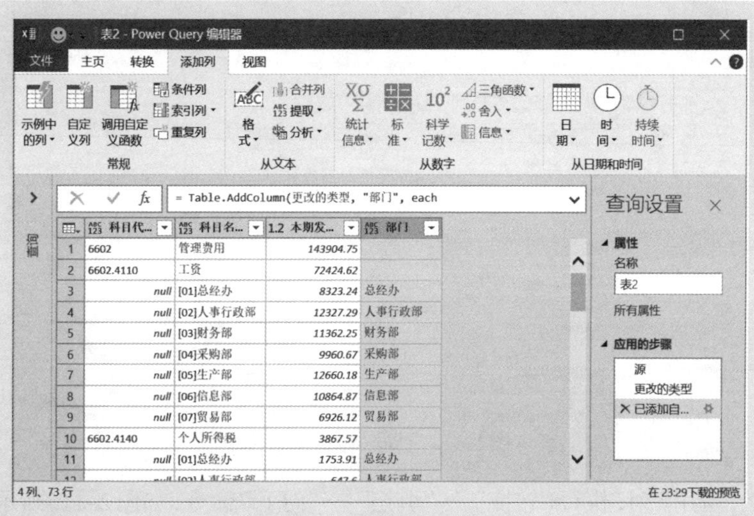

	科目代...	科目名...	1.2 本期发...	部门
1	6602	管理费用	143904.75	
2	6602.4110	工资	72424.62	
3	null	[01]总经办	8323.24	总经办
4	null	[02]人事行政部	12327.29	人事行政部
5	null	[03]财务部	11362.25	财务部
6	null	[04]采购部	9960.67	采购部
7	null	[05]生产部	12660.18	生产部
8	null	[06]信息部	10864.87	信息部
9	null	[07]贸易部	6926.12	贸易部
10	6602.4140	个人所得税	3867.57	
11	null	[01]总经办	1753.91	总经办

图2-112 提取的部门名称

再添加一个自定义列“费用”，公式如下(见图2-113):

```
= if Text.BeforeDelimiter([科目名称],"[")="" then null
  else Text.BeforeDelimiter([科目名称],"[")
```

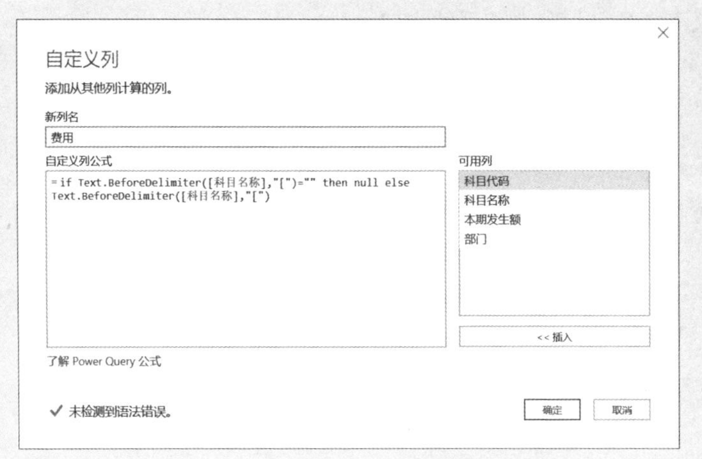

图2-113　自定义列，准备提取费用名称

这样就得到如图2-114所示的结果。

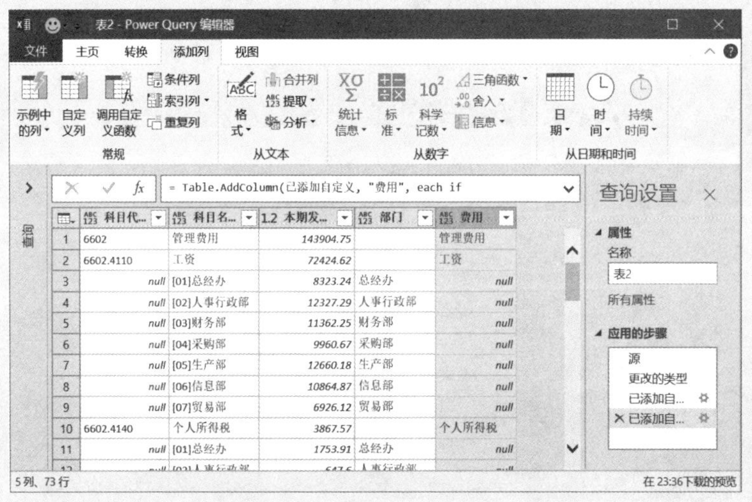

图2-114　提取的费用名称

然后选择“费用”列，执行“转换”→“填充”→“向下”命令，如图2-115所示。

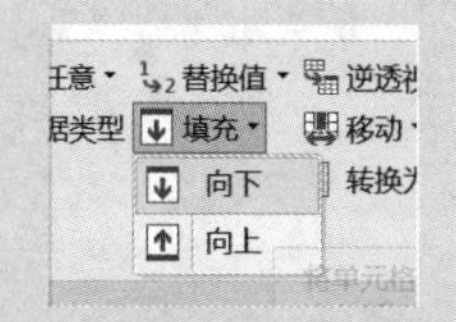

图2-115 执行“向下”命令

这样就得到需要的部门和费用两列数据，如图2-116所示。

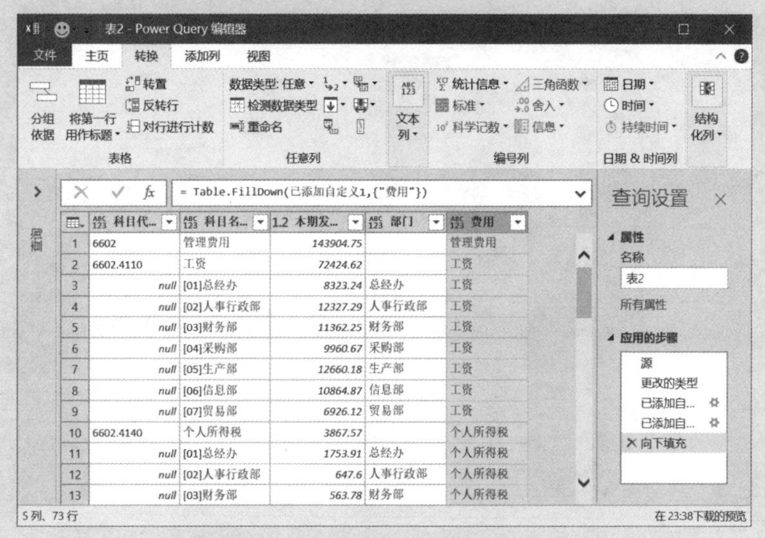

图2-116 提取出的部门和费用数据

最后关闭查询，将数据上载到Excel工作表即可。

Chapter

03

日期函数及其应用

在Excel中，几乎每个工作表都有日期数据，因此快速处理日期非常重要。处理日期数据，除了使用Power Query菜单命令外，还可以使用日期函数，这些函数都是以Date开头。

3.1 输入日期常量与整合日期

如果要输入一个固定日期常量，就需要使用 #date 函数。如果要整合日期数字，也可以使用 #date 函数。

3.1.1 #date 函数：输入日期常量

#date 函数用于将年、月、日三个数字构建成一个真正的日期，用法如下：

```
= #date( 年 , 月 , 日 )
```

这三个数字的取值范围如下：

- 1 ≤年≤ 9999。
- 1 ≤月≤ 12。
- 1 ≤日≤ 31。

例如，下面的函数结果是2020-4-8：

```
= #date(2020,4,8)
```

注意

该函数名字的字母都是小写，并且函数名字前面必须有井号（#）。

3.1.2 #date 函数：整合年、月、日三个数为日期

#date 函数也可以对表格数据进行整理，将年、月、日三个数快速整合为日期。下面举例说明。

案例3-1

图3-1所示是一张表格，日期被分成了年、月、日三列保存，现在要将这三列数据生成一个完整日期列。

扫一扫，看视频

	A	B	C	D	E
1	年	月	日	产品	销量
2	2019	6	21	产品08	442
3	2019	10	18	产品13	1079
4	2019	4	6	产品02	598
5	2019	11	22	产品06	1061
6	2020	11	6	产品07	1163
7	2020	8	10	产品11	203
8	2019	2	2	产品06	361
9	2019	3	7	产品03	809
10	2019	7	12	产品11	223
11	2019	4	3	产品11	1051

图3-1　日期被分成了年、月、日三列保存

执行“从表格”命令，建立基本查询，如图3-2所示。

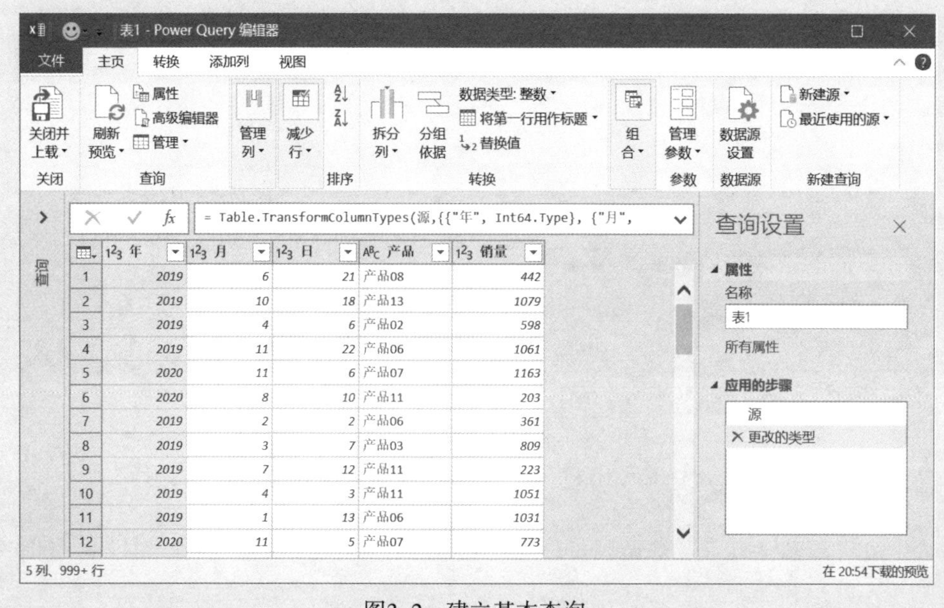

图3-2　建立基本查询

执行“添加列”→“自定义列”命令，为表添加一个自定义列“日期”，公式如下(见图3-3)：

= #date([年],[月],[日])

自定义列

添加从其他列计算的列。

新列名

日期

自定义列公式

= #date([年],[月],[日])

可用列

年

月

日

产品

销量

<< 插入

了解 Power Query 公式

✓ 未检测到语法错误。

确定　取消

图3–3　添加自定义列“日期”

这样就得到一个完整日期列，如图3–4所示。

	年	月	日	产品	销量	日期
1	2019	6	21	产品08	442	2019-6-21
2	2019	10	18	产品13	1079	2019-10-18
3	2019	4	6	产品02	598	2019-4-6
4	2019	11	22	产品06	1061	2019-11-22
5	2020	11	6	产品07	1163	2020-11-6
6	2020	8	10	产品11	203	2020-8-10
7	2019	2	2	产品06	361	2019-2-2
8	2019	3	7	产品03	809	2019-3-7
9	2019	7	12	产品11	223	2019-7-12
10	2019	4	3	产品11	1051	2019-4-3
11	2019	1	13	产品06	1031	2019-1-13
12	2020	11	5	产品07	773	2020-11-5

图3–4　得到的完整日期列

删除前面的年、月、日三列，将“日期”列调整到工作表的最前列，并将“日期”列的数据类型设置为“日期”，即可得到符合标准规范的表单，如图3–5所示。

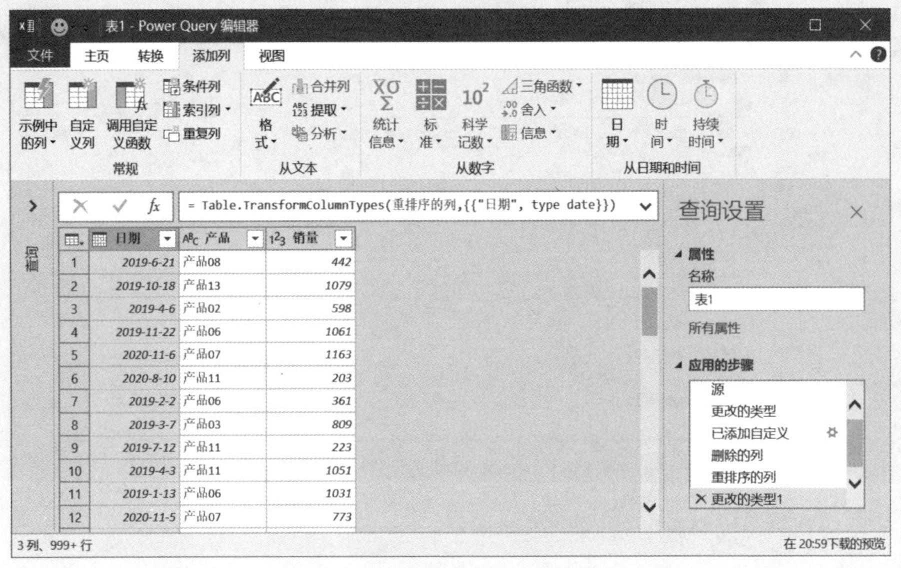

	日期	产品	销量
1	2019-6-21	产品08	442
2	2019-10-18	产品13	1079
3	2019-4-6	产品02	598
4	2019-11-22	产品06	1061
5	2020-11-6	产品07	1163
6	2020-8-10	产品11	203
7	2019-2-2	产品06	361
8	2019-3-7	产品03	809
9	2019-7-12	产品11	223
10	2019-4-3	产品11	1051
11	2019-1-13	产品06	1031
12	2020-11-5	产品07	773

图3-5　整理得到的标准表单

最后将数据导出到Excel工作表，或者加载为链接和数据模型，就可以制作数据透视表并进行统计分析了。

3.2 将文本或数值转换为日期

在实际工作中，经常会遇到诸如 43929 这样的数值，其实它应该是一个日期 2020-4-8，也会遇到诸如 "2020-4-8" 这样的文本型日期，导致无法进行计算。此时，可以使用以下函数进行转换处理：

- Date.From
- Date.FromText

3.2.1 Date.From 函数：将数值转换为日期

Date.From函数用于将数值转换为日期。其用法如下：

=Date.From(数值)

例如，下面的公式结果是2020-4-8：

```
=Date.From(43929)          // 结果是 2020-4-8
```

3.2.2 Date.FromText 函数：将文本型日期转换为日期

Date.FromText 函数，是根据ISO8601格式标准，将文本型日期转换为日期。其用法如下：

```
=Date.FromText( 文本型日期，区域选项 )
```

文本型日期转换为日期的示例见表3-1。

表 3-1　文本型日期转换为日期的示例

表达成日期的文本字符串	公　　式	结　　果
"2020-4-8"	= Date.From("2020-4-8")	2020-4-8
"20200408"	= Date.From("20200408")	2020-4-8
"4/8/2020"	= Date.From("4/8/2020")	2020-4-8
"2020, 4, 8"	= Date.FromText("2020, 4, 8")	2020-4-8
"Apr/8/2020"	= Date.FromText("Apr/8/2020")	2020-4-8
"2020 年 4 月 8 日 "	= Date.FromText("2020 年 4 月 8 日 ")	2020-4-8
"2020 年 4 月 "	= Date.FromText("2020 年 4 月 ")	2020-4-1
"2020 年 "	= Date.FromText("2020 年 ")	2020-1-1
"2020, 4"	= Date.FromText("2020, 4")	2020-4-1
"2020-4"	= Date.FromText("2020-4")	2020-4-1
"2020/4"	= Date.FromText("2020/4")	2020-4-1
"2020"	= Date.FromText("2020")	2020-1-1
"780912"	= Date.FromText("19"&"780912")	1978-9-12
"200408"	= Date.FromText("20" & "200408")	2020-4-8

3.2.3 综合应用案例

案例3-2

扫一扫，看视频

图3-6所示是从系统导出的数据表格，其中“日期”列是非法格式，现在要制作每种产品各个季度、各个月的销售统计表。

“日期”列中的190101表示2019-1-1，需要将其转换为日期格式。

	A	B	C	D	E
1	日期	客户	产品	销量	
2	190101	客户01	产品17	195	
3	190101	客户35	产品11	516	
4	190101	客户11	产品06	451	
5	190101	客户18	产品14	3826	
6	190102	客户02	产品17	3547	
7	190102	客户18	产品05	1452	
8	190102	客户32	产品14	2527	
9	190102	客户40	产品02	1847	
10	190102	客户35	产品14	1017	
11	190103	客户22	产品09	728	
12	190103	客户19	产品06	2561	
13	190103	客户45	产品10	671	

图3-6　非法日期的表格

执行“从表格”命令，建立查询，如图3-7所示。注意将第一列日期的数据类型设置为“文本”。

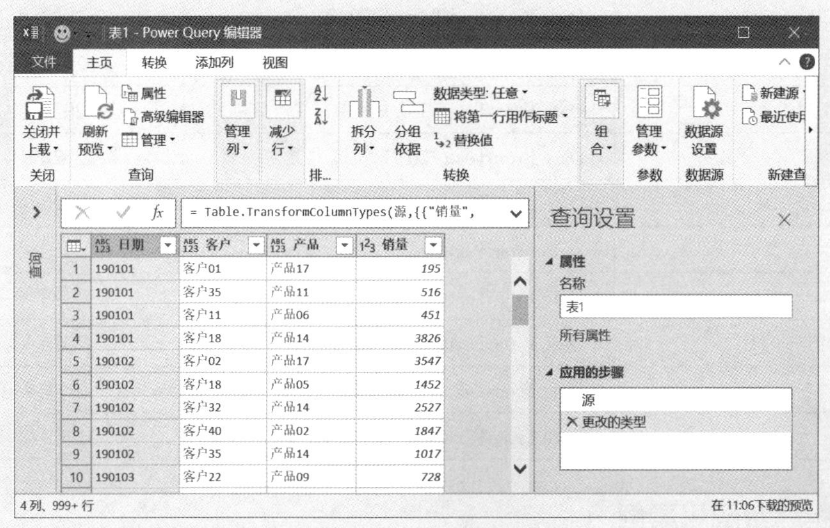

	日期	客户	产品	销量
1	190101	客户01	产品17	195
2	190101	客户35	产品11	516
3	190101	客户11	产品06	451
4	190101	客户18	产品14	3826
5	190102	客户02	产品17	3547
6	190102	客户18	产品05	1452
7	190102	客户32	产品14	2527
8	190102	客户40	产品02	1847
9	190102	客户35	产品14	1017
10	190103	客户22	产品09	728

图3-7　建立基本查询

添加一个自定义列“销售日期”，自定义列公式如下(见图3-8)：

```
= Date.FromText("20" & [日期])
```

如果不先将第一列数据类型设置为“文本”，那么自定义列公式就需要修改为：

```
= Date.FromText("20" & Text.From([日期]))
```

这是因为，数字和文本不是同一类型数据，不能直接进行合并运算。

自定义列

添加从其他列计算的列。

新列名

销售日期

自定义列公式

```
=Date.FromText("20" & [日期])
```

可用列

日期

客户

产品

销量

<< 插入

了解 Power Query 公式

✓ 未检测到语法错误。

确定 取消

图3-8 自定义列“销售日期”

这样就得到如图3-9所示的结果。

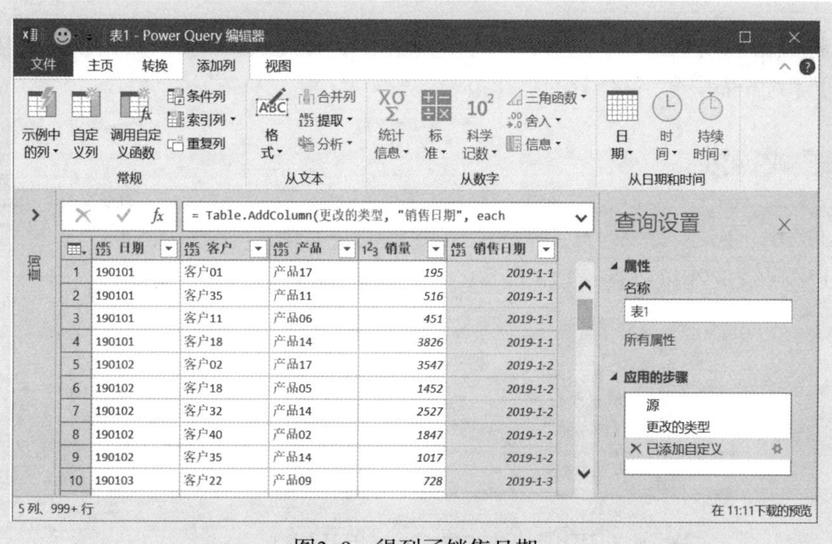

	日期	客户	产品	销量	销售日期
1	190101	客户01	产品17	195	2019-1-1
2	190101	客户35	产品11	516	2019-1-1
3	190101	客户11	产品06	451	2019-1-1
4	190101	客户18	产品14	3826	2019-1-1
5	190102	客户02	产品17	3547	2019-1-2
6	190102	客户18	产品05	1452	2019-1-2
7	190102	客户32	产品14	2527	2019-1-2
8	190102	客户40	产品02	1847	2019-1-2
9	190102	客户35	产品14	1017	2019-1-2
10	190103	客户22	产品09	728	2019-1-3

图3-9 得到了销售日期

将第一列非法日期删除，将刚才得到的自定义列的数据类型设置为“日期”，并将该列移到最前面，得到的规范表格如图3-10所示。

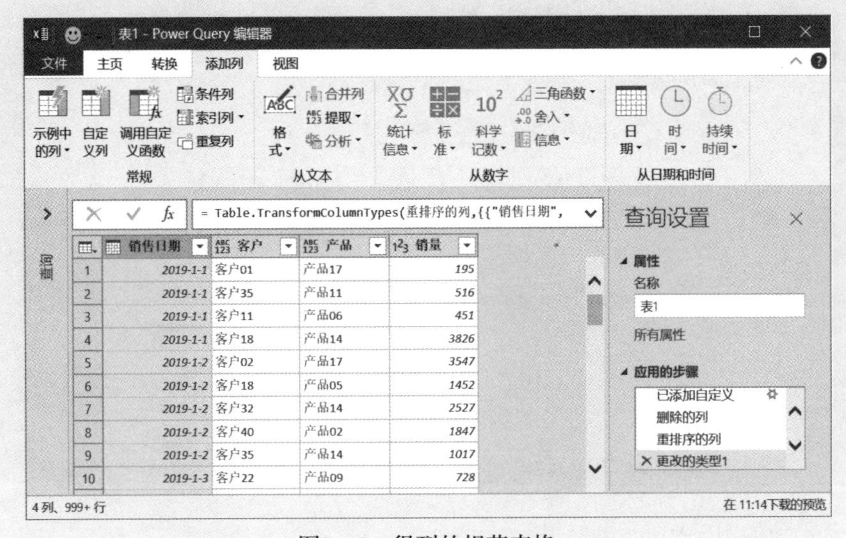

图3-10　得到的规范表格

最后将数据导出到Excel工作表并制作数据透视表，或者加载为数据模型再创建Power Pivot，即可得到各个季度、各个月的统计报表。

案例3-3

图3-11所示的工作表中的日期格式不正确，应该是按照“日-月-年”的方式排列的，例如，“01 11 2011”应该是2011-11-1，“13 11 2011”应该是2011-11-13，以此类推。

	A	B	C
1	ID	Report Type	Apply Date
2	231169	Contact Report	01 11 2011
3	231191	Contact Report	01 11 2011
4	231193	Contact Report	01 11 2011
5	231215	Contact Report	08 11 2011
6	231348	Contact Report	08 11 2011
7	231422	Contact Report	08 11 2011
8	231423	Contact Report	12 11 2011
9	231437	Contact Report	12 11 2011
10	231439	Contact Report	12 11 2011
11	231443	Contact Report	13 11 2011
12	231453	Contact Report	13 11 2011
13	231454	Contact Report	13 11 2011

图3-11　C列的日期是“日-月-年”的格式

执行“从表格”命令，建立基本查询，如图3-12所示。

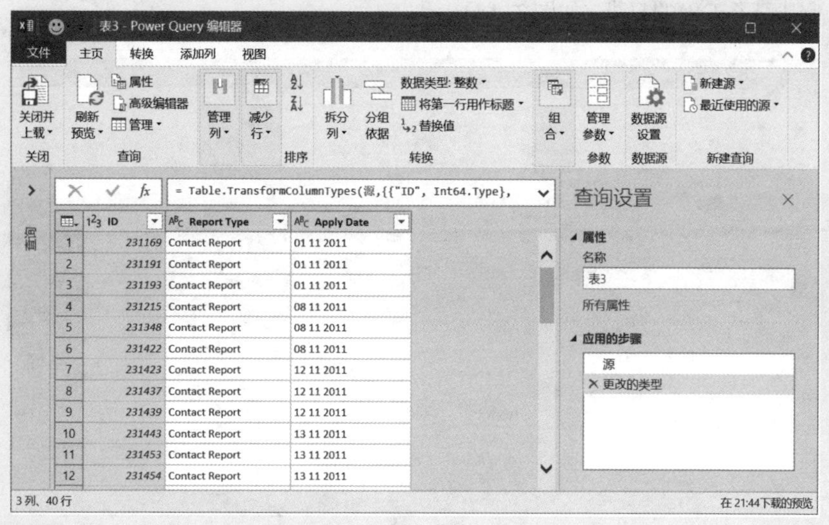

	ID	Report Type	Apply Date
1	231169	Contact Report	01 11 2011
2	231191	Contact Report	01 11 2011
3	231193	Contact Report	01 11 2011
4	231215	Contact Report	08 11 2011
5	231348	Contact Report	08 11 2011
6	231422	Contact Report	08 11 2011
7	231423	Contact Report	12 11 2011
8	231437	Contact Report	12 11 2011
9	231439	Contact Report	12 11 2011
10	231443	Contact Report	13 11 2011
11	231453	Contact Report	13 11 2011
12	231454	Contact Report	13 11 2011

图3-12　建立基本查询

添加一个自定义列Date，自定义列公式如下(见图3-13)：

```
=Date.FromText(Text.End([ApplyDate],4)
              &Text.Middle([Apply Date],3,2)
              &Text.Start([Apply Date],2))
```

自定义列

添加从其他列计算的列。

新列名

Date

自定义列公式

```
=Date.FromText(Text.End([Apply Date],4)&Text.Middle([Apply
Date],3,2)&Text.Start([Apply Date],2))
```

可用列

ID
Report Type
Apply Date

<< 插入

了解 Power Query 公式

✓ 未检测到语法错误。

确定　取消

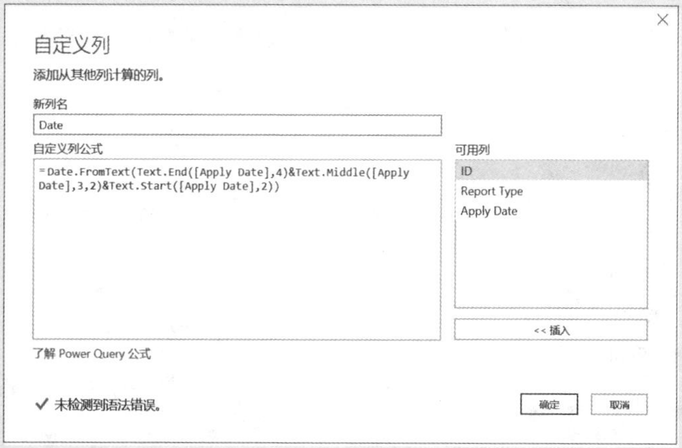

图3-13　自定义列Date

该公式的作用：使用文本函数分别提取出年、月、日三个数字，然后再按照正确的日期顺序组合起来，最后使用Date.FromText函数进行转换。

这样就得到了正确的日期，如图3-14所示。

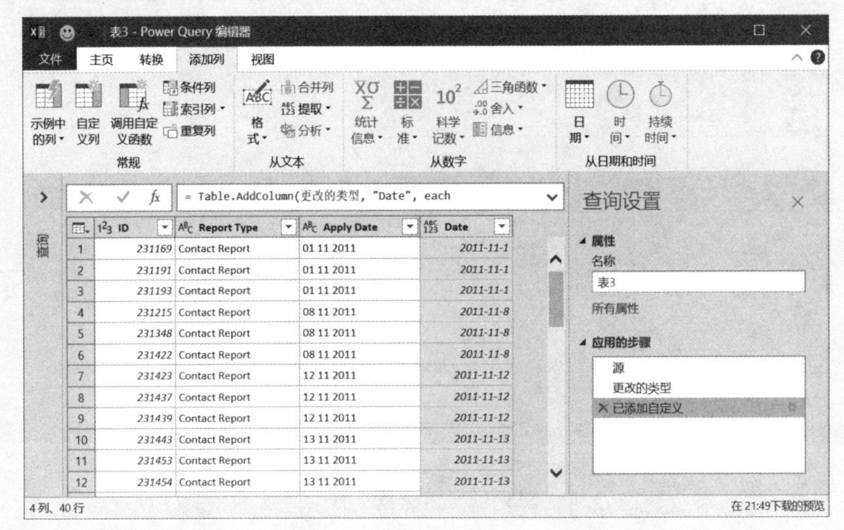

图3-14　得到的正确日期

案例3-4

图3-15所示是从系统导出的固定资产明细表，购入日期格式为非法格式，01.01实际上是2001-1-1，02.05应该是2002-5-1，现在需要将这列日期修改为规范格式。

	A	B	C	D	E
1	名称	购入日期	数量	单价	金额
2	水泵	01.01	1	4432.50	4432.50
3	水泵	01.01	2	7095.00	14190.00
4	水泵	01.01	2	7837.50	15675.00
5	冷干机及过滤器	01.01	2	48500.00	97000.00
6	电动葫芦	01.02	2	4250.00	8500.00
7	电动葫芦	01.02	1	5200.00	5200.00
8	电动葫芦	01.02	1	5600.00	5600.00
9	水泵	01.02	1	7000.00	7000.00
10	缕纱测长仪	01.02	2	5000.00	10000.00
11	缕纱测长仪	02.05	1	5500.00	5500.00
12	单纱强力机	01.02	2	15000.00	30000.00
13	单纱强力机	02.05	1	15000.00	15000.00

图3-15　包含有非法日期的固定资产明细表

首先建立基本查询，如图3-16所示。

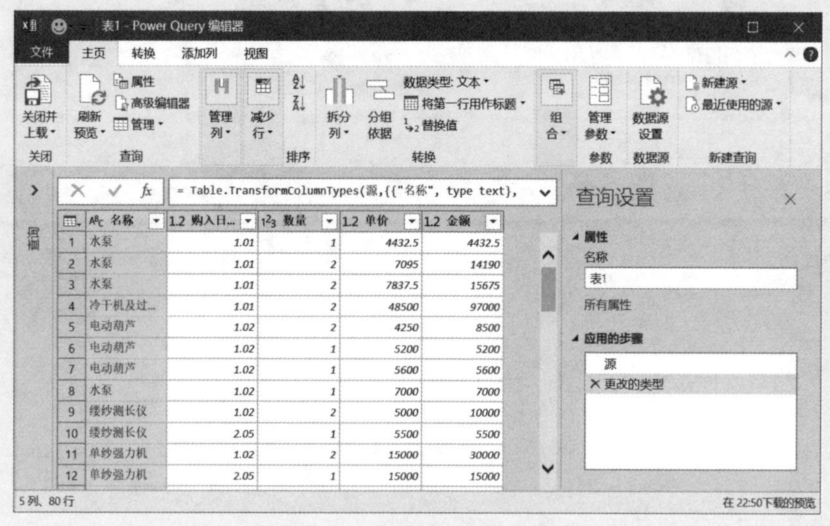

图3-16　建立基本查询

第二列的购入日期本来是文本，现在被更改成了数字格式，因此需要重新将其数据类型设置为“文本”，如图3-17所示。

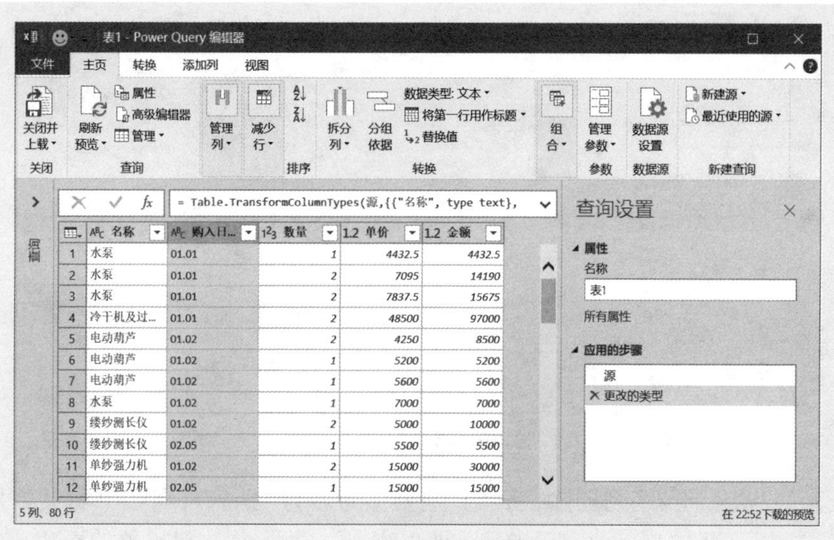

图3-17　重新设置数据类型

添加自定义列“日期”，公式如下(见图3-18)：

```
= Date.FromText("20" & [购入日期])
```

自定义列
添加从其他列计算的列。
新列名
日期
自定义列公式
=Date.FromText("20" & [购入日期])
可用列
名称
购入日期
数量
单价
金额
<< 插入
了解 Power Query 公式
✓ 未检测到语法错误。
确定
取消

图3-18　自定义列“日期”

这样就得到了真正的日期，如图3-19所示。

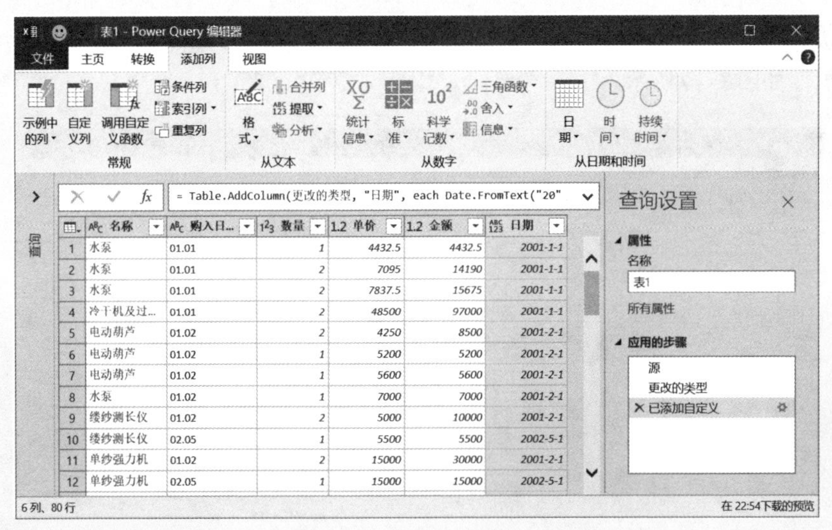

	名称	购入日...	数量	单价	金额	日期
1	水泵	01.01	1	4432.5	4432.5	2001-1-1
2	水泵	01.01	2	7095	14190	2001-1-1
3	水泵	01.01	2	7837.5	15675	2001-1-1
4	冷干机及过...	01.01	2	48500	97000	2001-1-1
5	电动葫芦	01.02	2	4250	8500	2001-2-1
6	电动葫芦	01.02	1	5200	5200	2001-2-1
7	电动葫芦	01.02	1	5600	5600	2001-2-1
8	水泵	01.02	1	7000	7000	2001-2-1
9	缕纱测长仪	01.02	2	5000	10000	2001-2-1
10	缕纱测长仪	02.05	1	5500	5500	2002-5-1
11	单纱强力机	01.02	2	15000	30000	2001-2-1
12	单纱强力机	02.05	1	15000	15000	2002-5-1

图3-19　得到的真正日期

将原来的“购入日期”列删除，将新日期列重命名为“购入日期”，并将其数据类型设置为“日期”，然后将数据导出到工作表，即可得到一个符合标准规范的表单，如图3-20所示。

	A	B	C	D	E
1	名称	购入日期	数量	单价	金额
2	水泵	2001-1-1	1	4432.5	4432.5
3	水泵	2001-1-1	2	7095	14190
4	水泵	2001-1-1	2	7837.5	15675
5	冷干机及过滤器	2001-1-1	2	48500	97000
6	电动葫芦	2001-2-1	2	4250	8500
7	电动葫芦	2001-2-1	1	5200	5200
8	电动葫芦	2001-2-1	1	5600	5600
9	水泵	2001-2-1	1	7000	7000
10	缕纱测长仪	2001-2-1	2	5000	10000
11	缕纱测长仪	2002-5-1	1	5500	5500
12	单纱强力机	2001-2-1	2	15000	30000
13	单纱强力机	2002-5-1	1	15000	15000
14	机械天平	2001-2-1	2	1736	1736
15	数显电热鼓风干燥	2001-2-1	1	2430	2430
16	非标准清洗保温设备	2001-3-1	1	245000	245000

图3-20 符合标准规范的数据表单

3.3 从日期中提取年、季度、月、日

当需要从日期数据中提取年、季度、月、日数据信息时，可以使用以下函数：

- Date.Year
- Date.QuarterOfYear
- Date.Month
- Date.MonthName
- Date.Day

3.3.1 Date.Year 函数：从日期中提取年数字及名称

从日期中提取年数字，可以使用Date.Year函数。其用法如下：

```
= Date.Year( 日期 )
```

例如，下面的公式是获取日期2020-4-8的年份数字2020：

```
= Date.Year(#date(2020,4,8))                    // 结果：2020
```

如果要获取中文年份名称，如“2020年”，可以使用连接运算符&，其公式如下：

```
= Text.From(Date.Year(#date(2020,4,8))) & " 年 "          // 结果："2020 年 "
```

注意

这里必须先用Text.From函数将数字转换为文本，才能进行字符串连接。

3.3.2 Date.QuarterOfYear 函数：从日期中提取季度数字及名称

从日期中提取季度数字，可以使用Date.QuarterOfYear函数。其用法如下：

```
= Date.QuarterOfYear( 日期 )
```

Date.QuarterOfYear函数结果是一个季度数字，1表示1季度，2表示2季度，3表示3季度，4表示4季度。

例如，下面的公式是获取日期2020-4-8的季度数字2：

```
= Date.QuarterOfYear(#date(2020,4,8))                    // 结果：2
```

如果要获取中文季度名称，如“2季度”，可以使用连接运算符&。其公式如下：

```
= Text.From(Date.QuarterOfYear(#date(2020,4,8))) & " 季度 "     // 结果："2 季度 "
```

如果要获取诸如Q1、Q2、Q3和Q4的季度名称，可以使用如下公式：

```
= "Q" & Text.From(Date.QuarterOfYear(#date(2020,4,8)))      // 结果："Q2"
```

3.3.3 Date.Month 函数：从日期中提取月数字及名称

从日期中提取月数字，可以使用Date.Month函数。其用法如下：

```
= Date.Month( 日期 )
```

例如，下面的公式是获取日期2020-4-8的月份数字4：

```
= Date.Month(#date(2020,4,8))                            // 结果：4
```

如果要获取常规的月份名称“1月”“2月”等。其公式如下：

```
= Text.From(Date.Month(#date(2020,4,8))) & " 月 "             // 结果："4 月"
```

但是，这种“1月”“2月”“3月”格式的数据，在排序时非常麻烦，应该将其转换为“01月”“02月”“03月”格式，此时，可以把上面的公式修改为：

```
= Text.PadStart(Text.From(Date.Month(#date(2020,4,8))) & " 月 ", 3, "0")
```

3.3.4 Date.MonthName 函数：从日期中提取月名称

从日期中提取月名称，例如April或四月等，可以使用Date.MonthName函数。其用法如下：

```
= Date.MonthName( 日期 , 区域参数 )
```

Date.Month函数结果是一个月份名称文本。

例如，下面的公式是获取日期2020-4-8的月份名称“四月”：

```
= Date.MonthName(#date(2020,4,8))
```

或者：

```
= Date.MonthName(#date(2020,4,8),"zh-cn")
```

下面的公式是获取日期2020-4-8的月份名称April：

```
= Date.MonthName(#date(2020,4,8),"en-us")
```

如果要获取英文月份名称的简称，如Jan、Apr、Dec等，可以使用Text.Start函数提取出全称的前三个字母即可：

```
= Text.Start(Date.MonthName(#date(2020,4,8),"en-us"),3)
```

3.3.5 Date.Day函数：从日期中提取日数字

从日期中提取日数字，可以使用Date.Day函数。其用法如下：

```
= Date.Day( 日期 )
```

例如，下面的公式是获取日期2020-4-8的日数字8：

```
=Date.Day(#date(2020,4,8))
```

3.3.6 综合应用案例：制作基于导出数据的月报和季报

案例3-5

扫一扫，看视频

图3-21所示的是系统导出的各个产品的销售流水数据，现在要制作每个产品每个月的销售统计报表。注意，这里A列日期是非法的，01/01/19代表2019-1-1；05/01/19代表2019-1-5；18/01/19代表2019-1-18。

	A	B	C	D
1	日期	客户	产品	销量
2	01/01/19	客户11	产品06	451
3	01/01/19	客户18	产品14	3826
4	02/01/19	客户02	产品17	3547
5	05/01/19	客户21	产品05	146
6	05/01/19	客户07	产品12	1070
7	02/01/19	客户18	产品05	1452
8	18/01/19	客户14	产品12	2251
9	18/01/19	客户50	产品17	3338
10	18/01/19	客户39	产品07	586
11	02/01/19	客户32	产品14	2527
12	02/01/19	客户40	产品02	1847

图3-21 销售流水数据

建立查询，如图3-22所示。

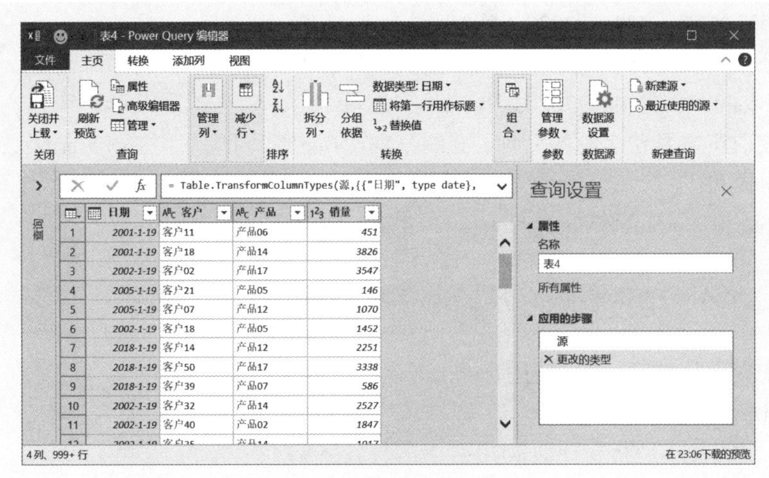

图3-22　建立基本查询

Power Query将第一列数据自动转换为“日期”类型，但这个转换结果是错误的，因此需要重新将第一列的日期数据类型设置为“文本”，如图3-23所示。

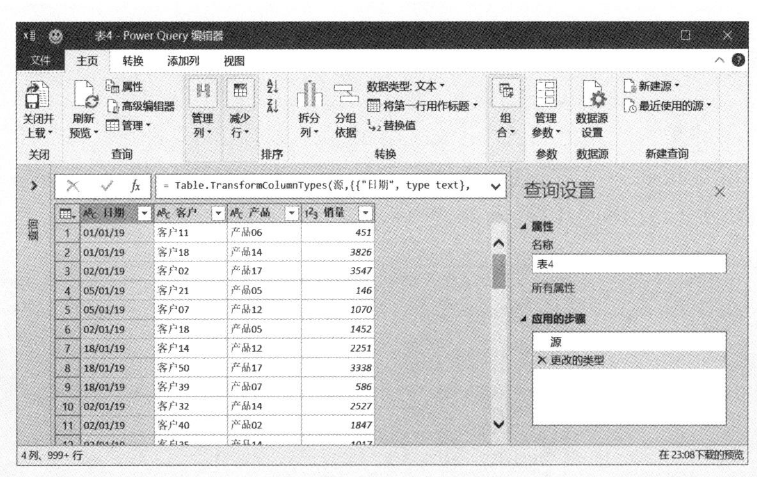

图3-23　设置第一列数据类型为“文本”

如果不修改第一列日期，使用Text.Middle函数也可以很方便地提取出月份数据。但是如果还要制作季度报告，就需要先将第一列日期转换为规范日期，以方便提取月份和季度。

添加一个自定义列“月份”，自定义列公式如下（见图3-24）：

```
=Text.From(Date.Month(Date.FromText("20"&Text.End([日期],2)
                                &Text.Middle([日期],3,2)
```

```
                              &Text.Start([日期],2))))
    & " 月 "
```

在该公式中，下面的表达式表示将第一列错误日期转换为真正日期，分别取出年、月、日3个数，然后再组合成日期。

```
Date.FromText("20"&Text.End([日期],2)&Text.Middle([日期],3,2)&Text.Start([日期],2))
```

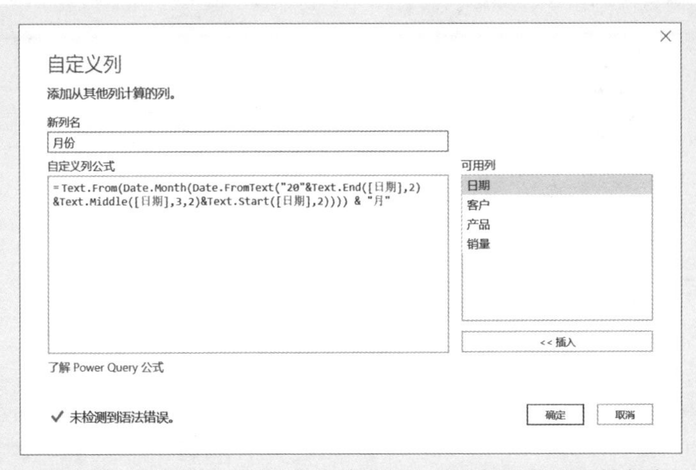

图3-24　自定义列“月份”，直接从原始数据中获取月份名称

这样就得到如图3-25所示的结果。

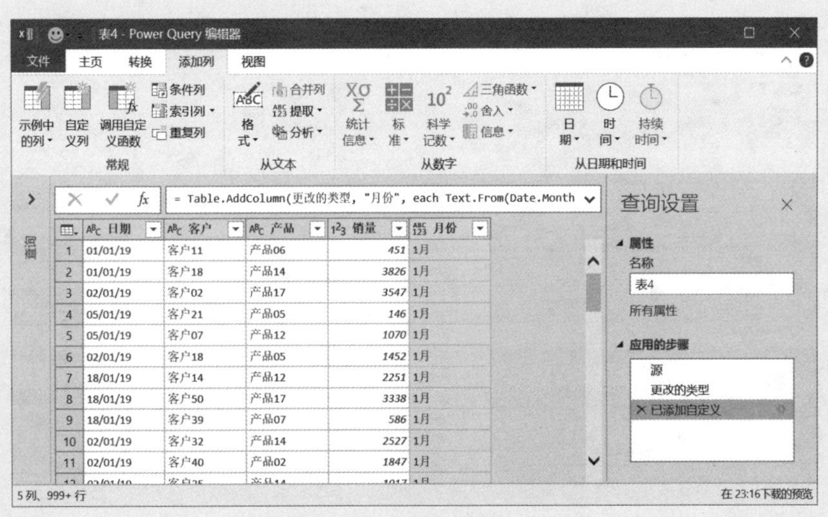

	日期	客户	产品	销量	月份
1	01/01/19	客户11	产品06	451	1月
2	01/01/19	客户18	产品14	3826	1月
3	02/01/19	客户02	产品17	3547	1月
4	05/01/19	客户21	产品05	146	1月
5	05/01/19	客户07	产品12	1070	1月
6	02/01/19	客户18	产品05	1452	1月
7	18/01/19	客户14	产品12	2251	1月
8	18/01/19	客户50	产品17	3338	1月
9	18/01/19	客户39	产品07	586	1月
10	02/01/19	客户32	产品14	2527	1月
11	02/01/19	客户40	产品02	1847	1月

图3-25　得到的销售月份

再添加一个自定义列“季度”，公式如下(见图3-26)：

```
=Text.From(Date.QuarterOfYear(Date.FromText("20"&Text.End([日期],2)
                                           &Text.Middle([日期],3,2)
                                           &Text.Start([日期],2))))
& "季度"
```

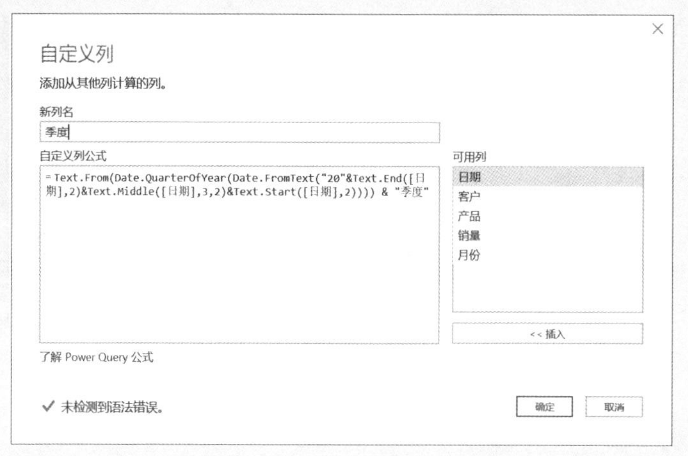

图3-26　自定义列“季度”，直接从原始数据中获取季度名称

这样就得到如图3-27所示的结果。

	日期	客户	产品	销量	月份	季度
1	01/01/19	客户11	产品06	451	1月	1季度
2	01/01/19	客户18	产品14	3826	1月	1季度
3	02/01/19	客户02	产品17	3547	1月	1季度
4	05/01/19	客户21	产品05	146	1月	1季度
5	05/01/19	客户07	产品12	1070	1月	1季度
6	02/01/19	客户18	产品05	1452	1月	1季度
7	18/01/19	客户14	产品12	2251	1月	1季度
8	18/01/19	客户50	产品17	3338	1月	1季度
9	18/01/19	客户39	产品07	586	1月	1季度
10	02/01/19	客户32	产品14	2527	1月	1季度
11	02/01/19	客户40	产品02	1847	1月	1季度

图3-27　从原始数据中提取销售季度

对数据按照季度、月份和产品进行分组，如图3–28所示。

分组依据

指定要按其进行分组的列以及一个或多个输出。

○ 基本　◉ 高级

分组依据

季度

月份

产品

添加分组

新列名　操作　柱

销量　求和　销量

添加聚合

确定　取消

图3–28　按照季度、月份和产品进行分组

即可得到如图3–29所示的结果。

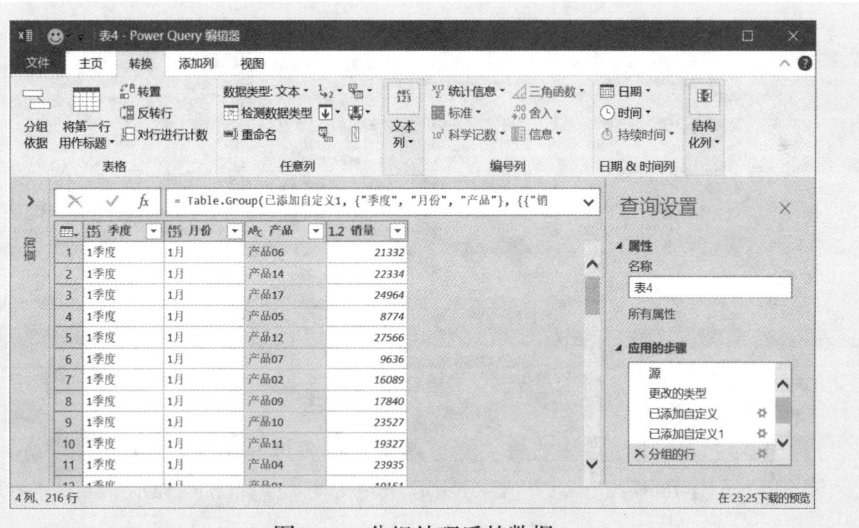

	季度	月份	产品	销量
1	1季度	1月	产品06	21332
2	1季度	1月	产品14	22334
3	1季度	1月	产品17	24964
4	1季度	1月	产品05	8774
5	1季度	1月	产品12	27566
6	1季度	1月	产品07	9636
7	1季度	1月	产品02	16089
8	1季度	1月	产品09	17840
9	1季度	1月	产品10	23527
10	1季度	1月	产品11	19327
11	1季度	1月	产品04	23935

图3–29　分组处理后的数据

选择“产品”列，对其进行透视处理，即可得到如图3–30所示的报表。

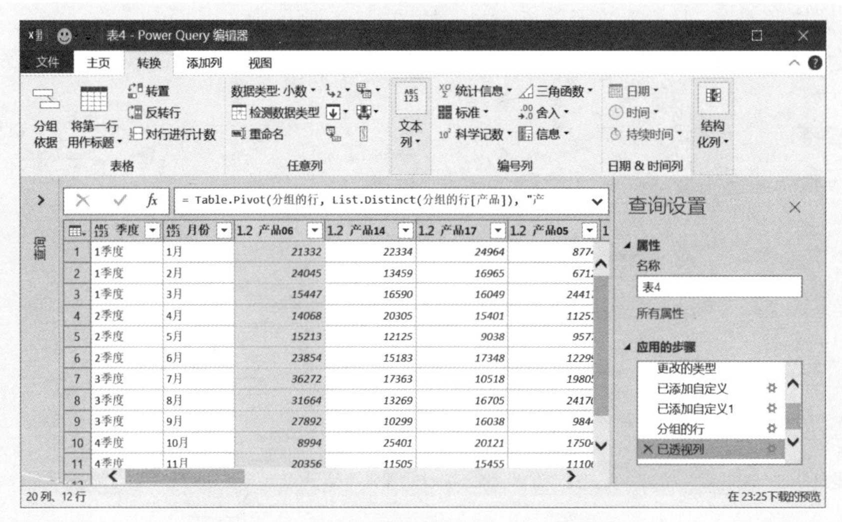

图3-30　对产品进行透视处理后的报表

最后将数据导出到Excel工作表，得到的统计报表如图3-31所示。报表的底部已经添加了汇总行。

季度	月份	产品06	产品14	产品17	产品05	产品12	产品07	产品02	产品09	产品10	产品11	产品04	产品01	产品08	产品
1季度	1月	21332	22334	24964	8774	27566	9636	16089	17840	23527	19327	23935	19151	20546	
1季度	2月	24045	13459	16965	6712	18388	10655	22380	22826	12904	23623	4883	6605	20913	
1季度	3月	15447	16590	16049	24417	15702	10945	13659	16849	14074	11121	13590	4407	11983	
2季度	4月	14068	20305	15401	11257	11756	33176	17322	18942	22707	21291	12795	19052	26497	
2季度	5月	15213	12125	9038	9577	28671	29381	17123	16440	21187	22504	11097	23380	23440	
2季度	6月	23854	15183	17348	12299	22401	6152	17771	15618	30372	10728	14883	8046	13109	
3季度	7月	36272	17363	10518	19805	20538	21895	26086	28036	16247	23148	8134	16391	20487	
3季度	8月	31664	13269	16705	24170	25012	21390	18300	19422	33274	16521	18570	25132	17025	
3季度	9月	27892	10299	16038	9844	14903	18124	14665	37743	16818	30710	26843	24732	21043	
4季度	10月	8994	25401	20121	17504	12236	11407	14507	24789	14694	18907	22101	6234	18323	
4季度	11月	20356	11505	15455	11106	16576	15423	10785	14957	12338	15442	19476	17745	21468	
4季度	12月	16244	20021	22282	19115	11086	22264	20166	19651	23862	27728	10221	18561	13383	
汇总		255381	197854	200884	174580	224835	210448	208853	253113	242004	241050	186528	189436	228217	2

图3-31　得到的统计报表

其实，这里也可以不用组合和透视。当整理出月份名称和季度名称后，直接将其导出为链接和数据模型，再创建Power Pivot。这样分析起来更加方便，如图3-32所示。

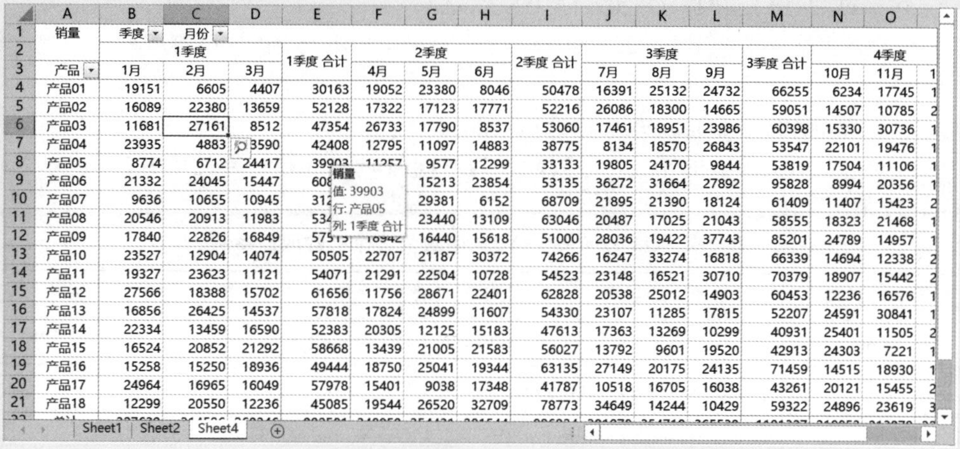

	A	B	C	D	E	F	G	H	I	J	K	L	M	N	O
1	销量	季度	月份												
2		1季度			1季度 合计	2季度			2季度 合计	3季度			3季度 合计	4季度	
3	产品	1月	2月	3月		4月	5月	6月		7月	8月	9月		10月	11月
4	产品01	19151	6605	4407	30163	19052	23380	8046	50478	16391	25132	24732	66255	6234	17745
5	产品02	16089	22380	13659	52128	17322	17123	17771	52216	26086	18300	14665	59051	14507	10785
6	产品03	11681	27161	8512	47354	26733	17790	8537	53060	17461	18951	23986	60398	15330	30736
7	产品04	23935	4883	3590	42408	12795	11097	14883	38775	8134	18570	26843	53547	22101	19476
8	产品05	8774	6712	24417	39903	11257	9577	12299	33133	19805	24170	9844	53819	17504	11106
9	产品06	21332	24045	15447	[illegible]	[illegible]	15213	23854	53135	36272	31664	27892	95828	8994	20356
10	产品07	9636	10655	10945	[illegible]	[illegible]	29381	6152	68709	21895	21390	18124	61409	11407	15423
11	产品08	20546	20913	11983	[illegible]	[illegible]	23440	13109	63046	20487	17025	21043	58555	18323	21468
12	产品09	17840	22826	16849	[illegible]	[illegible]	16440	15618	51000	28036	19422	37743	85201	24789	14957
13	产品10	23527	12904	14074	50505	22707	21187	30372	74266	16247	33274	16818	66339	14694	12338
14	产品11	19327	23623	11121	54071	21291	22504	10728	54523	23148	16521	30710	70379	18907	15442
15	产品12	27566	18388	15702	61656	11756	28671	22401	62828	20538	25012	14903	60453	12236	16576
16	产品13	16856	26425	14537	57818	17824	24899	11607	54330	23107	11285	17815	52207	24591	30841
17	产品14	22334	13459	16590	52383	20305	12125	15183	47613	17363	13269	10299	40931	25401	11505
18	产品15	16524	20852	21292	58668	13439	21005	21583	56027	13792	9601	19520	42913	24303	7221
19	产品16	15258	15250	18936	49444	18750	25041	19344	63135	27149	20175	24135	71459	14515	18930
20	产品17	24964	16965	16049	57978	15401	9038	17348	41787	10518	16705	16038	43261	20121	15455
21	产品18	12299	20550	12236	45085	19544	26520	32709	78773	34649	14244	10429	59322	24896	23619

销量
值: 39903
行: 产品05
列: 1季度 合计

Sheet1 Sheet2 Sheet4

图3-32　加载数据模型，制作数据透视表

3.4 从日期中提取周和星期

如果要从日期中提取周和星期，例如，日期 2020-4-8 是 2020 年的第 15 周，4 月的第 2 周，星期三，那么可以使用以下函数进行计算：

- Date.WeekOfYear
- Date.WeekOfMonth
- Date.DayOfWeek
- Date.DayOfWeekName

3.4.1 Date.WeekOfYear 函数：获取日期是年度的第几周

如果要获取日期是年度的第几周，可以使用Date.WeekOfYear函数。其用法如下：

```
= Date.WeekOfYear( 日期 , 指定哪一天被视为新一周的开始 )
```

第2个参数是可选参数，用于指定哪一天被视为每周的第一天。如果忽略，则使用与区域相关的默认值。

函数的结果是一个代表第几周的1~54的数字，1表示第1周，2表示第2周。

例如，下面的公式结果是数字16，即2020-4-12是2020年的第16周，这里将星期日作为每周的第1天：

```
= Date.WeekOfYear(#date(2020,4,12),Day.Sunday)
```

下面的公式结果是数字15，即2020-4-12是2020年的第15周，这里将星期一作为每周的第1天：

```
= Date.WeekOfYear(#date(2020,4,12),Day.Monday)
```

Date.WeekOfYear函数的第2个参数设置为不同值时的计算结果见表3-2。这里以日期2020-4-12举例。

表3-2　Date.WeekOfYear函数第2个参数取值举例

第2个参数值	公　　式	结　　果
Day.Monday	= Date.WeekOfYear(#date(2020,4,12), Day.Monday)	15
Day.Tuesday	= Date.WeekOfYear(#date(2020,4,12), Day.Tuesday)	15
Day.Wednesday	= Date.WeekOfYear(#date(2020,4,12), Day.Wednesday)	15
Day.Thursday	= Date.WeekOfYear(#date(2020,4,12), Day.Thursday)	16
Day.Friday	= Date.WeekOfYear(#date(2020,4,12), Day.Friday)	16
Day.Saturday	= Date.WeekOfYear(#date(2020,4,12), Day.Saturday)	16
Day.Sunday	= Date.WeekOfYear(#date(2020,4,12), Day.Sunday)	16

3.4.2 Date.WeekOfMonth函数：获取日期是月度的第几周

获取日期是月度的第几周，可以使用Date.WeekOfMonth函数。其用法如下：

```
= Date.WeekOfMonth( 日期 , 指定哪一天被视为新一周的开始 )
```

第2个参数是可选参数，用于指定哪一天被视为新一周的开始。如果忽略，则使用与区域相关的默认值。

函数的结果是一个代表某个月第几周的1~5的数字，1表示第1周，2表示第2周，以此类推。

例如，下面的公式结果是数字2，即2020-4-12是2020年4月的第2周，这里将星期一作为每周的第1天：

```
= Date.WeekOfMonth(#date(2020,4,12), Day.Monday)
```

而下面的公式结果是数字3，即2020-4-12是2020年4月的第3周，这里将星期日作为每周的第1天：

```
= Date.WeekOfMonth(#date(2020,4,12), Day.Sunday)
```

3.4.3 Date.DayOfWeek 函数：获取日期是星期几

判断一个日期是星期几，可以使用Date.DayOfWeek函数，其用法为：

```
= Date.DayOfWeek( 日期 , 指定哪一天被视为新一周的开始 )
```

Date.DayOfWeek函数返回0~6的数字，代表星期几的数字，与第2个参数相关。

例如，下面的公式结果是数字2，即2020年4月8日(星期三)，这里将星期一作为每周的第1天，也就是说，星期一的数字是0，那么星期三的数字就是2：

```
= Date.DayOfWeek(#date(2020,4,8), Day.Monday)
```

下面的公式结果是数字3，2020年4月8日(星期三)，这里将星期日作为每周的第1天，星期日对应的数字是0：

```
= Date.DayOfWeek(#date(2020,4,8),Day.Sunday)
```

可以看出，将函数的第2个参数设置为Day.Sunday，得到的星期一至星期六的数字正好是1~6，星期日是数字0。

3.4.4 Date.DayOfWeekName 函数：获取日期的星期名称

Date.DayOfWeek函数的结果是数字，看起来很不方便，可以使用Date.DayOfWeekName函数获取日期的具体星期名称。其用法如下：

```
= Date.DayOfWeekName( 日期 , 区域性参数 )
```

例如，下面的公式结果是文字"星期三"，即2020年4月8日对应的中文星期名称：

```
= Date.DayOfWeekName(#date(2020,4,8))
```

或者：

```
= Date.DayOfWeekName(#date(2020,4,8),"zh-cn")
```

下面的公式结果是文字Wednesday，即2020年4月8日对应的英文星期名称：

```
= Date.DayOfWeekName(#date(2020,4,8),"en-us")
```

3.4.5 星期常量

当需要判断某个日期是星期几时，需要使用日期常量进行比较，这些日期常量见表3-3。

表 3-3　日期常量

日期常量	星期名称
Day.Monday	星期一
Day.Tuesday	星期二
Day.Wednesday	星期三
Day.Thursday	星期四
Day.Friday	星期五
Day.Saturday	星期六
Day.Sunday	星期日

3.4.6 综合应用案例：制作周报

案例3-6

图3-33所示是一组销售流水数据，现在要求制作每种产品在每周的销售报表。

扫一扫，看视频

	A	B	C	D
1	日期	客户	产品	销量
2	2019-1-1	客户01	产品17	195
3	2019-1-1	客户35	产品11	516
4	2019-1-1	客户11	产品06	451
5	2019-1-1	客户18	产品14	3826
6	2019-1-2	客户02	产品17	3547
7	2019-1-2	客户18	产品05	1452
8	2019-1-2	客户32	产品14	2527
9	2019-1-2	客户40	产品02	1847
10	2019-1-2	客户35	产品14	1017
11	2019-1-3	客户22	产品09	728
12	2019-1-3	客户19	产品06	2561
13	2019-1-3	客户45	产品10	671
14	2019-1-3	客户13	产品14	2679
15	2019-1-3	客户26	产品17	3166
16	2019-1-3	客户49	产品11	1840
17	2019-1-3	客户36	产品04	2894
18	2019-1-3	客户07	产品14	1406
19	2019-1-4	客户16	产品10	2221

Sheet1　Sheet3　Sheet2

图3-33　销售流水数据

建立基本查询，如图3-34所示。注意将第一列的数据类型重新设置为“日期”。

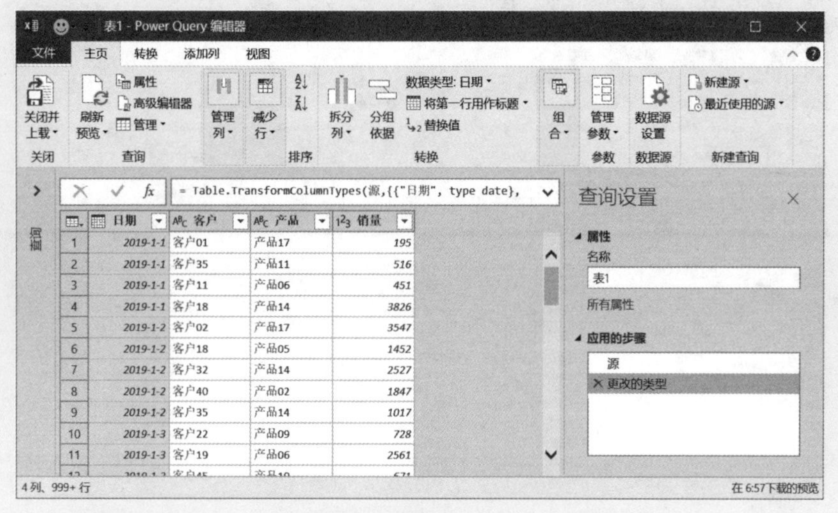

图3-34 建立基本查询

添加自定义列“周次”，计算公式如下(见图3-35)，得到的“周次”列数据如图3-36所示。

= " 第 " & Text.PadStart(Text.From(Date.WeekOfYear([日期],Day.Monday)),2,"0") & " 周 "

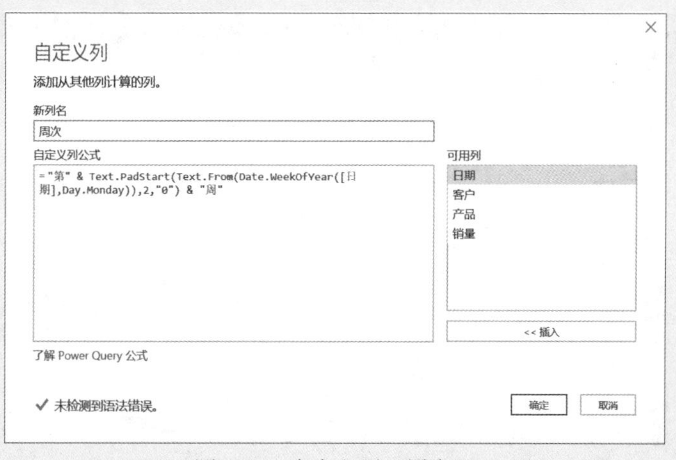

图3-35 自定义列“周次”

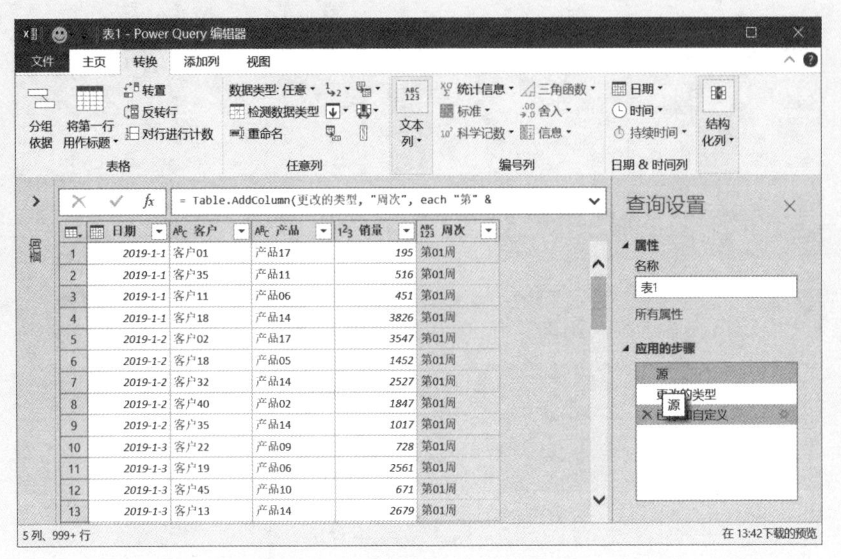

图3-36　得到“周次”列数据

删除其他列，保留“产品”“周次”和“销量”列，对产品做透视处理，得到如图3-37所示的各种产品的周汇总结果。

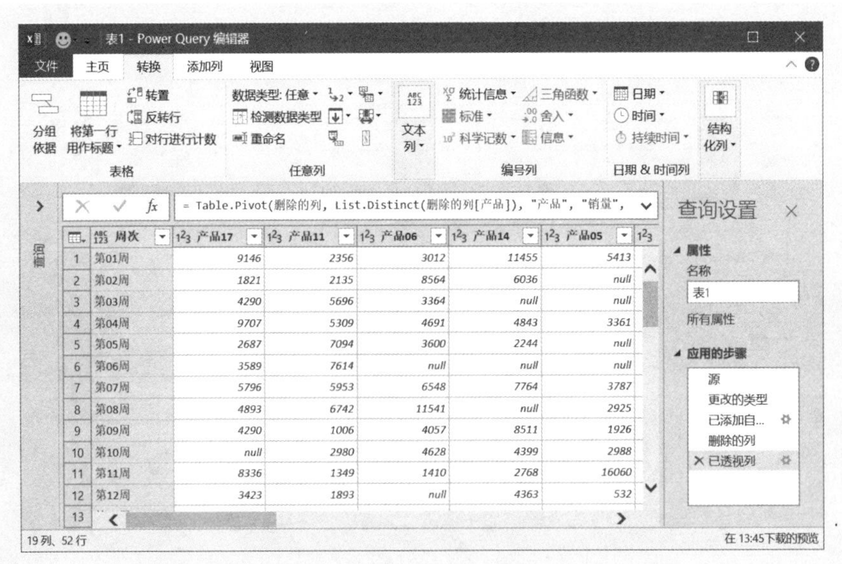

图3-37　各种产品的周汇总结果

关闭查询，导出数据，即可得到每种产品每周的统计分析报告，如图3-38所示。

周次	产品17	产品11	产品06	产品14	产品05	产品02	产品09	产品10	产品04	产品01	产品12	产品08	产品13	产品18	产品03	产品15	产品07	产品16
第01周	9146	2356	3012	11455	5413	1847	4409	10949	4712	4421	4417	5604	1895	3025				
第02周	1821	2135	8564	6036		7429	4658	3098	3005	2824	6491		6328	1991	4301	12191	4622	3854
第03周	4290	5696	3364				6617	3379	6542	3354	5111	3545	6821		399	2903	4277	6217
第04周	9707	5309	4691	4843	3361	6813	2156	5040	5831	8552	11547	9115	1812	7283	6981	1430	737	3075
第05周	2687	7094	3600	2244		2085		3365	3845		3099	2282	1500		3958	3701		4904
第06周	3589	7614				8179	5511	3202	3288		787	8077	1909	3569	9479	703	1768	432
第07周	5796	5953	6548	7764	3787	6617	9481	2378		2397	4349	3889	2346	10252	6982	3958		4804
第08周	4893	6742	11541		2925	3844	2588	2385	419	4208		7793	10500	4877	5951	7892	3780	863
第09周	4290	1006	4057	8511	1926	5360	5246	2635	5609		13506	3137	13475	3278	791	7385	8203	8245
第10周		2980	4628	4399	2988	5303	6204	2200	2796		5634	350	6780	3906	4129	8415		3032
第11周	8336	1349	1410	2768	16060		5597	9588	3140			4790		2405		4650	3711	3433
第12周	3423	1893		4363	532	2047	5048		2164	4407	6715	2949	1762	4499	4383	1509	3975	6962
第13周		3944	9409		2911	2604		2286	1057			1911	2690			3931	163	3623
第14周	4776		3488	7957	2575	4377	8114	3942		4084	2652	15289	5467	1383	12997	2919	6200	2656
第15周	6831	11541	3536	3190	4488	2566	328	8717	2970	452	2317	2952	36	11926	10738	7207	4101	11261
第16周		4336	3323	2702			2126	8022	3467	5710	3208	1788	8336	4586	1574	1989	15832	4301
第17周	3794	5414	3721	6456	4194	10379	8374	2026	6358	8806	3579	6468	3985	1649	1424	1324	7043	532
第18周			3047	5826			1518	3636	2484	3679	4331	1726		10340	3579	4645	6649	
第19周	9038	10953	4751	4001	4476	1015	7116	1339	4385	2994	4401	4754	12227	2932	2026	5025		17502
第20周		5916		2298	4337	6920	2927	9355	4001	9433	12221	4863	2539	6108	5844	5439	9490	

Sheet1　Sheet2

图3-38　产品周销售统计表

如果为该表再添加一个“星期”列，就可以分析每周、每星期的销售报表，这在商场门店销售分析中是很有用的。

下面是添加了自定义列“星期”的表，自定义列公式如下，如图3-39所示，即可得到每个日期对应的星期数据，如图3-40所示。

```
= Date.DayOfWeekName([日期],"zh-cn")
```

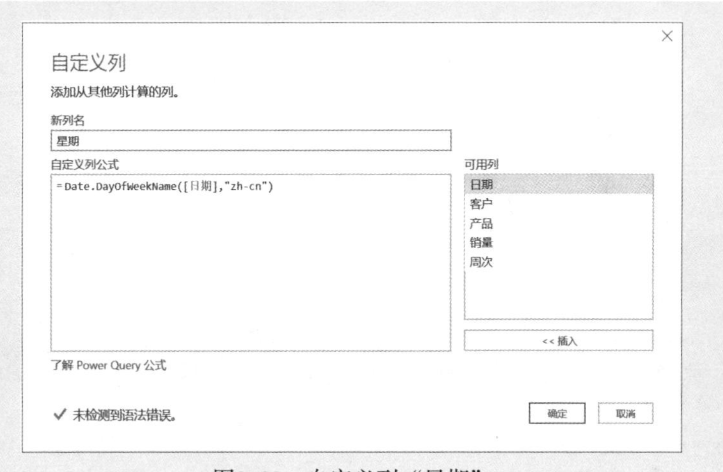

图3-39　自定义列“星期”

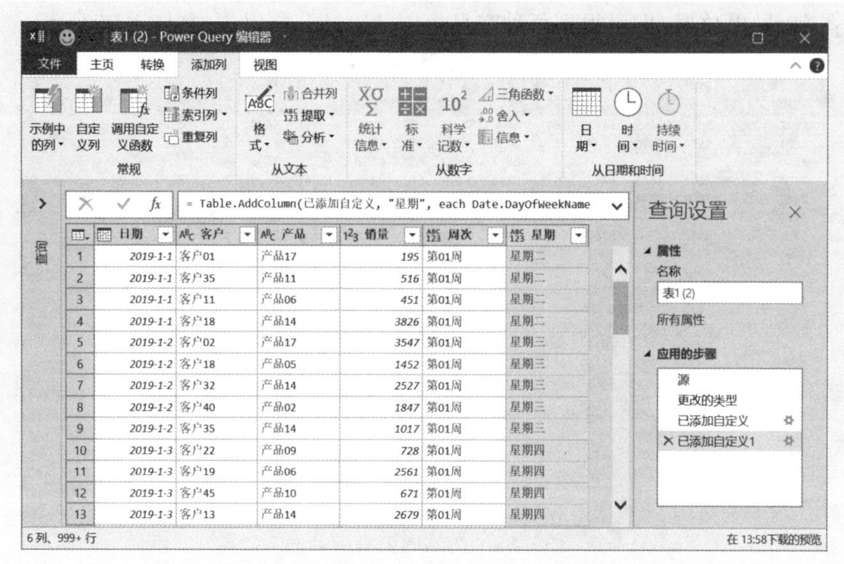

图3-40　得到每个日期对应的星期数据

将查询上载为链接和数据模型，然后制作Power Pivot，就可以得到指定产品、指定周次内每天的销售统计报表，如图3-41所示。

周次	星期一	星期二	星期三	星期四	星期五	星期六	星期日	总计
第01周		4988	10390	15945	11813	12793	16732	72661
第02周	9940	17267	9548	7110	13769	16208	5506	79348
第03周	8575	7982	13610	7712	6423	2676	15537	62515
第04周	14102	24201	13938	17489	20710	2371	5472	98283
第05周	14832				7723	10284	11525	44364
第06周	5478	2340	11380	8205	9118	11583	10003	58107
第07周	11123	16346	7735	16620	16413	12168	6896	87301
第08周	20483	8043	11762	3903	5608	23988	7414	81201
第09周	14973	11957	16981	14544	12232	17310	8663	96660
第10周	2321	12489	8561	5660	17277	8830	8606	63744
第11周	16664	7700	9867	3822	12611	9212	7361	67237
第12周	13338	11179	12441	2047	4057	8349	5220	56631
第13周	10627	7452	7090	9360				34529
第14周	6414	6262	18599	5943	15245	19152	17261	88876
第15周	14930	12230	18212	23050	11546	9434	5755	95157
第16周	4159	11215	14111	15083	9344	7765	9623	71300
第17周	12374	11609	10569	13091	9090	13107	15686	85526

图3-41　指定产品每周销售统计报表

3.4.7 综合应用案例：制作工作日和周末加班时间统计表

案例3-7

图3-42所示是员工加班记录表，现在要求计算每个人的工作日加班时间、周末加班时间以及总加班时间。这里不考虑调休节假日，仅仅是一个练习M函数的例子。

	A	B	C
1	姓名	加班开始时间	加班结束时间
2	任若思	2020-3-28 14:17	2020-3-28 15:04
3	刘颂峙	2020-3-13 19:52	2020-3-13 21:55
4	秦玉邦	2020-5-7 18:57	2020-5-7 21:21
5	舒思雨	2020-3-23 19:15	2020-3-23 19:38
6	张一帆	2020-3-17 18:00	2020-3-17 18:34
7	张丽莉	2020-12-20 15:08	2020-12-20 19:36
8	毛丽旭	2020-11-12 18:09	2020-11-12 19:50
9	李羽雯	2020-2-11 20:44	2020-2-11 23:49
10	陈羽晰	2020-10-26 18:21	2020-10-26 20:03
11	毛丽旭	2020-1-27 20:21	2020-1-27 21:26
12	张慈淼	2020-1-3 20:09	2020-1-3 20:43
13	蔡齐豫	2020-7-21 18:32	2020-7-21 19:59
14	袁涵	2020-11-13 20:24	2020-11-14 1:36
15	杨若梦	2020-5-25 19:25	2020-5-25 23:00
16	蒙自放	2020-5-16 11:56	2020-5-16 19:47
17	郝般蔷	2020-5-22 19:21	2020-5-22 20:13
18	张华宇	2020-5-7 20:43	2020-5-8 1:35
19	王玉成	2020-8-4 18:38	2020-8-5 0:00
20	刘冀北	2020-3-4 20:25	2020-3-4 22:20
21	黄兆炜	2020-7-27 20:59	2020-7-28 0:26

加班记录表

图3-42　员工加班记录表

建立查询，如图3-43所示。

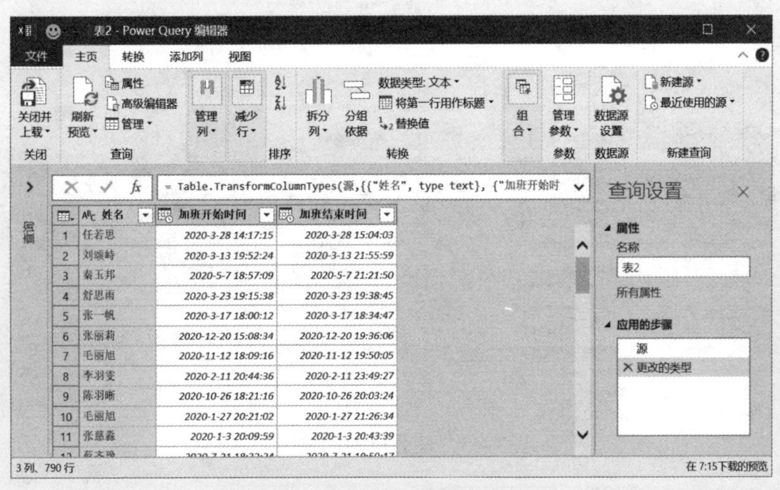

图3-43　建立基本查询

添加一个自定义列“加班时间”，计算加班时间，公式如下(见图3-44)。这里使用了Duration.TotalHours函数计算持续时间的总小时数，该函数的使用方法将在6.4.2小节进行介绍。

```
= Duration.TotalHours([加班结束时间]-[加班开始时间])
```

自定义列

添加从其他列计算的列。

新列名

加班时间

自定义列公式

```
= Duration.TotalHours([加班结束时间]-[加班开始时间])
```

可用列

姓名
加班开始时间
加班结束时间

<< 插入

了解 Power Query 公式

✓ 未检测到语法错误。

确定　取消

图3-44　自定义列“加班时间”

这样就得到如图3-45所示的加班时间数据。“加班时间”列的数据类型已设置为“小数”。

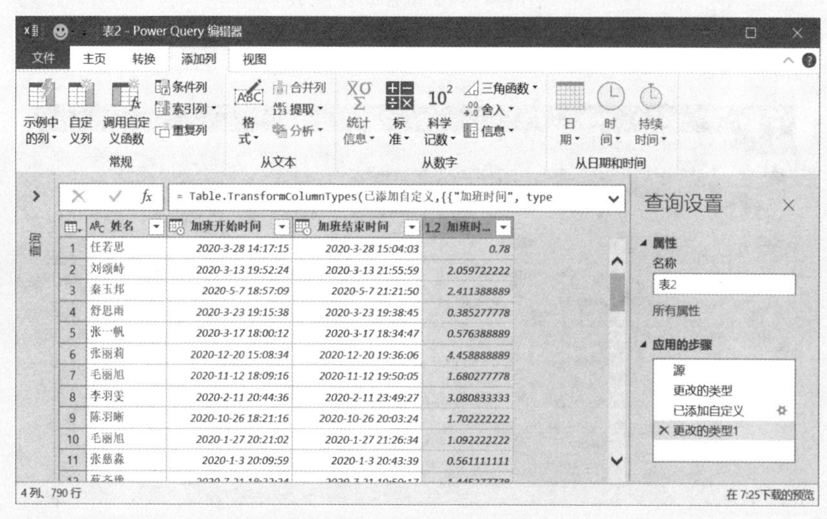

图3-45　计算出的加班时间

再添加一个自定义列“类型”，判断加班时间是属于工作日还是双休日，计算公式如下(见图3-46)。这里以开始加班日期作为计算星期几的标准。

```
if Date.DayOfWeek([加班开始时间],Day.Monday)=5
or Date.DayOfWeek([加班开始时间],Day.Monday)=6
then " 双休日 " else " 工作日 "
```

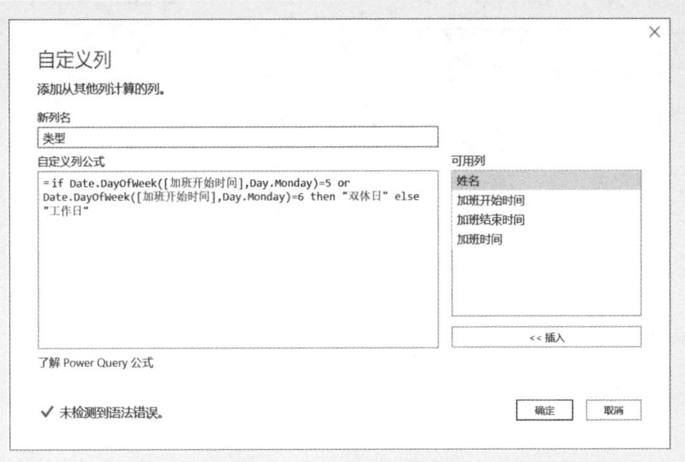

图3-46　自定义列“类型”

这样就得到了如图3-47所示的“类型”列。

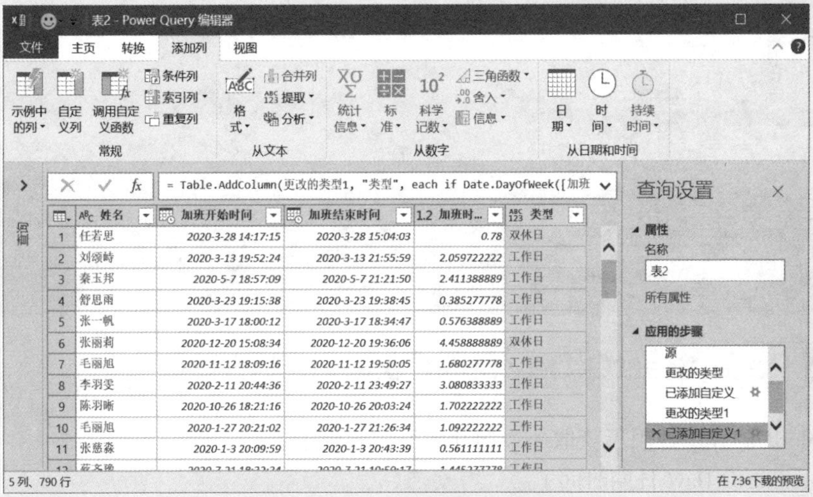

图3-47　得到的自定义列“类型”

关闭查询，上载为链接和数据模型，然后利用Power Pivot创建数据透视表，就得到如图3-48所示的员工加班统计表。

	A	B	C	D
1	加班时间	类型		
2	姓名	工作日	双休日	总计
3	蔡齐豫	37.0	21.1	58.2
4	陈琦安	6.7	12.7	19.4
5	陈羽晰	25.5	14.1	39.6
6	郭亦然	46.3	15.6	61.9
7	韩晓波	21.7	8.0	29.8
8	郝般蜜	33.9	10.3	44.2
9	何彬	24.1	22.4	46.5
10	何欣	41.2	7.2	48.5
11	贺晨丽	41.0	20.5	61.4
12	黄兆炜	12.6	22.4	34.9
13	纪天雨	32.0	23.8	55.8
14	姜健行	29.5	14.3	43.8
15	姜名南	45.5	16.7	62.2
16	姜然	20.3	9.5	29.8
17	柯为之	23.7	16.5	40.1
18	李从熙	31.5	32.2	63.7
19	李辉	26.3	21.2	47.4

Sheet2　加班记录表

图3-48　员工加班统计表

3.5 计算期初日期

如果要计算某个日期所在的周初日期、月初日期、季度初日期、年初日期等，可以使用以下函数：

- Date.StartOfDay
- Date.StartOfWeek
- Date.StartOfMonth
- Date.StartOfQuarter
- Date.StartOfYear

3.5.1 Date.StartOfDay 函数：获取一天的开始值

Date.StartOfDay 函数用于获取一天的开始值，其用法为：

= Date.StartOfDay(日期时间)

例如，下面的公式结果是：2020-4-8 0:00:00。

```
= Date.StartOfDay(#datetime(2020,4,8,14,20,45))
```

3.5.2 Date.StartOfWeek 函数：获取一周的第一天

Date.StartOfWeek 函数用于获取一周的第一天，Date.StartOfWeek 函数的用法如下：

```
=Date.StartOfWeek( 日期，指定哪一天被视为新一周的开始 )
```

例如，下面的公式结果是 2020-4-6(星期一)，即 2020-4-8 所在这周的第一天是 2020-4-6，该公式以星期一作为每周的第一天计算：

```
= Date.StartOfWeek(#date(2020,4,8))
```

或：

```
= Date.StartOfWeek(#date(2020,4,8),Day.Monday)
```

下面的公式结果是 2020-4-5(星期日)，即 2020-4-8 所在这周的第一天是 2020-4-5，该公式以星期日作为每周的第一天计算：

```
= Date.StartOfWeek(#date(2020,4,8),Day.Sunday)
```

3.5.3 Date.StartOfMonth 函数：获取月初日期

如果要获取某个日期所在月份的第一天日期，可以使用 Date.StartOfMonth 函数。其用法如下：

```
= Date.StartOfMonth( 日期 )
```

例如，下面的公式结果是 2020-4-1，即 2020-4-8 所在的 4 月的第一天是 2020-4-1：

```
= Date.StartOfMonth(#date(2020,4,8))
```

3.5.4 Date.StartOfQuarter 函数：获取季度的第一天

如果要获取某个日期所在季度的第一天日期，可以使用 Date.StartOfQuarter 函数。其用法如下：

```
= Date.StartOfQuarter( 日期 )
```

例如，下面的公式结果是 2020-4-1，即 2020-5-18 所在的二季度的第一天是 2020-4-1：

```
= Date.StartOfQuarter(#date(2020,5,18))
```

3.5.5 Date.StartOfYear 函数：获取年度的第一天

如果要获取某个日期所在年份的第一天日期，可以使用 Date.StartOfYear 函数。其用法如下：

= Date.StartOfYear(日期)

例如，下面的公式结果是2020-1-1，即2020-4-8所在的2020年的第一天是2020-1-1：

= Date.StartOfYear(#date(2020,4,8))

3.5.6 简单练习：本年、本季度、本月、本周已经过去了多少天

计算截至今天，本季度已经过去了多少天的公式如下：

```
= Duration.Days(DateTimeZone.FixedLocalNow()
- Date.StartOfQuarter(DateTimeZone.FixedLocalNow()))
```

计算截至今天，本月已经过去了多少天的公式如下：

```
= Duration.Days(DateTimeZone.FixedLocalNow()
- Date.StartOfMonth(DateTimeZone.FixedLocalNow()))
```

计算截至今天，本周已经过去了多少天的公式如下：

```
= Duration.Days(DateTimeZone.FixedLocalNow()
- Date.StartOfWeek(DateTimeZone.FixedLocalNow(),Day.Sunday))
```

计算截至今天，本年已经过去了多少天可以使用3.8.2小节介绍的Date.DayOfYear函数，公式如下：

```
= Date.DayOfYear(DateTimeZone.FixedLocalNow())
```

3.6 计算期末日期

如果要计算某个日期所在的周末日期、月底日期、季度末日期、年底日期等，可以使用以下函数：

- Date.EndOfDay
- Date.EndOfWeek
- Date.EndOfMonth
- Date.EndOfQuarter
- Date.EndOfYear

3.6.1 Date.EndOfDay 函数：获取一天的结束值

Date.EndOfDay函数用于获取一天的结束值。其用法如下：

= Date.EndOfDay(日期时间)

例如，下面的公式结果是：2020-04-08T23:59:59.9999999(这里的字母T表示时间)。

```
= Date.EndOfDay(#datetime(2020,4,8,14,20,45))
```

3.6.2 Date.EndOfWeek 函数：获取一周的最后一天

针对诸如2020年4月8日所在这周的最后一天是哪年哪月哪日这样的问题，可以使用Date.EndOfWeek函数解决。其用法如下：

```
=Date.EndOfWeek( 日期，指定哪一天被视为新周的开始 )
```

例如，下面的公式是计算2020-4-12所在这一周的周末日期：

```
= Date.EndOfWeek(#date(2020,4,8))                    // 结果：2020-4-12
= Date.EndOfWeek(#date(2020,4,8),Day.Monday)         // 结果：2020-4-12
= Date.EndOfWeek(#date(2020,4,8),Day.Sunday)         // 结果：2020-4-11
```

3.6.3 Date.EndOfMonth 函数：获取月底日期

如果要获取某个日期所在月份的最后一天日期，可以使用Date.EndOfMonth函数。其用法如下：

```
=Date.EndOfMonth( 日期 )
```

例如，下面的公式结果是2020-4-30，即2020-4-8所在的4月的最后一天是2020-4-30：

```
= Date.EndOfMonth(#date(2020,4,8))
```

该函数相当于Excel的EOMONTH函数。

3.6.4 Date.EndOfQuarter 函数：获取季度的最后一天

如果要获取某个日期所在季度的最后一天日期，可以使用Date.EndOfQuarter函数。其用法如下：

```
=Date.EndOfQuarter( 日期 )
```

例如，下面的公式结果是2020-6-30，即2020-4-8所在的二季度的最后一天是2020-6-30：

```
= Date.EndOfQuarter(#date(2020,4,8))
```

3.6.5 Date.EndOfYear 函数：获取年度的最后一天

如果要获取某个日期所在年份的最后一天日期，可以使用Date.EndOfYear函数。其用法如下：

```
=Date.EndOfYear( 日期 )
```

例如，下面的公式结果是2020-12-31，即2020-4-8所在的2020年的最后一天是2020-12-31：

```
= Date.EndOfYear(#date(2020,4,8))
```

3.6.6 简单练习：本年、本季度、本月、本周还剩多少天

计算截至今天本年度还剩多少天的公式如下：

= Duration.Days(Date.EndOfYear(DateTimeZone.FixedLocalNow())
– (DateTimeZone.FixedLocalNow()))

计算截至今天本季度还剩多少天的公式如下：

= Duration.Days(Date.EndOfQuarter(DateTimeZone.FixedLocalNow())
– (DateTimeZone.FixedLocalNow()))

计算截至今天本月还剩多少天的公式如下：

= Duration.Days(Date.EndOfMonth(DateTimeZone.FixedLocalNow())
– (DateTimeZone.FixedLocalNow()))

计算截至今天本周还剩多少天的公式如下：

= Duration.Days(Date.EndOfWeek(DateTimeZone.FixedLocalNow())
– (DateTimeZone.FixedLocalNow()))

3.7 计算一段时间后或前的日期

今天再过 3 个月是哪天？今天再过 5 年是哪天？今天再过 2 个季度是哪天？今天再过 3 周是哪天？ 5 周以前的日期是哪天？诸如此类的问题，就是计算一段时间后或前的日期的问题，可以使用以下函数：

- Date.AddDays
- Date.AddWeeks
- Date.AddMonths
- Date.AddQuarters
- Date.AddYears

3.7.1 Date.AddDays 函数：计算几天后或几天前的日期

Date.AddDays 函数用于计算几天后或几天前的日期，实际上就是在一个日期上加几天或者减几天。其用法如下：

= Date.AddDays(日期 , 天数)

例如，指定日期是2020年4月8日，那么45天后的日期是2020-5-23，公式如下：

= Date.AddDays(#date(2020,4,8), 45)

又如，指定日期是2020年4月8日，那么45天前的日期是2020-2-23，公式如下：

= Date.AddDays(#date(2020,4,8), -45)

案例3-8

图3-49所示是一张客户合同数据表，要自动计算付款截止日，这个付款截止日是签订日起指定天数后的日期。

	A	B	C	D	E
1	合同编号	合同名称	客户	签订日期	期限天
2	H10301	A0001	客户38	2020-9-26	37
3	H10302	A0002	客户09	2018-10-28	50
4	H10303	A0003	客户31	2019-1-27	25
5	H10304	A0004	客户06	2018-4-13	9
6	H10305	A0005	客户11	2020-4-27	49
7	H10306	A0006	客户32	2020-7-16	6
8	H10307	A0007	客户04	2019-2-25	9
9	H10308	A0008	客户19	2018-12-26	24
10	H10309	A0009	客户12	2019-8-4	45
11	H10310	A0010	客户21	2019-9-9	4
12	H10311	A0011	客户26	2019-6-28	46

图3-49　客户合同数据表

建立查询，添加自定义列"付款截止日"，计算公式如下(见图3-50)，即可得到如图3-51所示的付款截止日结果。

= Date.AddDays([签订日期],[期限天])

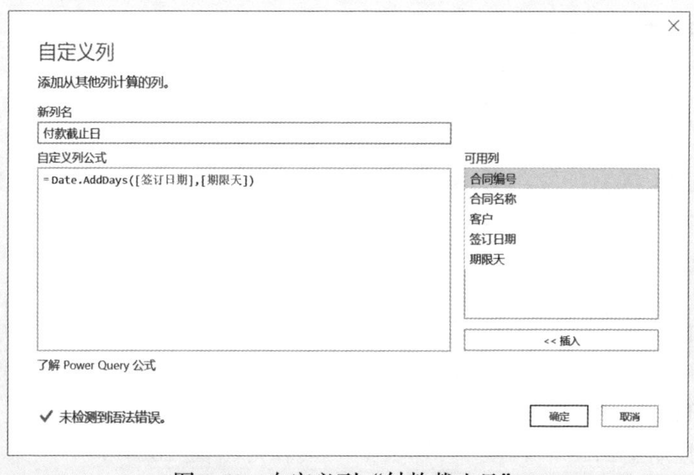

图3-50　自定义列"付款截止日"

图3-51　计算出的付款截止日

3.7.2 Date.AddWeeks 函数：计算几周后或几周前的日期

Date.AddWeeks 函数用于计算几周后或几周前的日期，实际上就是加上或者减去几个 7 天。其用法如下：

= Date.AddDays(日期 , 周数)

例如，指定日期是2020年4月8日，那么3周后的日期是2020-4-29，公式如下：

= Date.AddWeeks(#date(2020,4,8), 3)

又如，指定日期是2020年4月8日，那么3周前的日期是2020-3-18，公式如下：

= Date.AddWeeks(#date(2020,4,8), -3)

3.7.3 Date.AddMonths 函数：计算几个月后或几个月前的日期

Date.AddMonths 函数用于计算几个月后或几个月前的日期，相当于Excel的EDATE函数。其用法如下：

= Date.AddMonths(日期 , 月数)

例如，指定日期是2020年4月8日，那么3个月后的日期是2020-7-8，公式如下：

= Date.AddMonths(#date(2020,4,8), 3)

又如，指定日期是2020年4月8日，那么3个月前的日期是2020-1-8，公式如下：

= Date.AddMonths(#date(2020,4,8), -3)

案例3-9

图3-52所示是一个合同数据表，要自动计算合同到期日。

	A	B	C	D	E
1	合同编号	合同名称	签订日期	期限月	
2	H10301	A0001	2020-9-26	37	
3	H10302	A0002	2018-10-28	50	
4	H10303	A0003	2019-1-27	25	
5	H10304	A0004	2018-4-13	9	
6	H10305	A0005	2020-4-27	49	
7	H10306	A0006	2020-7-16	6	
8	H10307	A0007	2019-2-25	9	
9	H10308	A0008	2018-12-26	24	
10	H10309	A0009	2019-8-4	45	
11	H10310	A0010	2019-9-9	4	
12	H10311	A0011	2019-6-28	46	
13	H10312	A0012	2019-12-23	11	
14	H10313	A0013	2018-11-15	53	

图3-52　合同数据表

建立查询，添加自定义列“合同到期日”，计算公式如下（见图3-53），即可得到每份合同的到期日，如图3-54所示。

=Date.AddMonths([签订日期],[期限月])

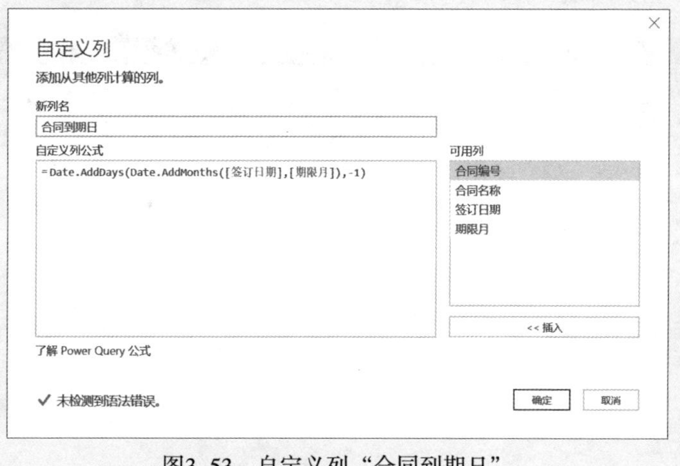

图3-53　自定义列“合同到期日”

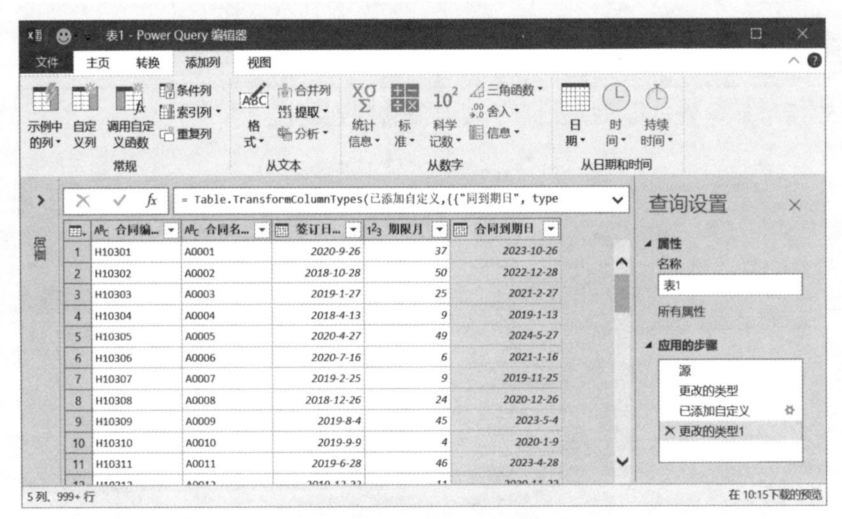

图3-54　得到的合同到期日

一般来说，合同到期日应该是计算出日期的前一天，因此公式可以修改为：

= Date.AddDays(Date.AddMonths([签订日期],[期限月]),-1)

此时的合同到期日如图3-55所示。

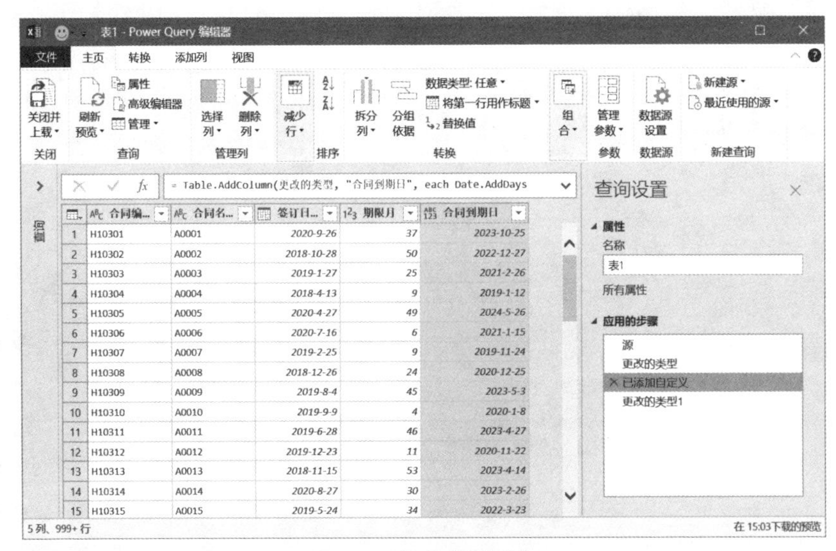

图3-55　最终的合同到期日

案例3-10

图3-56所示是一张客户应付数据表，付款截止日是自合同签订日期起，3个月以后的下个月10日。

	A	B	C	D
1	合同编号	合同名称	客户	签订日期
2	H10301	A0001	客户38	2020-9-26
3	H10302	A0002	客户09	2018-10-28
4	H10303	A0003	客户31	2019-1-27
5	H10304	A0004	客户06	2018-4-13
6	H10305	A0005	客户11	2020-4-27
7	H10306	A0006	客户32	2020-7-16
8	H10307	A0007	客户04	2019-2-25
9	H10308	A0008	客户19	2018-12-26
10	H10309	A0009	客户12	2019-8-4

图3-56　客户应付数据表

建立查询，添加自定义列“付款截止日”，计算公式如下（见图3-57），即可得到付款截止日，如图3-58所示。

```
= Date.AddDays(Date.EndOfMonth(Date.AddMonths([签订日期],3)),10)
```

这个公式的原理是：先使用Date.AddMonths函数计算3个月后的日期，再使用Date.EndOfMonth函数计算该月的月底日期，最后用Date.AddDays函数计算下个月10日的日期。

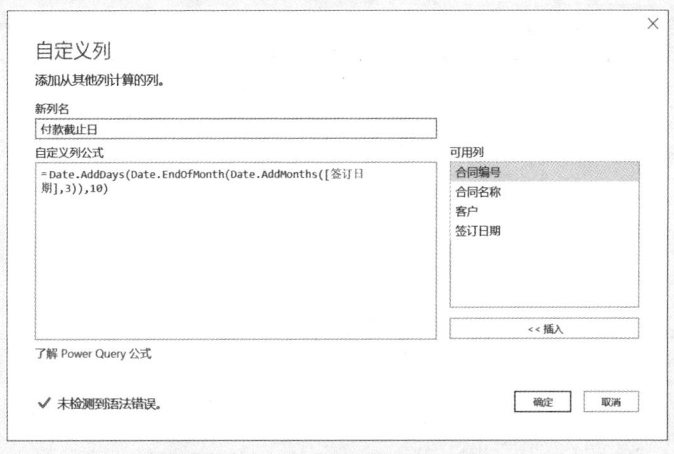

图3-57　自定义列“付款截止日”

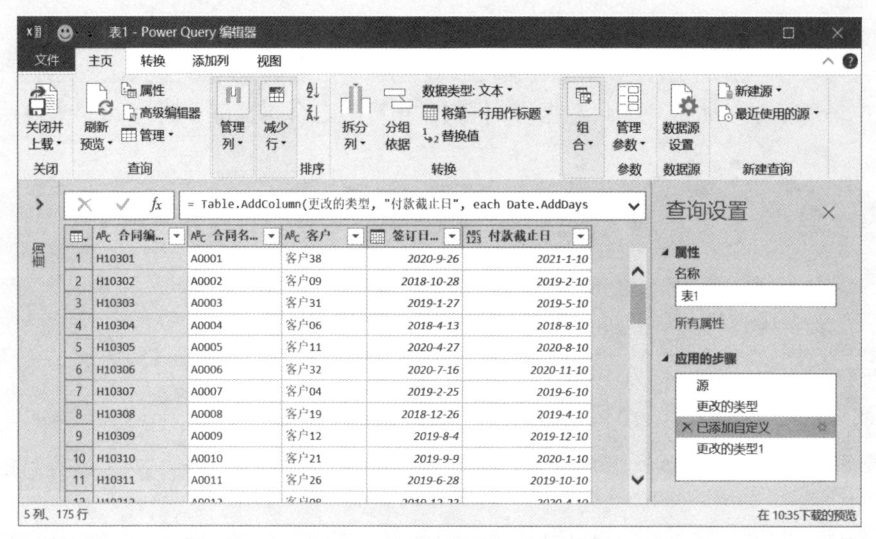

图3-58　得到的付款截止日

3.7.4 Date.AddQuarters 函数：计算几个季度后或几个季度前的日期

Date.AddQuarters 函数用于计算几个季度后或几个季度前的日期。其用法如下：

= Date.AddQuarters(日期 , 季度数)

例如，签订日期是2020年4月8日，那么3个季度后的日期是2021-1-8，公式如下：

= Date.AddQuarters(#date(2020,4,8), 3)

又如，指定日期是2020年4月8日，那么3个季度前的日期是2019-7-8，公式如下：

= Date.AddQuarters(#date(2020,4,8), -3)

3.7.5 Date.AddYears 函数：计算几年后或几年前的日期

Date.AddYears 函数用于计算几年后或几年前的日期。其用法如下：

= Date.AddYears(日期 , 年数)

例如，指定日期是2020年4月8日，那么3年后的日期是2023-4-8，公式如下：

= Date.AddYears(#date(2020,4,8), 3)

又如，指定日期是2020年4月8日，那么3年前的日期是2017-4-8，公式如下：

= Date.AddYears(#date(2020,4,8), -3)

3.7.6 综合应用案例：计算劳动合同到期日

案例3-11

图3-59所示是一张员工合同信息表，要求计算劳动合同到期日。劳动合同到期日是自合同签订日期起，2年后的下一个季度末。

例如，2019年6月26日签订合同，2年后的日期是2021年6月26日，那么合同到期日是2021年9月30日。

	A	B	C	D	E
1	姓名	性别	所属部门	签订日期	期限年
2	李从熙	男	销售部	2019-6-26	2
3	马梓	女	财务部	2019-6-28	2
4	张梦瑶	女	信息部	2019-7-4	2
5	袁涵	女	后勤部	2019-7-5	2
6	韩晓波	男	贸易部	2019-7-24	2
7	蔡齐豫	女	财务部	2019-8-4	2
8	赵宏	女	贸易部	2019-8-8	2
9	秦玉邦	男	财务部	2019-9-9	2
10	张一帆	女	生产部	2019-10-18	2
11	姜然	男	后勤部	2019-10-21	2
12	郝般蕊	男	销售部	2019-12-5	2
13	张慈淼	女	财务部	2019-12-23	2
14	刘一伯	男	生产部	2020-1-26	2
15	李羽雯	女	后勤部	2020-4-14	2

图3-59 员工合同信息表

建立查询，添加自定义列“合同到期日”，计算公式如下（见图3-60），即可得到付款截止日，如图3-61所示。

=Date.EndOfQuarter(Date.AddQuarters(Date.AddYears([签订日期],[期限年]),1))

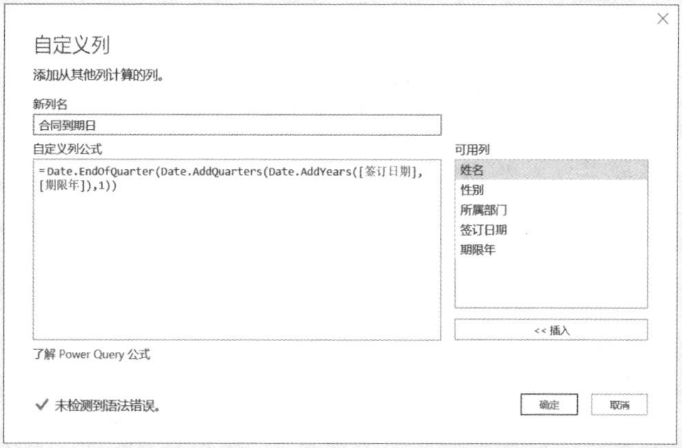

图3-60 自定义列“合同到期日”

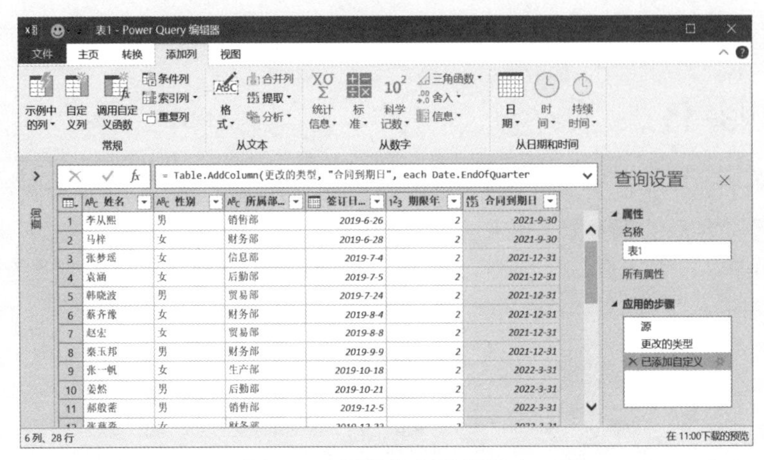

图3-61　得到的合同到期日

3.8 计算天数

今天是 2020 年 4 月 8 日，那么，从今年 1 月 1 日开始，已经过去了多少天？今年 4 月份有多少天？这个季度有多少天？这些问题可以使用以下函数进行计算：

- Date.DaysInMonth
- Date.DayOfYear

3.8.1 Date.DaysInMonth 函数：计算某个月有多少天

如果要计算某个月有多少天，可以使用Date.DaysInMonth函数。其用法如下：

= Date.DaysInMonth(日期)

例如，下面的公式就是计算2020年4月8日所在月份的天数，结果为30：

= Date.DaysInMonth(#date(2020,4,8))

下面公式的结果是计算2020年2月5日所在月份的天数，结果为29：

= Date.DaysInMonth(#date(2020,2,5))

3.8.2 Date.DayOfYear 函数：计算截至某日，该年已经过去了多少天

如果要计算截至某日，该年已经过去了多少天，可以使用Date.DayOfYear函数，其用法

如下：

```
=Date.DayOfYear( 日期 )
```

下面的公式就是计算截至2020年4月8日，2020年已经过去的天数，结果是99天：

```
= Date.DayOfYear(#date(2020,4,8))
```

下面的公式就是计算2020年总共有多少天，结果是366天：

```
= Date.DayOfYear(#date(2020,12,31))
```

下面的公式就是计算2020年1季度总共有多少天，结果是91天：

```
= Date.DayOfYear(#date(2020,3,31))
```

下面的公式就是计算2020年2季度总共有多少天，结果是91天：

```
= Date.DayOfYear(#date(2020,6,30))- Date.DayOfYear(#date(2020,3,31))
```

其实，上面的公式太复杂，两个日期直接相减即可得出2020年2季度的总天数：

```
= #date(2020,6,30)- #date(2020,3,31)
```

下面的公式就是计算2020年上半年总共有多少天，结果是182天：

```
= Date.DayOfYear(#date(2020,6,30))
```

3.8.3 综合应用案例：应收账款统计表

Duration.Days 函数、DateTimeZone.FixedLocalNow 函数等也可以用来计算天数，并制作要求的统计分析报告。下面举例说明。

案例3-12

图3-62所示是一张应收账款明细表，现在要制作两张报表：①已经过期的合同报表；②7天内要到期的合同报表。

	A	B	C	D	E
1	合同编号	合同名称	客户	签订日期	到期日
2	H10301	A0001	客户38	2020-9-26	2020-11-2
3	H10302	A0002	客户09	2018-10-28	2018-12-17
4	H10303	A0003	客户31	2019-1-27	2019-2-21
5	H10304	A0004	客户06	2018-4-13	2018-4-22
6	H10305	A0005	客户11	2020-4-27	2020-6-15
7	H10306	A0006	客户32	2020-7-16	2020-7-22
8	H10307	A0007	客户04	2019-2-25	2019-3-6
9	H10308	A0008	客户19	2018-12-26	2019-1-19
10	H10309	A0009	客户12	2019-8-4	2019-9-18
11	H10310	A0010	客户21	2019-9-9	2019-9-13
12	H10311	A0011	客户26	2019-6-28	2019-8-13
13	H10312	A0012	客户08	2019-12-23	2020-1-3

图3-62　应收账款明细表

首先建立基本查询，将这个查询名称重命名为“过期合同”，如图3-63所示。

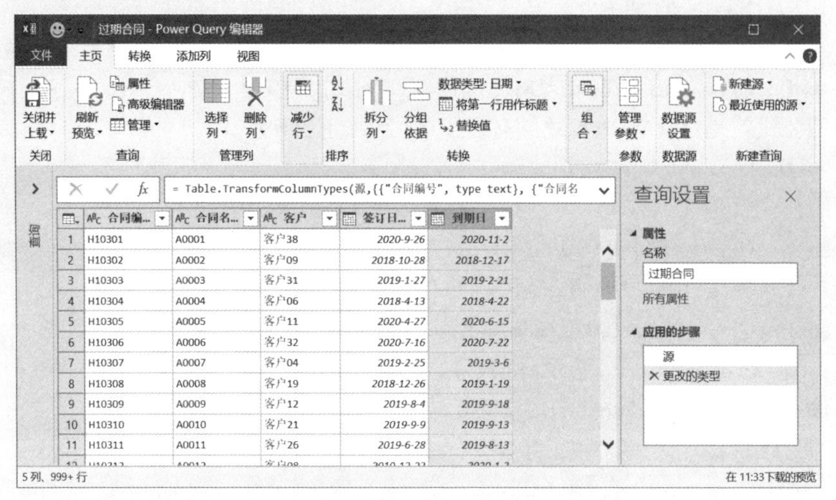

图3-63　建立基本查询，修改查询名称

添加一个自定义列“逾期天数”，计算公式如下（见图3-64）：

=Duration.Days([到期日]-Date.From(DateTimeZone.FixedLocalNow()))

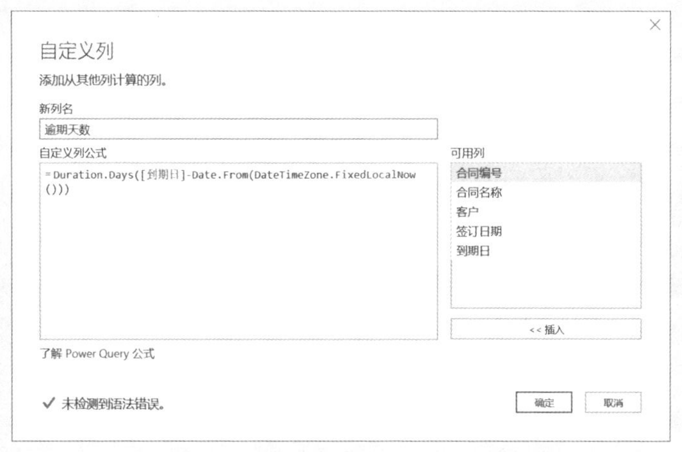

图3-64　添加自定义列“逾期天数”

这样就得到如图3-65所示的逾期天数结果。

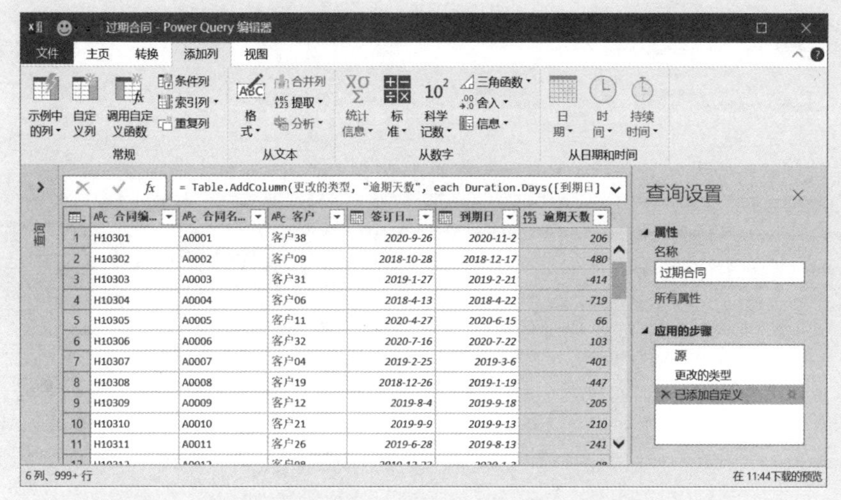

图3-65　得到的逾期天数

将这个查询复制一份，重命名为“7天内到期”。

然后分别在两个表格中对“逾期天数”列筛选小于0和介于0~7的数据，即可分别得到要求的两张查询表，过期的合同报表如图3-66所示，7天内到期的合同报表如图3-67所示。

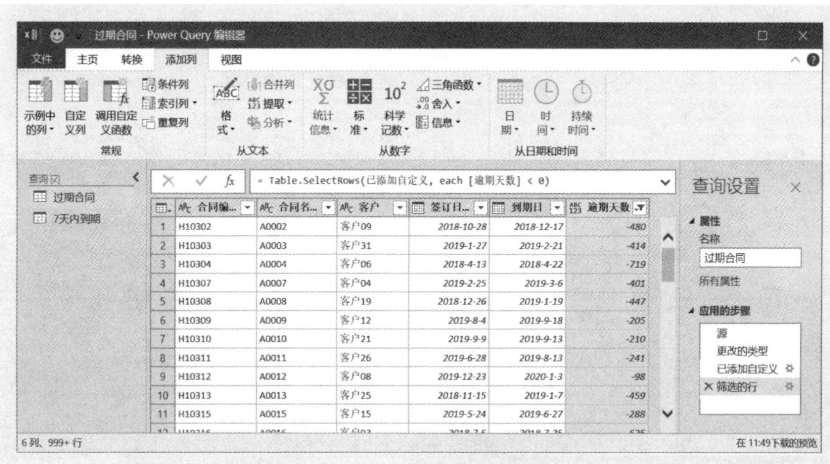

图3-66　过期的合同报表

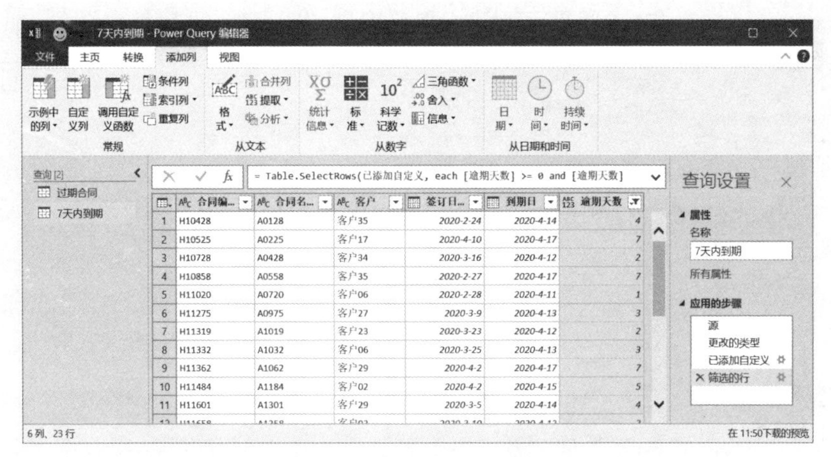

图3–67　7天内要到期的合同报表

最后将两个查询表分别导出到Excel工作表，即可得到需要的两个报表，分别如图3–68和图3–69所示。这里，已经把7天内到期的“逾期天数”列标题修改为了“还剩天数”。

	A	B	C	D	E	F
1	合同编号	合同名称	客户	签订日期	到期日	逾期天数
2	H10302	A0002	客户09	2018-10-28	2018-12-17	-480
3	H10303	A0003	客户31	2019-1-27	2019-2-21	-414
4	H10304	A0004	客户06	2018-4-13	2018-4-22	-719
5	H10307	A0007	客户04	2019-2-25	2019-3-6	-401
6	H10308	A0008	客户19	2018-12-26	2019-1-19	-447
7	H10309	A0009	客户12	2019-8-4	2019-9-18	-205
8	H10310	A0010	客户21	2019-9-9	2019-9-13	-210
9	H10311	A0011	客户26	2019-6-28	2019-8-13	-241
10	H10312	A0012	客户08	2019-12-23	2020-1-3	-98
11	H10313	A0013	客户25	2018-11-15	2019-1-7	-459
12	H10315	A0015	客户15	2019-5-24	2019-6-27	-288
13	H10316	A0016	客户03	2018-7-5	2018-7-25	-625
14	H10317	A0017	客户28	2018-3-6	2018-3-15	-757
15	H10319	A0019	客户18	2018-9-11	2018-10-14	-544
16	H10320	A0020	客户30	2019-3-1	2019-4-14	-362
17	H10322	A0022	客户31	2018-5-6	2018-5-27	-684
18	H10323	A0023	客户08	2019-6-18	2019-7-7	-278
19	H10325	A0025	客户11	2019-7-24	2019-8-18	-236

基础数据　逾期合同　7天内到期合同

图3–68　逾期合同明细

	A	B	C	D	E	F
1	合同编号	合同名称	客户	签订日期	到期日	还剩天数
2	H10428	A0128	客户35	2020-2-24	2020-4-14	4
3	H10525	A0225	客户17	2020-4-10	2020-4-17	7
4	H10728	A0428	客户34	2020-3-16	2020-4-12	2
5	H10858	A0558	客户35	2020-2-27	2020-4-17	7
6	H11020	A0720	客户06	2020-2-28	2020-4-11	1
7	H11275	A0975	客户27	2020-3-9	2020-4-13	3
8	H11319	A1019	客户23	2020-3-23	2020-4-12	2
9	H11332	A1032	客户06	2020-3-25	2020-4-13	3
10	H11362	A1062	客户29	2020-4-2	2020-4-17	7
11	H11484	A1184	客户02	2020-4-2	2020-4-15	5
12	H11601	A1301	客户29	2020-3-5	2020-4-14	4
13	H11658	A1358	客户03	2020-3-10	2020-4-13	3
14	H11670	A1370	客户39	2020-3-20	2020-4-11	1
15	H11714	A1414	客户19	2020-3-7	2020-4-13	3
16	H11765	A1465	客户09	2020-4-8	2020-4-13	3
17	H11781	A1481	客户31	2020-4-3	2020-4-14	4
18	H11850	A1550	客户35	2020-2-26	2020-4-17	7
19	H12061	A1761	客户31	2020-2-18	2020-4-17	7

基础数据　逾期合同　7天内到期合同

图3–69　7天内到期的合同明细

如果使用Table.SelectRows函数，还可以一键完成对过期合同的提取，M公式代码如下：

```
let
    源 = Excel.CurrentWorkbook(){[Name="表1"]}[Content],
    更改的类型 = Table.TransformColumnTypes(源,{{"合同编号", type text}, {"合同名称", type text}, {"客户", type text}, {"签订日期", type date}, {"到期日", type date}}),
    过期合同 = Table.SelectRows(更改的类型, each Duration.Days([到期日]-Date.From(DateTimeZone.FixedLocalNow())) < 0)
```

```
in
    过期合同
```

3.9 判断指定日期是否在以前的日期范围内

在进行数据统计分析中，可能要制作昨天、上周、上个月、上季度、上一年的统计报表，此时可以使用以下相关函数进行计算：

- Date.IsInPreviousDay
- Date.IsInPreviousNDays
- Date.IsInPreviousWeek
- Date.IsInPreviousNWeeks
- Date.IsInPreviousMonth
- Date.IsInPreviousNMonths
- Date.IsInPreviousQuarter
- Date.IsInPreviousNQuarters
- Date.IsInPreviousYear
- Date.IsInPreviousNYears

3.9.1 Date.IsInPreviousDay 函数：确定是否为前一天

Date.IsInPreviousDay 函数用于判断指定日期是否为前一天(即昨天)，如果是，结果是true；否则，结果是false。其用法如下：

```
=Date.IsInPreviousDay( 日期 )
```

例如，假设今天是2020-4-8，那么下面的公式结果是true：

```
= Date.IsInPreviousDay(#date(2020,4,7))
```

3.9.2 Date.IsInPreviousNDays 函数：确定是否在前几天内

Date.IsInPreviousNDays函数用于判断指定日期是否在前几天内，如果是，结果是true；否则，结果是false。其用法如下：

```
= Date.IsInPreviousNDays( 日期， 天数 )
```

假设今天是2020-4-8，那么下面的公式结果是true，因为2020-4-3在前5天之内：

= Date.IsInPreviousNDays(#date(2020,4,3),5)

3.9.3 Date.IsInPreviousWeek 函数：确定是否在前一周内

Date.IsInPreviousWeek 函数用于判断指定日期是否在前一周内，如果是，结果是true；否则，结果是false。其用法如下：

= Date.IsInPreviousWeek(日期)

例如，假设今天是2020-4-8，那么下面的公式结果是true：

= Date.IsInPreviousWeek(#date(2020,4,1))

而下面公式的结果是false：

= Date.IsInPreviousWeek(#date(2020,3,22))

3.9.4 Date.IsInPreviousNWeeks 函数：确定是否在前几周内

Date.IsInPreviousNWeeks 函数用于判断指定日期是否在前几周内，如果是，结果是true；否则，结果是false。其用法如下：

= Date.IsInPreviousNWeeks(日期， 周数)

例如，假设今天是2020-4-8，那么下面的公式结果是true：

= Date.IsInPreviousNWeeks(#date(2020,4,5),2)

而下面的两个公式的结果都是false：

= Date.IsInPreviousNWeeks(#date(2020,3,22),2)

= Date.IsInPreviousNWeeks(#date(2020,4,6),2)

3.9.5 Date.IsInPreviousMonth 函数：确定是否在前一个月内

Date.IsInPreviousMonth 函数用于判断指定日期是否在前一个月内。如果是，结果是true；否则，结果是false。其用法如下：

= Date.IsInPreviousMonth(日期)

例如，假设今天是2020-4-8，那么下面的公式结果是true：

= Date.IsInPreviousMonth(#date(2020,3,29))

而下面公式的结果是false：

= Date.IsInPreviousMonth(#date(2020,4,3))

= Date.IsInPreviousMonth(#date(2020,2,3))

3.9.6 Date.IsInPreviousNMonths 函数：确定是否在前几个月内

Date.IsInPreviousNMonths 函数用于判断指定日期是否在前几个月内，如果是，结果是true；否则，结果是false。其用法如下：

```
= Date.IsInPreviousNMonths( 日期 , 月数 )
```

例如，假设今天是2020-4-8，那么下面的两个公式结果都是true：

```
= Date.IsInPreviousNMonths(#date(2020,3,29), 1)
= Date.IsInPreviousNMonths(#date(2020,2,15), 2)
```

3.9.7 Date.IsInPreviousQuarter 函数：确定是否在前一个季度内

Date.IsInPreviousQuarter 函数用于判断指定日期是否在前一个季度内，如果是，结果是true；否则，结果是false。其用法如下：

```
= Date.IsInPreviousQuarter( 日期 )
```

例如，假设今天是2020-4-8，那么下面的两个公式结果都是true：

```
= Date.IsInPreviousQuarter(#date(2020,3,29))
= Date.IsInPreviousQuarter(#date(2020,2,3))
```

3.9.8 Date.IsInPreviousNQuarters 函数：确定是否在前几个季度内

Date.IsInPreviousNQuarters 函数用于判断指定日期是否在前几个季度内，如果是，结果是true；否则，结果是false。其用法如下：

```
= Date.IsInPreviousNQuarters( 日期， 季度数 )
```

例如，假设今天是2020-4-8，那么下面的两个公式结果都是true：

```
= Date.IsInPreviousNQuarters(#date(2020,3,29),1)
= Date.IsInPreviousNQuarters(#date(2020,2,3),2)
```

3.9.9 Date.IsInPreviousYear 函数：确定是否在前一年内

Date.IsInPreviousYear 函数用于判断指定日期是否在前一年内，如果是，结果是true；否则，结果是false。其用法如下：

```
= Date.IsInPreviousYear( 日期 )
```

例如，假设今天是2020-4-8，那么下面的两个公式结果都是true：

```
= Date.IsInPreviousYear(#date(2019,12,29))
```

= Date.IsInPreviousYear(#date(2019,2,3))

3.9.10 Date.IsInPreviousNYears 函数：确定是否在前几年内

Date.IsInPreviousNYears 函数用于判断指定日期是否在前几年内，如果是，结果是true；否则，结果是false。其用法如下：

= Date.IsInPreviousNYears(日期 , 年数)

例如，假设今天是2020-4-8，那么下面的两个公式结果都是true：

= Date.IsInPreviousNYears(#date(2019,12,29),1)

= Date.IsInPreviousNYears(#date(2018,2,3),2)

3.9.11 综合应用案例：建立一键刷新的上周生产工时统计报表

案例3-13

图3-70所示是从系统导出来的生产工时记录表，现在要求构建一张一键刷新的上周生产工时统计报表，以便计算上周的工时。

扫一扫，看视频

	A	B	C	D	E
1	生产工人	零件号	日期	实际工时	
2	袁涵	A00460-13	2020-1-1	6	
3	赵宏	FH30-1496	2020-1-1	7	
4	马一晨	K3200-111	2020-1-1	3	
5	袁涵	KR9-38585	2020-1-1	6	
6	李从熙	FH30-1496	2020-1-1	6	
7	蔡齐豫	K3200-111	2020-1-1	6	
8	蔡齐豫	FH30-1496	2020-1-1	3	
9	舒思雨	TO0010115	2020-1-2	3	
10	何欣	A00460-13	2020-1-2	7	
11	姜然	GK5960-94	2020-1-2	7	
12	李从熙	A00460-13	2020-1-2	4	
13	吴雨平	LGJF04063	2020-1-2	4	
14	李羽雯	GK5960-94	2020-1-3	6	
15	吴雨平	KR9-38585	2020-1-3	5	

图3-70　生产工时记录表

建立查询，如图3-71所示。

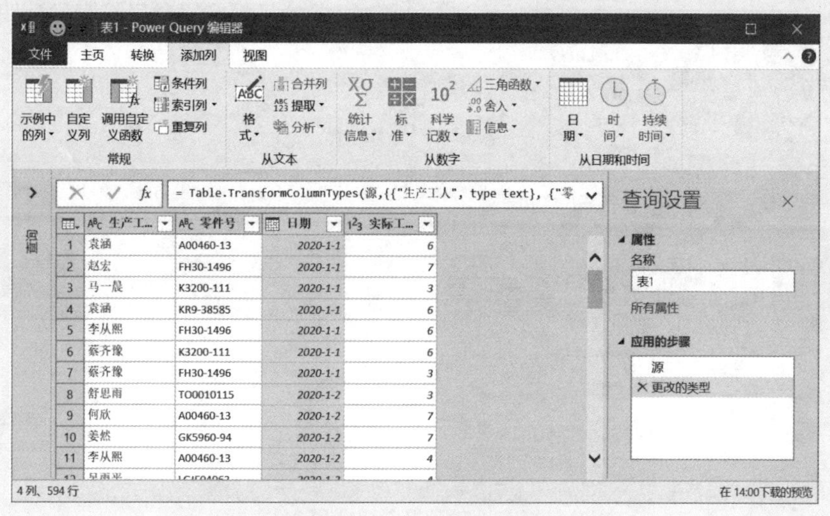

图3-71　建立查询

添加自定义列“是否为上周”，公式如下（见图3-72）：

= Date.IsInPreviousWeek([日期])

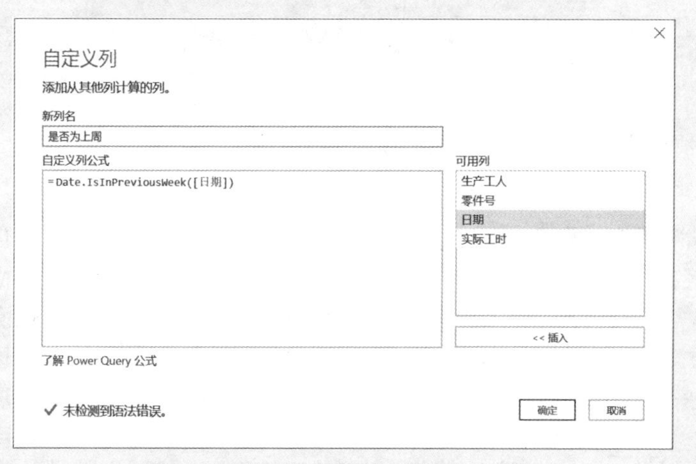

图3-72　添加自定义列“是否为上周”

这样就得到一个新列“是否为上周”，判断结果是TRUE或FALSE，如图3-73所示。

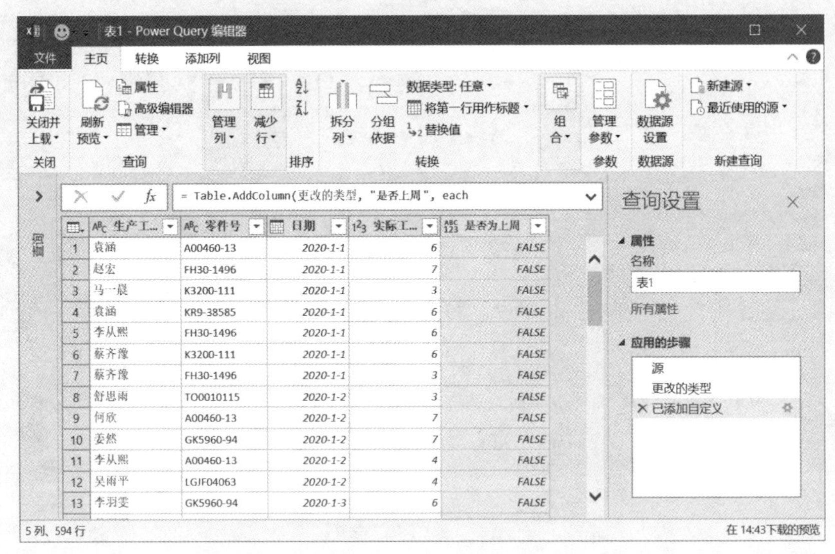

图3-73　添加的自定义列“是否为上周”

从自定义列“是否为上周”中筛选出TRUE，就是上周的数据，如图3-74所示。

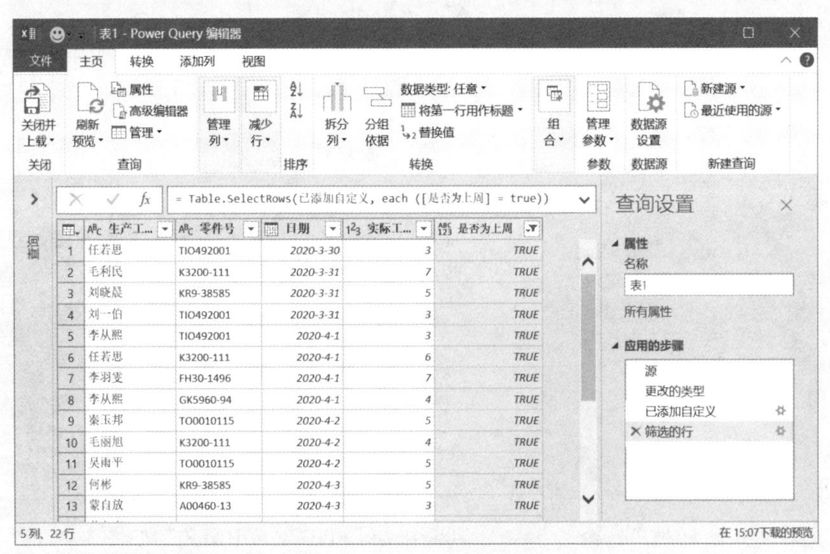

图3-74　筛选出上周的数据

对生产工人进行分组，汇总实际工时，如图3-75所示。

分组依据

指定分组所依据的列以及所需的输出。

◉ 基本 ○ 高级

分组依据

生产工人

新列名 上周总工时

操作 求和

柱 实际工时

确定 取消

图3-75 分组计算每个工人的上周总工时

这样就得到每个工人的上周总工时，如图3-76所示。

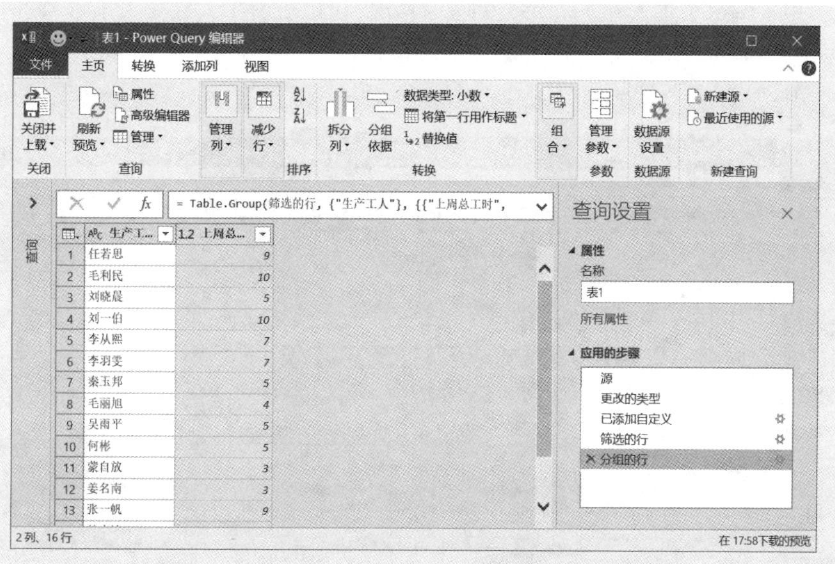

	生产工...	上周总...
1	任若思	9
2	毛利民	10
3	刘晓晨	5
4	刘一伯	10
5	李从熙	7
6	李羽雯	7
7	秦玉邦	5
8	毛丽旭	4
9	吴雨平	5
10	何彬	5
11	蒙自放	3
12	姜名南	3
13	张一帆	9

图3-76 每个工人的上周总工时

将数据导出到Excel工作表，即可得到如图3-77所示的工人上周总工时报表。

	A	B
1	生产工人	上周总工时
2	任若思	9
3	毛利民	10
4	刘晓晨	5
5	刘一伯	10
6	李从熙	7
7	李羽雯	7
8	秦玉邦	5
9	毛丽旭	4
10	吴雨平	5
11	何彬	5
12	蒙自放	3
13	姜名南	3
14	张一帆	9
15	韩晓波	12
16	王浩忌	4
17	舒思雨	4

图3-77　工人上周总工时报表

如果还想了解每个工人在上周每天的工时情况，可以查看工人在哪天上班，此时可以再添加一个“星期”列，如图3-78所示，自定义列公式如下：

=Date.DayOfWeekName([日期], "zh-cn")

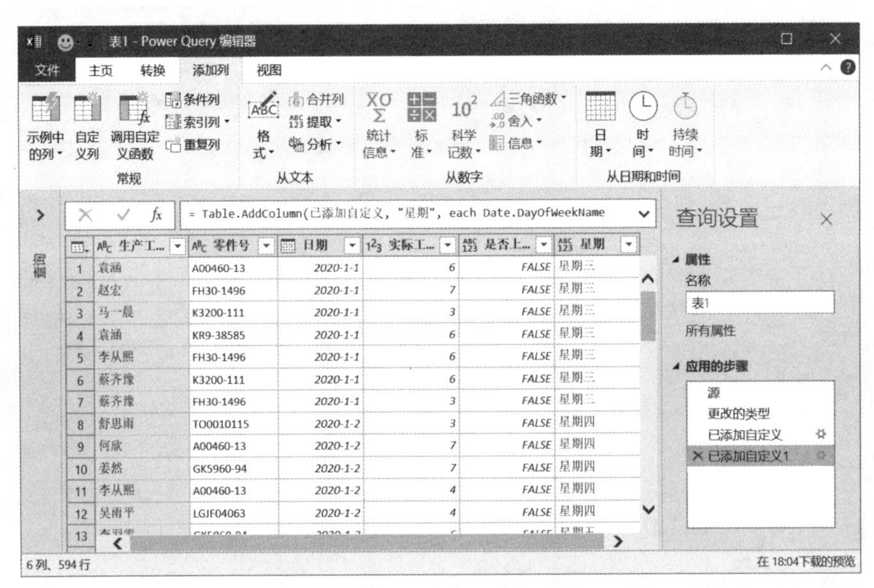

图3-78　再添加自定义列“星期”

然后筛选上周的数据，保留“生产工人”“实际工时”和“星期”这三列，删除其他不必要的列，并再对“星期”列进行透视操作，就得到如图3-79所示的上周每个工人每天的工时报表。

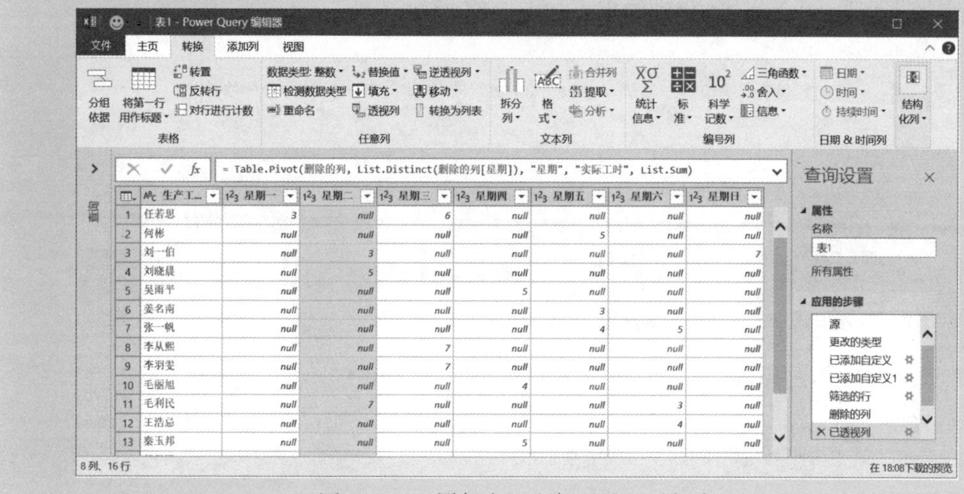

图3-79　上周每个工人每天的工时报表

再添加一个自定义列“合计”，公式如下，即可得到上周的合计数，如图3-80所示。

```
List.Sum({[星期一],[星期二],[星期三],[星期四],[星期五],[星期六],[星期日]})
```

注意

这里每天的数据不能直接相加，因为在Power Query中，null+数字 = null，因此需要使用List.Sum函数进行求和。

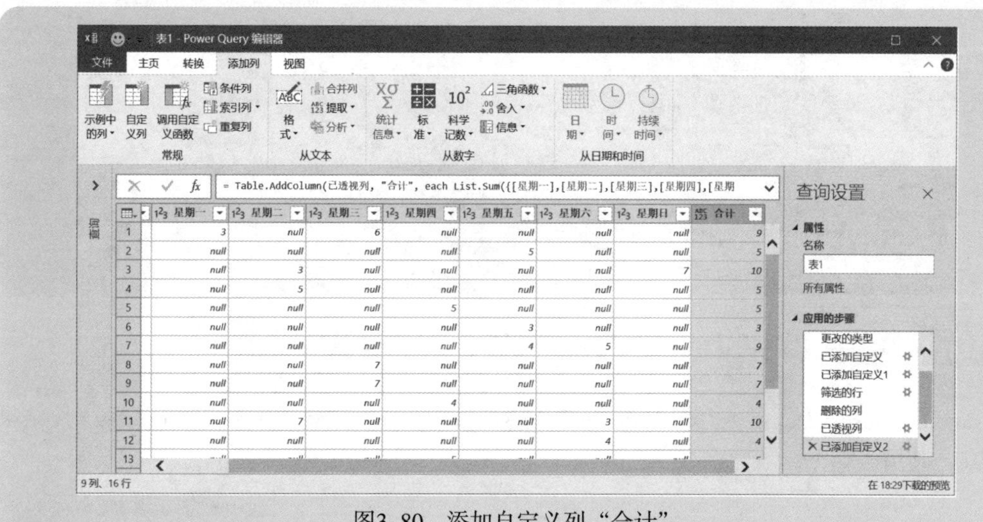

图3-80　添加自定义列“合计”

导出数据到Excel工作表，得到的报表如图3-81所示。

	A	B	C	D	E	F	G	H	I
1	生产工人	星期一	星期二	星期三	星期四	星期五	星期六	星期日	合计
2	任若思	3		6					9
3	何彬					5			5
4	刘一伯		3					7	10
5	刘晓晨		5						5
6	吴雨平				5				5
7	姜名南					3			3
8	张一帆					4	5		9
9	李从熙			7					7
10	李羽雯			7					7
11	毛丽旭				4				4
12	毛利民		7				3		10
13	王浩忌						4		4
14	秦玉邦				5				5
15	舒思雨							4	4
16	蒙自放					3			3
17	韩晓波						7	5	12
18									

图3-81　生产工人在上周的工时报表

3.10 判断指定日期是否在当前的日期范围内

3.9节介绍的是判断一个日期是否在以前的时间范围内。如果要判断指定日期是否是今天，是否在本周、本月、本季度、本年内，则可以使用以下函数：

- Date.IsInCurrentDay
- Date.IsInCurrentWeek
- Date.IsInCurrentMonth
- Date.IsInCurrentQuarter
- Date.IsInCurrentYear

3.10.1 Date.IsInCurrentDay函数：判断是否为当天

Date.IsInCurrentDay函数用于判断指定日期是否为当天，如果是，结果是true；否则，结果是false。其用法如下：

```
= Date.IsInCurrentDay( 日期 )
```

例如，假设今天是2020-4-8，那么下面的公式结果是true：

```
= Date.IsInCurrentDay(#date(2020,4,8))
```

而下面的公式结果是false：

```
= Date.IsInCurrentDay(#date(2020,4,7))
```

3.10.2 Date.IsInCurrentWeek 函数：判断是否在本周内

Date.IsInCurrentWeek 函数用于判断指定日期是否在本周内，如果是，结果是true；否则，结果是false。其用法如下：

```
= Date.IsInCurrentWeek( 日期 )
```

例如，假设今天是2020-4-8，那么下面的公式结果是true：

```
= Date.IsInCurrentWeek(#date(2020,4,7))
```

而下面的公式结果是false：

```
= Date.IsInCurrentWeek(#date(2020,4,3))
```

3.10.3 Date.IsInCurrentMonth 函数：判断是否在本月内

Date.IsInCurrentMonth 函数用于判断指定日期是否在本月内，如果是，结果是true；否则，结果是false。其用法如下：

```
= Date.IsInCurrentMonth( 日期 )
```

例如，假设今天是2020-4-8，那么下面的公式结果是true：

```
= Date.IsInCurrentMonth(#date(2020,4,2))
```

而下面的公式结果是false：

```
= Date.IsInCurrentMonth(#date(2020,3,3))
```

3.10.4 Date.IsInCurrentQuarter 函数：判断是否在本季度内

Date.IsInCurrentQuarter函数用于判断指定日期是否在本季度内，如果是，结果是true；否则，结果是false。其用法如下：

```
= Date.IsInCurrentQuarter( 日期 )
```

例如，假设今天是2020-4-8，那么下面的公式结果是true：

```
= Date.IsInCurrentQuarter(#date(2020,5,2))
```

而下面的公式结果是false：

```
= Date.IsInCurrentQuarter(#date(2020,3,3))
```

3.10.5 Date.IsInCurrentYear 函数：判断是否在本年内

Date.IsInCurrentYear函数用于判断指定日期是否在本年内，如果是，结果是true；否则，结果是false。其用法如下：

```
= Date.IsInCurrentYear( 日期 )
```

例如，假设今天是2020-4-8，那么下面的公式结果是true：

```
= Date.IsInCurrentYear(#date(2020,2,12))
```

而下面的公式结果是false：

```
= Date.IsInCurrentYear(#date(2019,12,18))
```

3.10.6 综合应用案例：制作一键刷新的本周销售跟踪表

案例3-14

图3-82所示是一张销售流水数据模拟表，现在要求制作一张一键刷新的本周销售跟踪表。

	A	B	C	D
1	日期	商品	销量	
2	2020-2-2	商品6	120	
3	2020-2-5	商品6	100	
4	2020-1-1	商品6	292	
5	2020-1-7	商品2	137	
6	2020-2-6	商品2	45	
7	2020-3-2	商品1	277	
8	2020-3-2	商品1	169	
9	2020-4-3	商品3	251	
10	2020-4-3	商品3	258	
11	2020-1-1	商品1	114	
12	2020-1-4	商品4	274	
13	2020-2-3	商品3	188	
14	2020-2-4	商品4	184	
15	2020-2-8	商品5	54	
16	2020-3-6	商品5	223	
17	2020-2-3	商品1	208	
18	2020-1-6	商品4	93	
19	2020-3-3	商品6	261	

销售流水 | Sheet2

图3-82　销售流水数据模拟表

首先建立查询。由于销售数据会不断增加，因此执行“从工作簿”命令，建立的查询如图3-83所示。

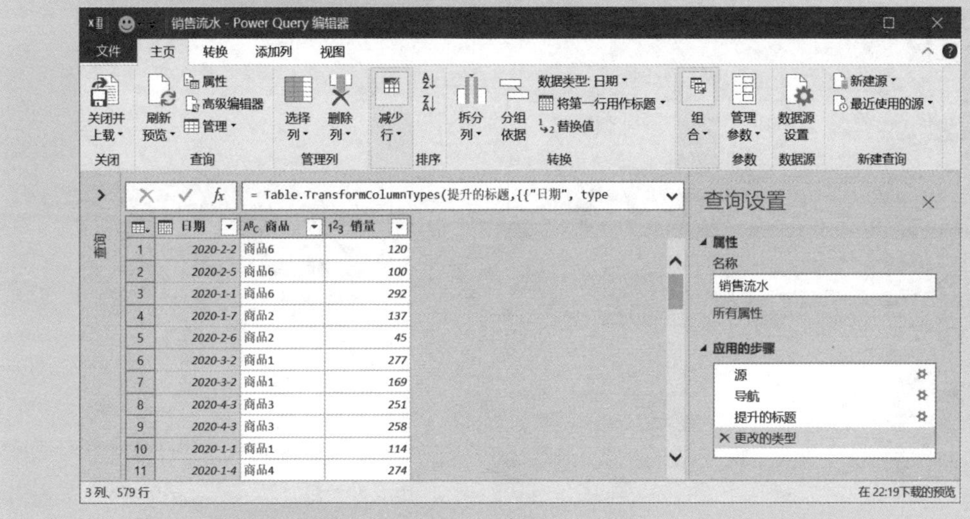

图3-83 建立基本查询

添加一个自定义列“星期”，自定义列公式如下，得到的数据表如图3-84所示。

```
= Date.DayOfWeekName([日期],"zh-cn")
```

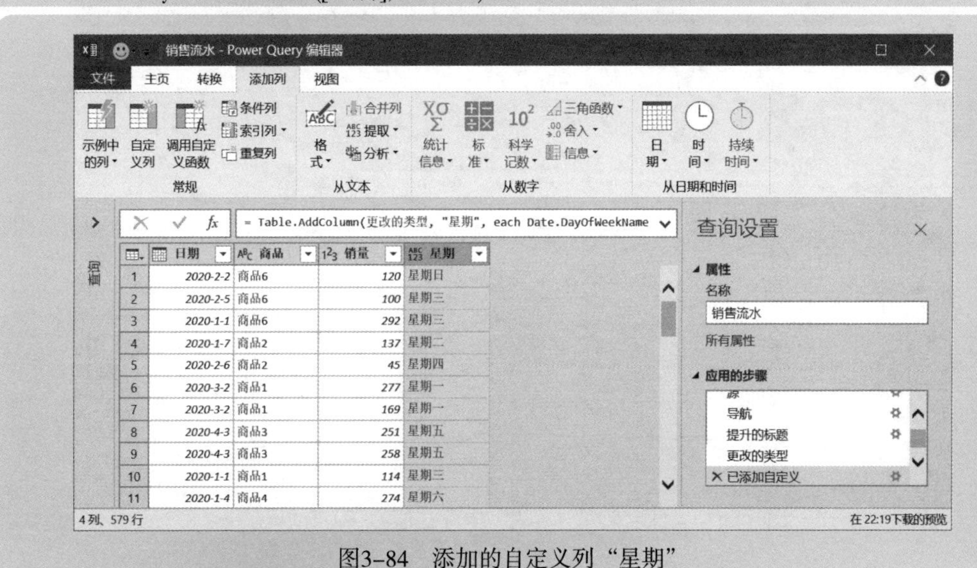

图3-84 添加的自定义列“星期”

再添加一个自定义列“本周”，公式如下，得到的数据表如图3-85所示。

```
= Date.IsInCurrentWeek([日期])
```

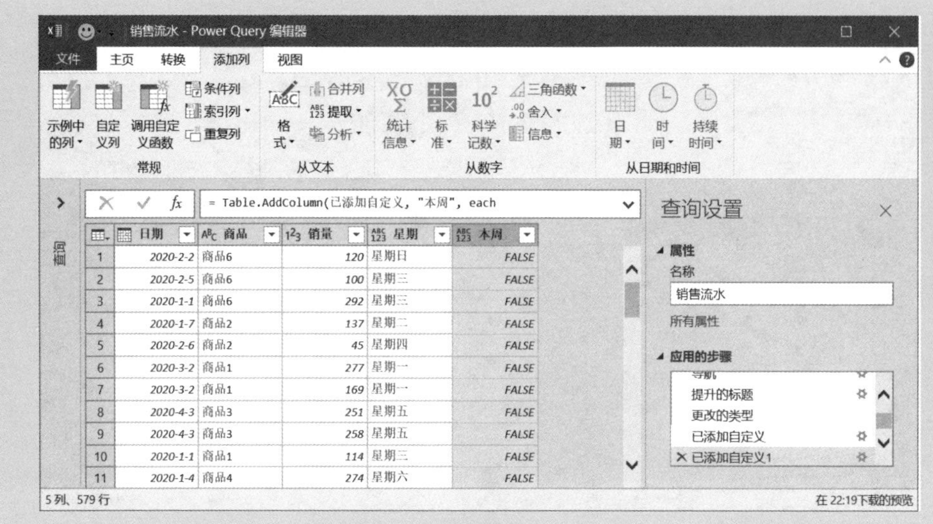

图3-85　添加的自定义列“本周”

从自定义列“本周”中筛选值为TRUE的记录，如图3-86所示。

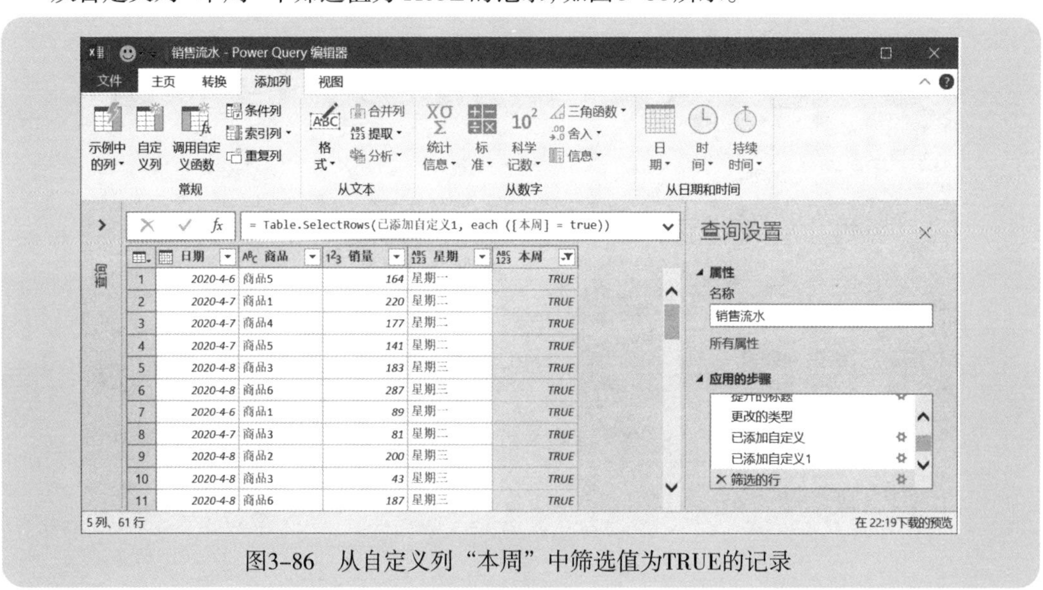

图3-86　从自定义列“本周”中筛选值为TRUE的记录

删除“日期”列和“本周”列，然后对“星期”列进行透视，得到如图3-87所示的本周内每种商品每天的销售报表。

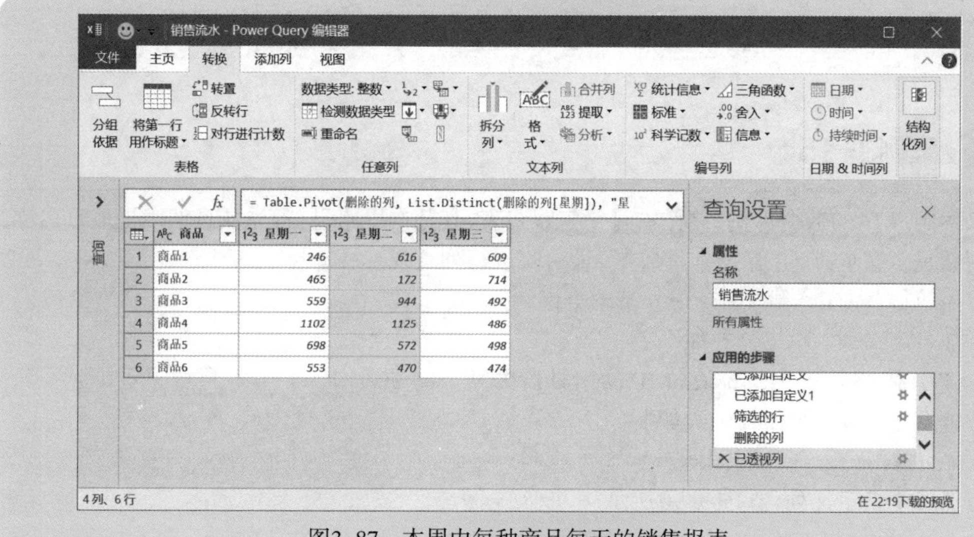

图3-87　本周内每种商品每天的销售报表

关闭查询，导出数据，即可得到本周销售跟踪表，如图 3-88 所示。

	A	B	C	D
1	商品	星期一	星期二	星期三
2	商品1	479	520	703
3	商品2	170	522	648
4	商品3	463	361	226
5	商品4	370	280	758
6	商品5	623	359	344
7	商品6	287	179	
8				

图3-88　本周销售跟踪表

当数据增加时，刷新此报表，就得到最新的数据，如图 3-89 所示。

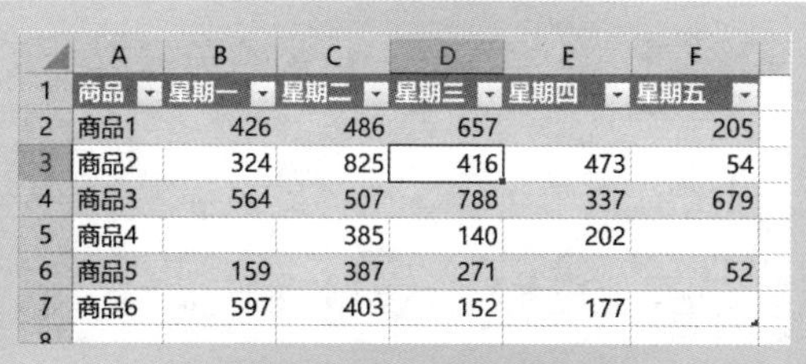

	A	B	C	D	E	F
1	商品	星期一	星期二	星期三	星期四	星期五
2	商品1	426	486	657		205
3	商品2	324	825	416	473	54
4	商品3	564	507	788	337	679
5	商品4		385	140	202	
6	商品5	159	387	271		52
7	商品6	597	403	152	177	
8						

图3-89　一键刷新报表

3.10.7 综合应用案例：制作一键刷新的本月销售跟踪表

案例3-15

以案例3-14的数据为例，制作本月销售跟踪表，其基本思路是：首先从日期中提取日名称，然后判断是否在本月，并筛选本月数据，最后将进行列透视。

首先执行“从工作簿”命令建立基本查询。

添加自定义列“日”，公式如下：

```
= Text.PadStart(Text.From(Date.Day([日期])),2,"0") & " 日 "
```

添加自定义列“本月”，公式如下：

```
= Date.IsInCurrentMonth([日期])
```

添加两个自定义列，如图3-90所示。

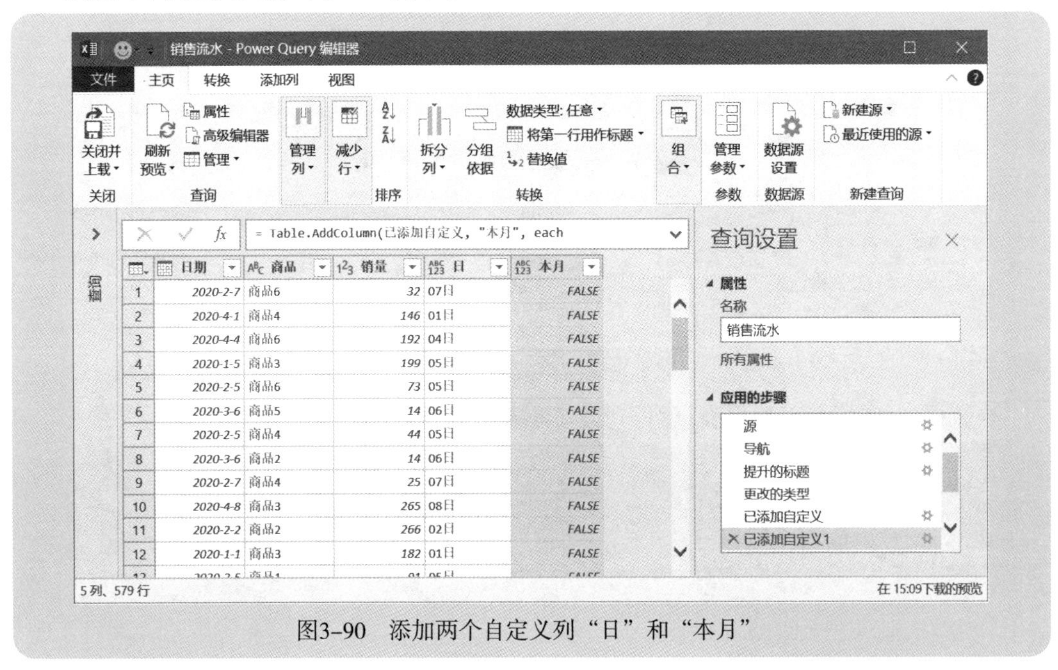

	日期	商品	销量	日	本月
1	2020-2-7	商品6	32	07日	FALSE
2	2020-4-1	商品4	146	01日	FALSE
3	2020-4-4	商品6	192	04日	FALSE
4	2020-1-5	商品3	199	05日	FALSE
5	2020-2-5	商品6	73	05日	FALSE
6	2020-3-6	商品5	14	06日	FALSE
7	2020-2-5	商品4	44	05日	FALSE
8	2020-3-6	商品2	14	06日	FALSE
9	2020-2-7	商品4	25	07日	FALSE
10	2020-4-8	商品3	265	08日	FALSE
11	2020-2-2	商品2	266	02日	FALSE
12	2020-1-1	商品3	182	01日	FALSE

图3-90　添加两个自定义列“日”和“本月”

从“本月”列中筛选出值为TRUE的记录，然后删除“日期”列和“本月”列，对“商品”列进行透视，得到如图3-91所示的销售跟踪表。

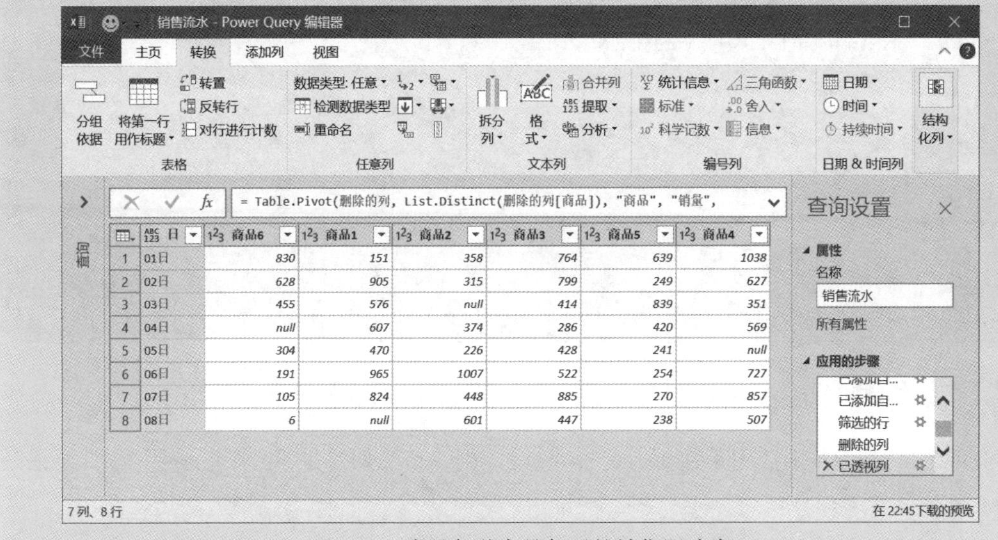

	日	商品6	商品1	商品2	商品3	商品5	商品4
1	01日	830	151	358	764	639	1038
2	02日	628	905	315	799	249	627
3	03日	455	576	null	414	839	351
4	04日	null	607	374	286	420	569
5	05日	304	470	226	428	241	null
6	06日	191	965	1007	522	254	727
7	07日	105	824	448	885	270	857
8	08日	6	null	601	447	238	507

图3–91　本月每种商品每天的销售跟踪表

关闭查询，导出数据，即可得到如图3–92所示的本月销售跟踪表。

	A	B	C	D	E	F	G
1	日	商品6	商品1	商品2	商品3	商品5	商品4
2	01日	830	151	358	764	639	1038
3	02日	628	905	315	799	249	627
4	03日	455	576		414	839	351
5	04日		607	374	286	420	569
6	05日	304	470	226	428	241	
7	06日	191	965	1007	522	254	727
8	07日	105	824	448	885	270	857
9	08日	6		601	447	238	507

图3–92　本月销售跟踪表

3.11 判断指定日期是否在以后的日期范围内

如果要判断指定日期是否在以后的日期范围内，例如是否在下个星期、下个月、下个季度内等，可以使用以下函数：

- Date.IsInNextDay
- Date.IsInNextNDays
- Date.IsInNextWeek

- Date.IsInNextNWeeks
- Date.IsInNextMonth
- Date.IsInNextNMonths
- Date.IsInNextQuarter
- Date.IsInNextNQuarters
- Date.IsInNextYear
- Date.IsInNextNYears

3.11.1 Date.IsInNextDay 函数：确定是否为下一天

Date.IsInNextDay 函数用于判断指定日期是否为下一天，如果是，结果是true；否则，结果是false。其用法如下：

```
= Date.IsInNextDay( 日期 )
```

例如，假设今天是2020-4-8，那么下面的公式结果是true：

```
= Date.IsInNextDay(#date(2020,4,9))
```

3.11.2 Date.IsInNextNDays 函数：确定是否在后几天内

Date.IsInNextNDays 函数用于判断指定的日期是否在后几天内，如果是，结果是true；否则，结果是false。其用法如下：

```
= Date.IsInNextNDays( 日期 , 天数 )
```

例如，假设今天是2020-4-8，那么下面的公式结果是true：

```
= Date.IsInNextNDays(#date(2020,4,12),5)
```

3.11.3 Date.IsInNextWeek 函数：确定是否在下一周内

Date.IsInNextWeek 函数用于判断指定的日期是否在下一周内，如果是，结果是true；否则，结果是false。其用法如下：

```
=Date.IsInNextWeek( 日期 )
```

例如，假设今天是2020-4-8，那么下面的公式结果是true：

```
=Date.IsInNextWeek(#date(2020,4,15))
```

而下面公式的结果是false：

```
= Date.IsInNextWeek(#date(2020,4,22))
```

3.11.4 Date.IsInNextNWeeks 函数：确定是否在下几周内

Date.IsInNextNWeeks 函数用于判断指定的日期是否在下几周内，如果是，结果是true；否则，结果是false。其用法如下：

```
= Date.IsInNextNWeeks( 日期 , 周数 )
```

例如，假设今天是2020-4-8，那么下面的两个公式结果都是true：

```
= Date.IsInNextNWeeks(#date(2020,4,15),1)
= Date.IsInNextNWeeks(#date(2020,4,23),2)
```

3.11.5 Date.IsInNextMonth 函数：确定是否在下个月内

Date.IsInNextMonth 函数用于判断指定日期是否在下个月内，如果是，结果是true；否则，结果是false。其用法如下：

```
= Date.IsInNextMonth( 日期 )
```

例如，假设今天是2020-4-8，那么下面的公式结果是true：

```
= Date.IsInNextMonth(#date(2020,5,11))
```

3.11.6 Date.IsInNextNMonths 函数：确定是否在下几个月内

Date.IsInNextNMonths 函数用于判断指定日期是否在下几个月内，如果是，结果是true；否则，结果是false。其用法如下：

```
= Date.IsInNextNMonths( 日期 , 月数 )
```

例如，假设今天是2020-4-8，那么下面的两个公式结果都是true：

```
= Date.IsInNextNMonths(#date(2020,5,29),1)
= Date.IsInNextNMonths(#date(2020,7,15),3)
```

3.11.7 Date.IsInNextQuarter 函数：确定是否在下个季度内

Date.IsInNextQuarter 函数用于判断指定日期是否在下个季度内，如果是，结果是true；否则，结果是false。其用法如下：

```
= Date.IsInNextQuarter( 日期 )
```

例如，假设今天是2020-4-8，那么下面的两个公式结果都是true：

```
= Date.IsInNextQuarter(#date(2020,7,9))
= Date.IsInNextQuarter(#date(2020,9,23))
```

3.11.8 Date.IsInNextNQuarters 函数：确定是否在下几个季度内

Date.IsInNextNQuarters 函数用于判断指定日期是否在下几个季度内，如果是，结果是true；否则，结果是false。其用法如下：

```
= Date.IsInNextNQuarters( 日期 , 季度数 )
```

例如，假设今天是2020-4-8，那么下面的两个公式结果都是true：

```
= Date.IsInNextNQuarters(#date(2020,7,29), 1)
= Date.IsInNextNQuarters(#date(2020,10,3),2)
```

3.11.9 Date.IsInNextYear 函数：确定是否在下一年内

Date.IsInNextYear 函数用于判断指定日期是否在下一年内，如果是，结果是true；否则，结果是false。其用法如下：

```
= Date.IsInNextYear( 日期 )
```

例如，假设今天是2020-4-8，那么下面的两个公式结果都是true：

```
= Date.IsInNextYear(#date(2021,2,18))
= Date.IsInNextYear(#date(2021,12,3))
```

3.11.10 Date.IsInNextNYears 函数：确定是否在后几年内

Date.IsInNextNYears 函数用于判断指定日期是否在后几年内，如果是，结果是true；否则，结果是false。其用法如下：

```
= Date.IsInNextNYears( 日期 , 年数 )
```

例如，假设今天是2020-4-8，那么下面的两个公式结果都是true：

```
= Date.IsInNextNYears(#date(2021,12,29),1)
= Date.IsInNextNYears(#date(2023,2,3),3)
```

3.12 Date.ToText函数：将日期转换为文本

如果要将日期按照指定的格式转换为文本，可以使用Date.ToText 函数。其用法如下：

```
=Date.ToText( 日期 , 指定格式 , 时区参数 )
```

下面的公式结果是文本 "2020/4/8" ：

```
= Date.ToText(#date(2020,4,8))
```

下面的公式结果是文本"2020年04月08日"(注意月份必须是大写M,大写M表示月,小写m表示分钟):

```
= Date.ToText(#date(2020,4,8),"yyyy 年 MM 月 dd 日 ")
```

下面的公式结果是文本"2020年":

```
= Date.ToText(#date(2020,4,8),"yyyy 年 ")
```

下面的公式结果是文本"04月":

```
= Date.ToText(#date(2020,4,8),"MM 月 ")
```

下面的公式结果是文本"20200408":

```
= Date.ToText(#date(2020,4,8),"yyyyMMdd")
```

下面的公式结果是文本"2020/04/08":

```
= Date.ToText(#date(2020,4,8),"yyyy/MM/dd")
```

3.13 综合应用案例：制作周生产计划完成跟踪表

案例3-16

图3-93所示为两张表,一张是全年的每种产品每周生产计划表,一张是每天的每种产品的实际生产记录表,现在要制作一个每种产品生产情况跟踪表。

周次	产品1	产品2	产品3	产品4	产品5
第01周	3825	256	7137	918	3658
第02周	3782	338	8785	780	4851
第03周	4191	421	6171	860	2557
第04周	4901	203	8605	852	3297
第05周	2399	392	6297	830	4867
第06周	4214	320	5393	906	2185
第07周	4016	236	5785	968	3540
第08周	2489	495	5681	846	3176
第09周	2796	493	8927	1079	2922
第10周	4054	328	8402	775	4695
第11周	3963	386	5661	1174	2208
第12周	2204	413	6077	1173	4159
第13周	4832	348	6854	768	3611
第14周	3777	242	5249	1150	4991
第15周	4431	233	6495	810	4479
第16周	2246	273	8391	898	3656
第17周	3749	388	5528	1027	2565
第18周	3236	361	5263	981	3708

生产计划　实际生产

日期	产品1	产品2	产品3	产品4	产品5
2020-1-1	546	48	625	79	703
2020-1-2	636	36	1081	138	913
2020-1-3	515	42	902	132	845
2020-1-4	786	30	978	117	1057
2020-1-5	535	33	1088	113	674
2020-1-6	715	32	728	81	859
2020-1-7	906	36	1009	140	895
2020-1-8	847	54	1074	153	899
2020-1-9	753	18	1145	115	745
2020-1-10	742	29	836	92	945
2020-1-11	585	56	1224	109	900
2020-1-12	481	48	1080	84	954
2020-1-13	485	32	1133	121	1109
2020-1-14	478	29	856	108	594
2020-1-15	501	17	852	120	795
2020-1-16	787	18	778	120	821
2020-1-17	816	24	1036	131	847
2020-1-18	865	18	723	98	1129

生产计划　实际生产

图3-93　示例数据

执行“数据”→“新建查询”→“从文件”→“从工作簿”命令，选择要查询的工作簿文件，打开“导航器”对话框，如图3-94所示，选中“选择多项”复选框，并同时选中两张表“生产计划”和“实际生产”。

图3-94　设置“导航器”对话框

单击“转换数据”按钮，进入Power Query编辑器，如图3-95所示。

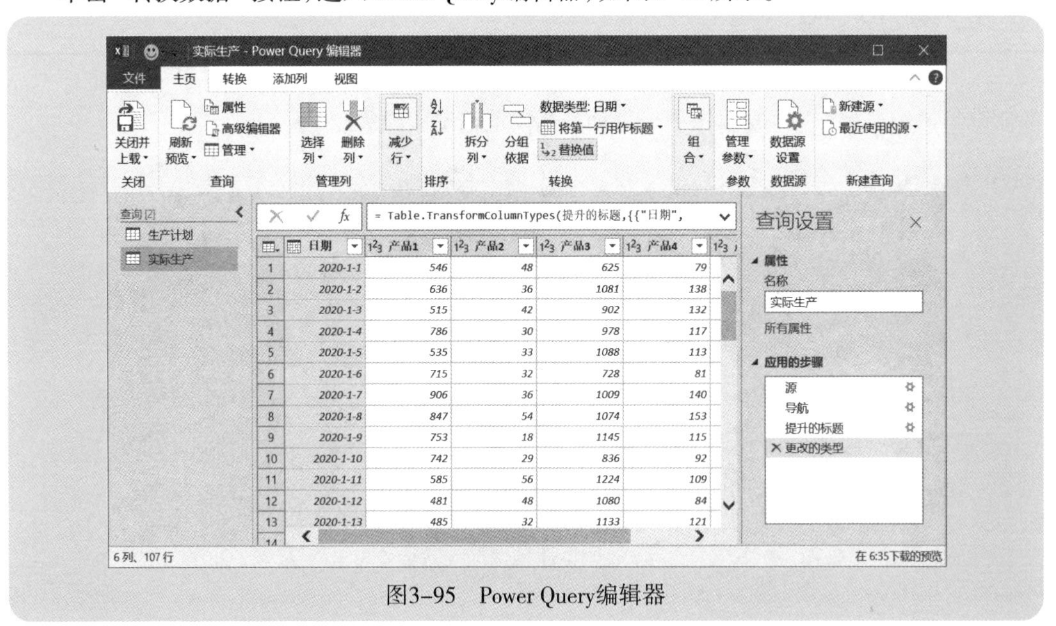

图3-95　Power Query编辑器

在左侧的查询栏中选择“实际生产”表，为该查询添加一个自定义列“周次”，自定义列公式如下(见图3-96)：

```
= "第" & Text.PadStart(Text.From(Date.WeekOfYear([日期],Day.Monday)),2,"0") & "周"
```

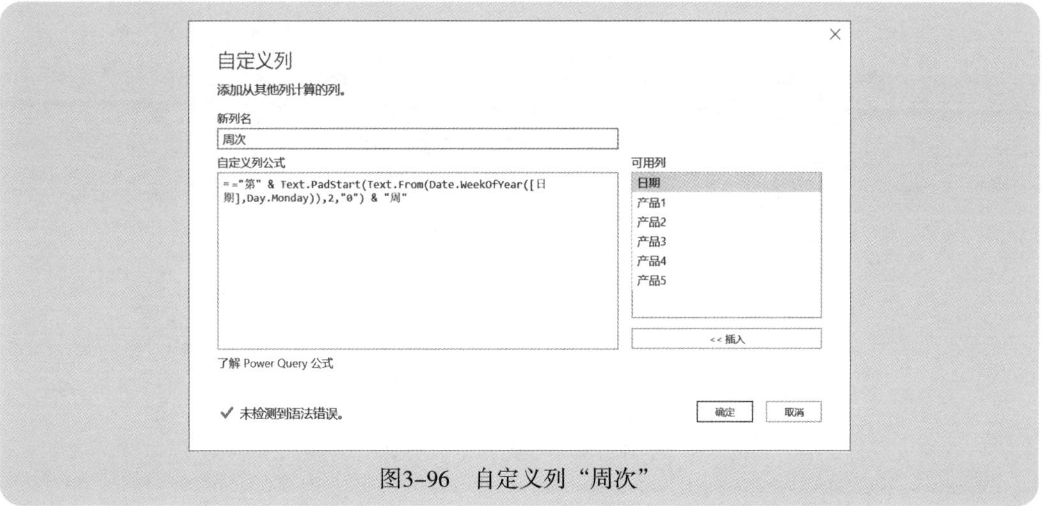

图3-96　自定义列“周次”

这样就在“实际生产”表中添加了一个自定义列“周次”，如图3-97所示。

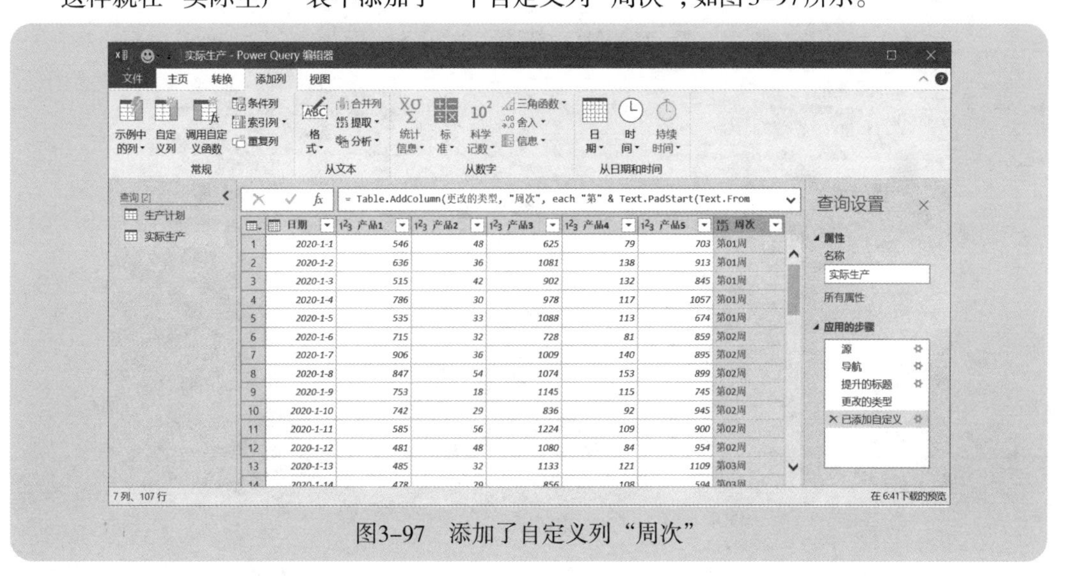

	日期	产品1	产品2	产品3	产品4	产品5	周次
1	2020-1-1	546	48	625	79	703	第01周
2	2020-1-2	636	36	1081	138	913	第01周
3	2020-1-3	515	42	902	132	845	第01周
4	2020-1-4	786	30	978	117	1057	第01周
5	2020-1-5	535	33	1088	113	674	第01周
6	2020-1-6	715	32	728	81	859	第02周
7	2020-1-7	906	36	1009	140	895	第02周
8	2020-1-8	847	54	1074	153	899	第02周
9	2020-1-9	753	18	1145	115	745	第02周
10	2020-1-10	742	29	836	92	945	第02周
11	2020-1-11	585	56	1224	109	900	第02周
12	2020-1-12	481	48	1080	84	954	第02周
13	2020-1-13	485	32	1133	121	1109	第03周
14	2020-1-14	478	29	856	108	594	第03周

图3-97　添加了自定义列“周次”

对“实际生产”表进行分组，计算每种产品每周的实际生产量，如图3-98所示。

分组依据

指定要按其进行分组的列以及一个或多个输出。

○ 基本 ◉ 高级

分组依据

周次

添加分组

新列名	操作	柱
产品1	求和	产品1
产品2	求和	产品2
产品3	求和	产品3
产品4	求和	产品4
产品5	求和	产品5

添加聚合

确定 取消

图3-98　对产品进行组合，计算每周的实际生产量

这样就得到如图 3-99 所示的每周每种产品的实际生产汇总表。

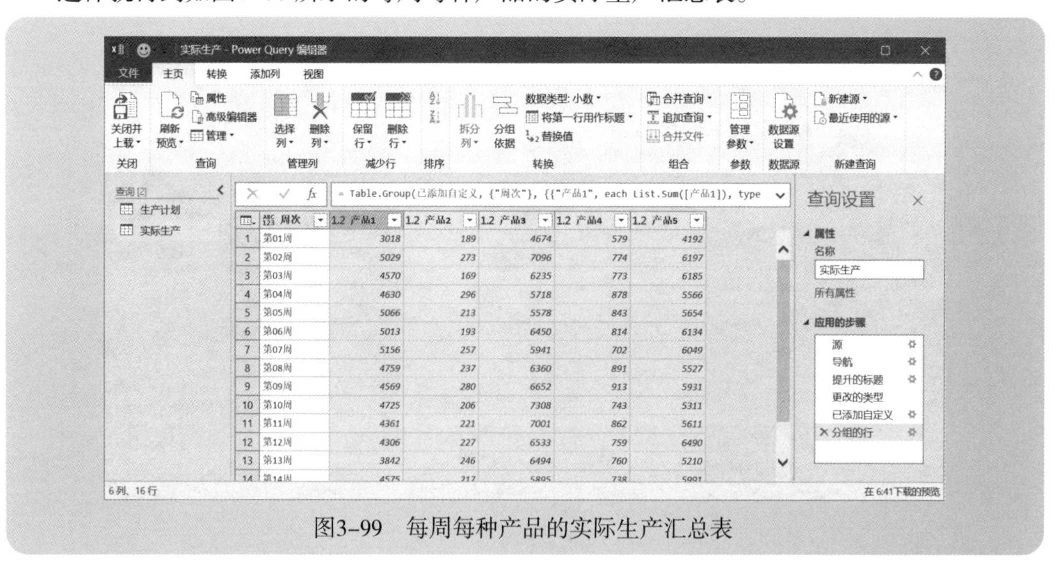

	周次	产品1	产品2	产品3	产品4	产品5
1	第01周	3018	189	4674	579	4192
2	第02周	5029	273	7096	774	6197
3	第03周	4570	169	6235	773	6185
4	第04周	4630	296	5718	878	5566
5	第05周	5066	213	5578	843	5654
6	第06周	5013	193	6450	814	6134
7	第07周	5156	257	5941	702	6049
8	第08周	4759	237	6360	891	5527
9	第09周	4569	280	6652	913	5931
10	第10周	4725	206	7308	743	5311
11	第11周	4361	221	7001	862	5611
12	第12周	4306	227	6533	759	6490
13	第13周	3842	246	6494	760	5210

图3-99　每周每种产品的实际生产汇总表

选择各个产品列，进行逆透视，并修改逆透视后的列名，得到如图 3-100 所示的实际生产逆透视报表。

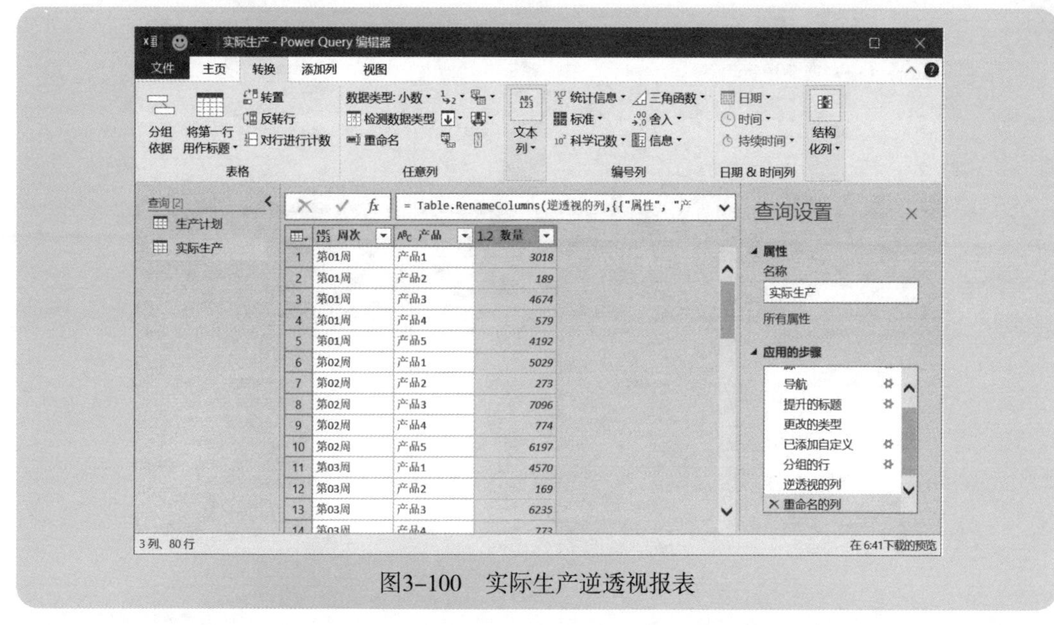

图3-100　实际生产逆透视报表

给这张表再添加一个自定义列“类别”，自定义列公式如下(见图3-101)：

= " 实际 "

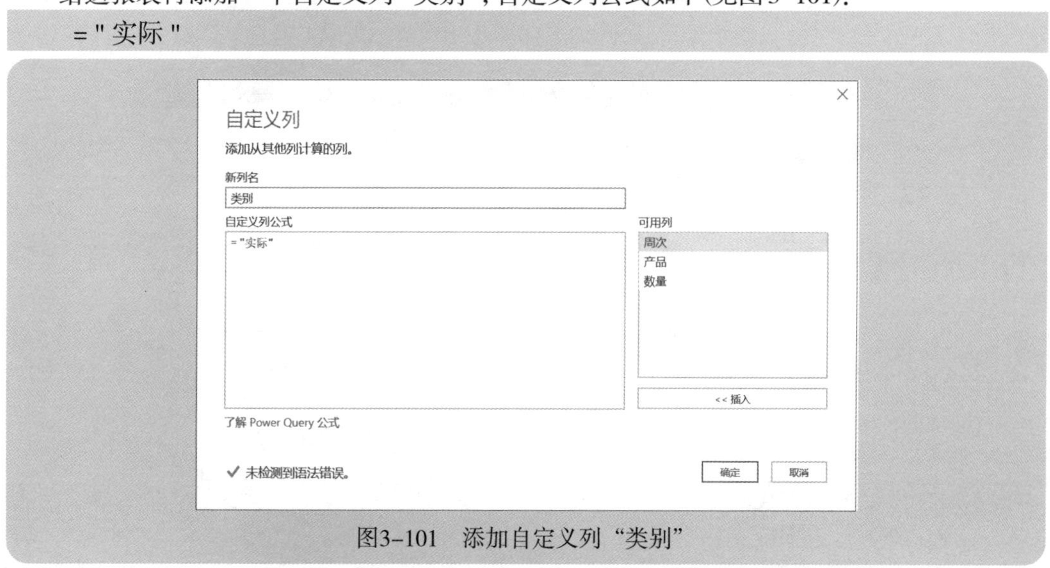

图3-101　添加自定义列“类别”

这样“实际生产”表就得到了一列“类别”，此时完成了实际生产汇总表的制作，如图3-102所示。

图3-102　实际生产汇总表

在左侧的查询栏中选择“生产计划”表，对各个产品列进行逆透视，修改列标题，添加自定义列“类别”，公式为“="计划"”，就得到了如图3-103所示的“生产计划”表。

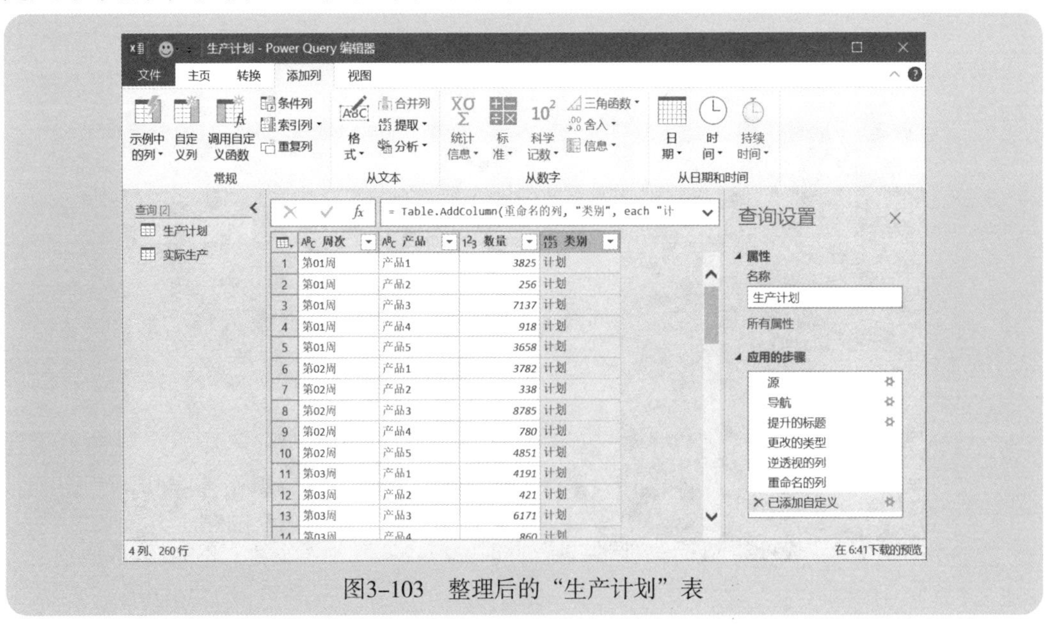

图3-103　整理后的“生产计划”表

执行“开始”→“追加查询”→“将查询追加为新查询”命令，准备将两个表合并到一起，如图3-104所示。

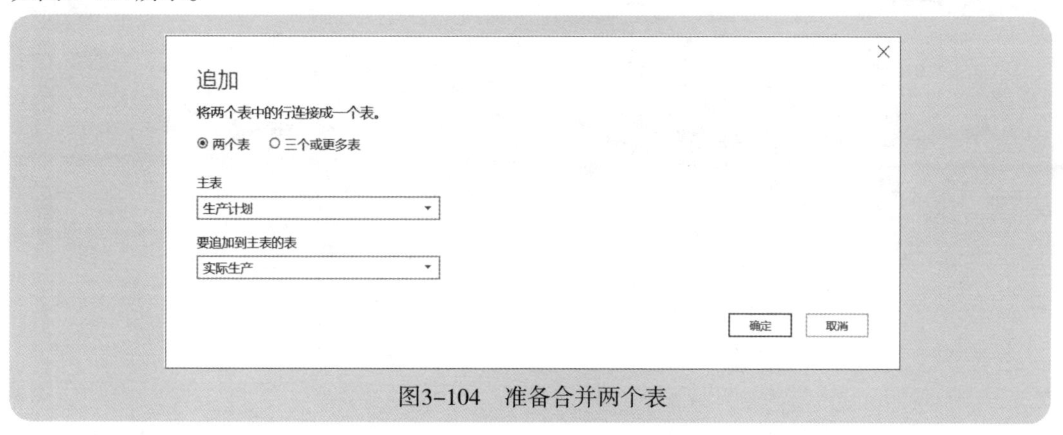

图3-104　准备合并两个表

这样就得到如图3-105所示的合并表，然后将默认的查询名Append1修改为“执行”。

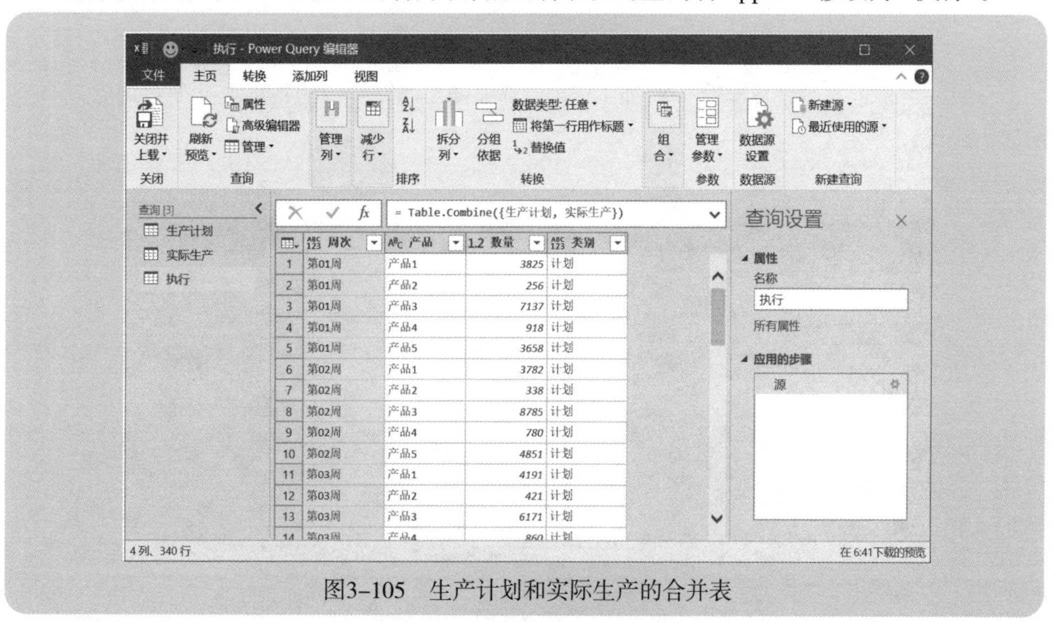

图3-105　生产计划和实际生产的合并表

对“类别”列进行透视操作，就得到如图3-106所示的表。

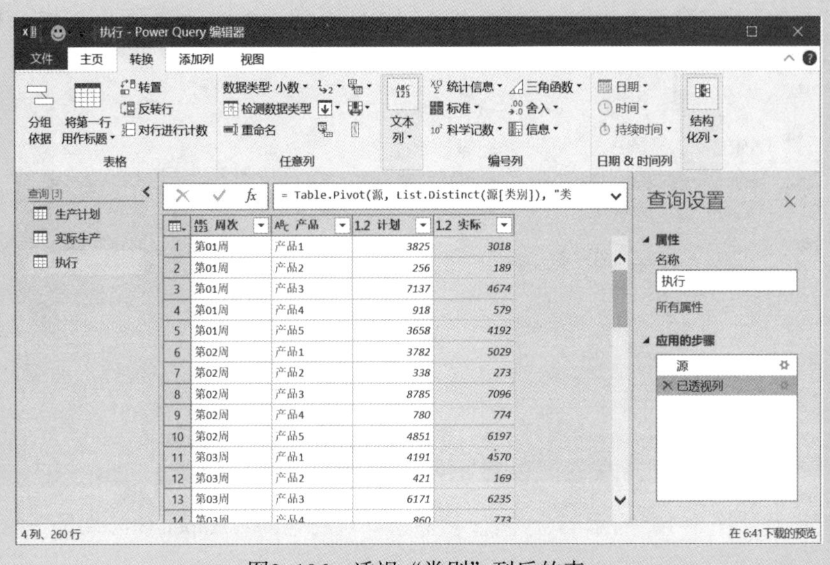

图3-106　透视“类别”列后的表

添加一个自定义列“差异”，公式如下，就得到如图3-107所示的每种产品的每周生产计划执行差异表。

```
=[实际]-[计划]
```

图3-107　每种产品的每周生产计划执行差异表

将“计划”“实际”和“差异”三列的数据类型设置为“整数”，如图3-108所示。

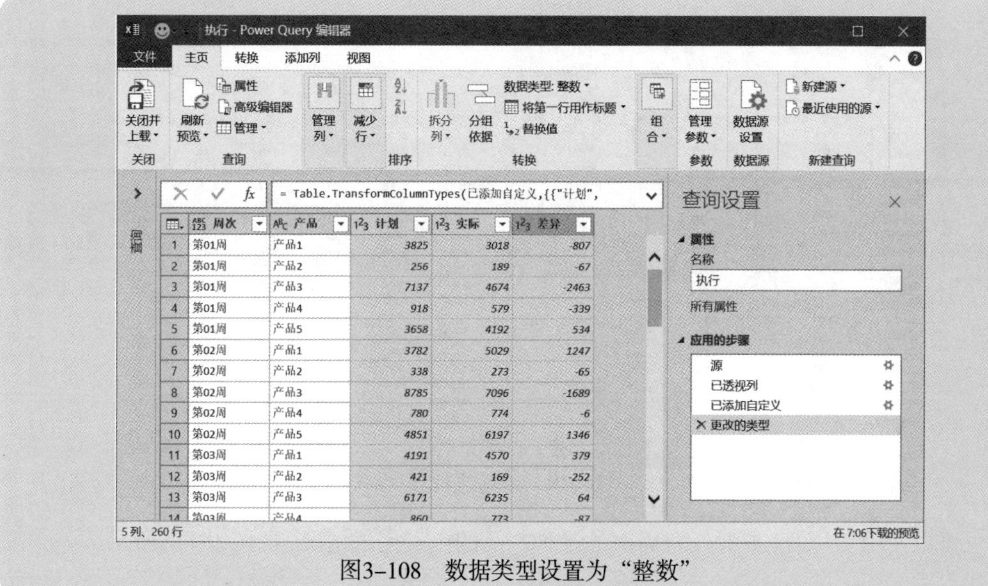

图3-108 数据类型设置为“整数”

图3-107所示的每种产品的每周生产计划执行差异表，可以在Excel中使用数据透视表继续进行处理。

将查询加载为连接，并选中“将此数据添加到数据模型”复选框，如图3-109所示。

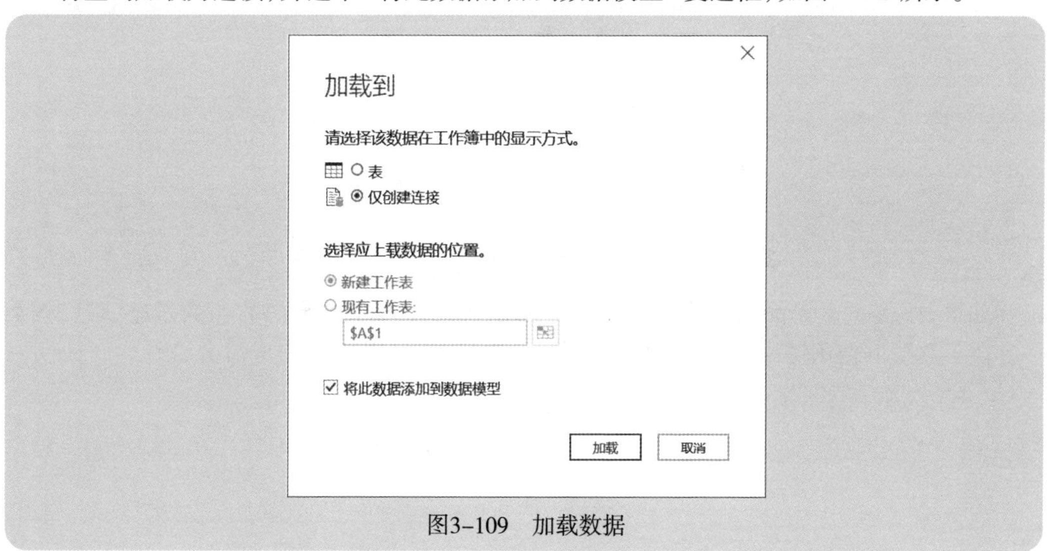

图3-109 加载数据

然后针对表创建Power Pivot，进行布局，美化数据透视表，就得到如图3-110所示的计划执行表。

	产品1			产品2			产品3			产品4		
周次	计划数量	实际数量	差异	计划数量	实际数量	差异	计划数量	实际数量	差异	计划数量	实际数量	差异
第01周	3825	3018	-807	256	189	-67	7137	4674	-2463	918	579	-339
第02周	3782	5029	1247	338	273	-65	8785	7096	-1689	780	774	-6
第03周	4191	4570	379	421	169	-252	6171	6235	64	860	773	-87
第04周	4901	4630	-271	203	296	93	8605	5718	-2887	852	878	26
第05周	2399	5066	2667	392	213	-179	6297	5578	-719	830	843	13
第06周	4214	5013	799	320	193	-127	5393	6450	1057	906	814	-92
第07周	4016	5156	1140	236	257	21	5785	5941	156	968	702	-266
第08周	2489	4759	2270	495	237	-258	5681	6360	679	846	891	45
第09周	2796	4569	1773	493	280	-213	8927	6652	-2275	1079	913	-166
第10周	4054	4725	671	328	206	-122	8402	7308	-1094	775	743	-32
第11周	3963	4361	398	386	221	-165	5661	7001	1340	1174	862	-312
第12周	2204	4306	2102	413	227	-186	6077	6533	456	1173	759	-414
第13周	4832	3842	-990	348	246	-102	6854	6494	-360	768	760	-8
第14周	3777	4575	798	242	217	-25	5249	5895	646	1150	738	-412
第15周	4431	3487	-944	233	287	54	6495	7196	701	810	826	16
第16周	2246	2698	452	273	169	-104	8391	4139	-4252	898	390	-508
第17周	3749			388			5528			1027		
第18周	3236			361			5263			981		

图3-110　计划执行表

也可以使用切片器，查看任意周次的各种产品的生产完成情况，如图3-111所示。

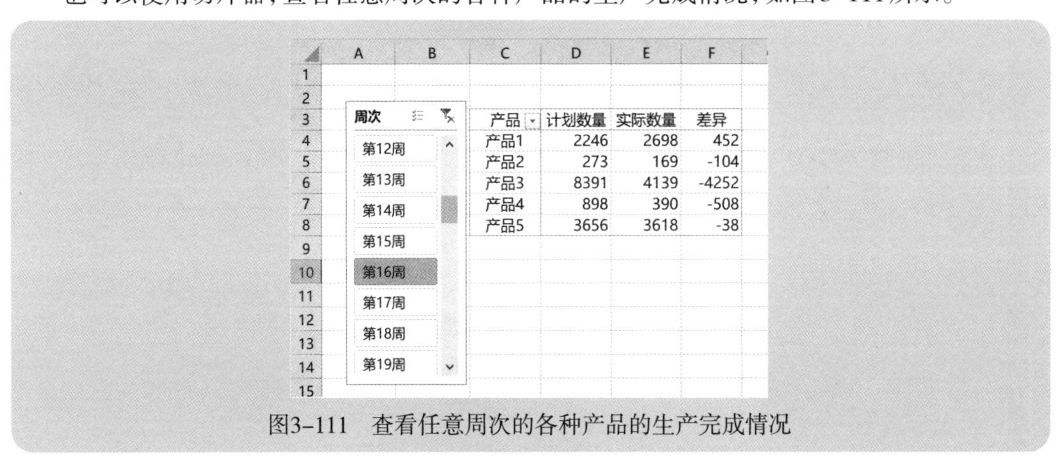

产品	计划数量	实际数量	差异
产品1	2246	2698	452
产品2	273	169	-104
产品3	8391	4139	-4252
产品4	898	390	-508
产品5	3656	3618	-38

图3-111　查看任意周次的各种产品的生产完成情况

如果要跟踪每种产品的累计完成情况，可以对透视表进行重新布局，将数量显示为“按某一字段汇总”，并使用切片器筛选产品，得到的每周完成情况和累计完成情况如图3-112所示。

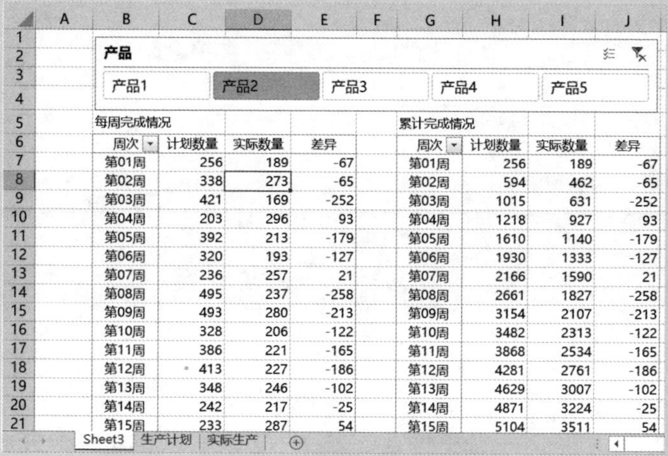

	A	B	C	D	E	F	G	H	I	J
1										
2		产品								
3		产品1		产品2		产品3		产品4		产品5
4										
5		每周完成情况					累计完成情况			
6		周次	计划数量	实际数量	差异		周次	计划数量	实际数量	差异
7		第01周	256	189	-67		第01周	256	189	-67
8		第02周	338	273	-65		第02周	594	462	-65
9		第03周	421	169	-252		第03周	1015	631	-252
10		第04周	203	296	93		第04周	1218	927	93
11		第05周	392	213	-179		第05周	1610	1140	-179
12		第06周	320	193	-127		第06周	1930	1333	-127
13		第07周	236	257	21		第07周	2166	1590	21
14		第08周	495	237	-258		第08周	2661	1827	-258
15		第09周	493	280	-213		第09周	3154	2107	-213
16		第10周	328	206	-122		第10周	3482	2313	-122
17		第11周	386	221	-165		第11周	3868	2534	-165
18		第12周	413	227	-186		第12周	4281	2761	-186
19		第13周	348	246	-102		第13周	4629	3007	-102
20		第14周	242	217	-25		第14周	4871	3224	-25
21		第15周	233	287	54		第15周	5104	3511	54

Sheet3　生产计划　实际生产

图3-112　每周完成情况和累计完成情况

Chapter

04

日期/时间函数及其应用

一般情况下，Power Query处理的日期数据都带有时间，这类数据就是日期/时间数据，这样的数据需要使用日期/时间函数处理。日期/时间函数都是以DateTime开头。

4.1 #datetime函数：输入日期/时间常量

如果要输入一个固定日期 / 时间常量，就需要使用 #datetime 函数。

#datetime 函数用于将年、月、日、时、分、秒6个数字构建成一个真正的日期/时间，用法如下：

```
= #datetime ( 年 , 月 , 日 , 时 , 分 , 秒 )
```

这6个数字的取值范围如下。

- 年：1~9999。
- 月：1~12。
- 日：1~31。
- 时：0~23。
- 分：0~59。
- 秒：0~59。

例如，下面的函数结果是2020-4-9 6:34:48。

```
= #datetime (2020,4,9,6,34,48)
```

注意

该函数名字的字母都是小写，并且名字前面必须有井号（#）。

4.2 将文本或数值转换为日期/时间

如果要将文本型的日期/时间，或者表示日期/时间的数值，转换为真正的日期/时间数据，可以使用以下函数：

- DateTime.From
- DateTime.FromText

4.2.1 DateTime.From 函数：将数值转换为日期 / 时间

DateTime.From 函数用于将数值转换为日期/时间。其用法如下：

```
= DateTime.From( 数值 , 区域选项 )
```

例如，下面的公式是将数字43930转换为日期/时间2020-4-9 0:00:00：

```
= DateTime.From(43930)
```

下面的公式是将数字43930.41转换为日期/时间2020-4-9 9:50:24：

```
= DateTime.From(43930.41)
```

4.2.2 DateTime.FromText 函数：将文本型日期 / 时间转换为真正的日期 / 时间

DateTime.FromText函数根据ISO8601格式标准，将文本型的日期/时间转换为真正的日期/时间。其用法如下：

```
=DateTime.FromText( 文本型日期 / 时间 , 区域选项 )
```

例如，下面的公式是将文本"2020-4-9 7:12:45"转换为日期/时间2020-4-9 7:12:45：

```
=DateTime.FromText("2020-4-9 7:12:45")
```

下面的公式是将文本"20200409T071245"转换为日期/时间2020-4-9 7:12:45：

```
= DateTime.FromText("20200409T071245")
```

4.3 从日期/时间中提取日期部分和时间部分

当需要从日期 / 时间中提取日期部分和时间部分时，可以使用以下函数：

- DateTime.Date
- DateTime.Time

4.3.1 DateTime.Date 函数：从日期 / 时间中提取日期部分

从日期/时间中提取日期部分，可以使用DateTime.Date函数。其用法如下：

```
= DateTime.Date( 日期 / 时间 )
```

例如，下面的公式是获取日期/时间2020-4-9 7:12:45的日期部分2020-4-9：

```
= DateTime.Date(#datetime(2020,4,9,7,12,45))
```

4.3.2 DateTime.Time 函数：从日期 / 时间中提取时间部分

从日期/时间中提取日期部分，可以使用DateTime.Time函数。其用法如下：

```
= DateTime.Time( 日期 / 时间 )
```

例如，下面的公式是获取日期/时间2020-4-9 7:12:45的时间部分7:12:45：

```
= DateTime.Time(#datetime(2020,4,9,7,12,45))
```

4.3.3 从日期 / 时间中提取年、季度、月、日数字

可以使用第3章介绍的日期函数Date.Year、Date.QuarterOfYear、Date.Month、Date.MonthName和Date.Day，从日期/时间中提取年、季度、月、日数字。

提取年份数字，结果是2020：

```
= Date.Year(#datetime(2020,4,9,7,12,45))
```

提取季度数字，结果是2：

```
= Date.QuarterOfYear(#datetime(2020,4,9,7,12,45))
```

提取月份数字，结果是4：

```
= Date.Month(#datetime(2020,4,9,7,12,45))
```

提取月份名称，结果是“四月”：

```
= Date.MonthName(#datetime(2020,4,9,7,12,45))
```

提取日数字，结果是9：

```
= Date.Day(#datetime(2020,4,9,7,12,45))
```

4.4 获取系统日期/时间

在Excel中，如果要获取系统当天日期，可以使用TODAY函数；如果要获取系统当前日期和时间，可以使用NOW函数。在Power Query中，则需要使用以下函数：

- DateTime.LocalNow
- DateTime.FixedLocalNow

4.4.1 DateTime.LocalNow 函数：获取系统当天日期 / 时间

DateTime.LocalNow函数用于获取系统当天日期/时间。其用法如下：

```
= DateTime.LocalNow()
```

注意

该函数没有参数。该函数的结果中既有日期，也有时间，等同于Excel的NOW函数。如果要参与计算，则需要根据具体情况进行处理。

案例4-1

图4-1所示是一张合同表，现在需要添加一个自定义列，计算合同到期日的剩余天数。

扫一扫，看视频

	A	B	C	D
1	合同编号	合同名称	签订日期	结束日期
2	H13911	NSF0201	2020-4-10	2023-4-5
3	H13912	NSF0202	2018-2-12	2020-1-16
4	H13913	NSF0203	2019-4-11	2022-3-19
5	H13914	NSF0204	2020-3-23	2022-3-18
6	H13915	NSF0205	2020-5-14	2023-4-14
7	H13916	NSF0206	2020-10-11	2023-9-29
8	H13917	NSF0207	2018-1-27	2022-1-19
9	H13918	NSF0208	2020-9-5	2024-8-11
10	H13919	NSF0209	2019-10-20	2022-10-17
11	H13920	NSF0210	2018-9-3	2023-8-30
12	H13921	NSF0211	2019-11-25	2023-11-10

图4-1　合同表

建立查询，如图4-2所示。

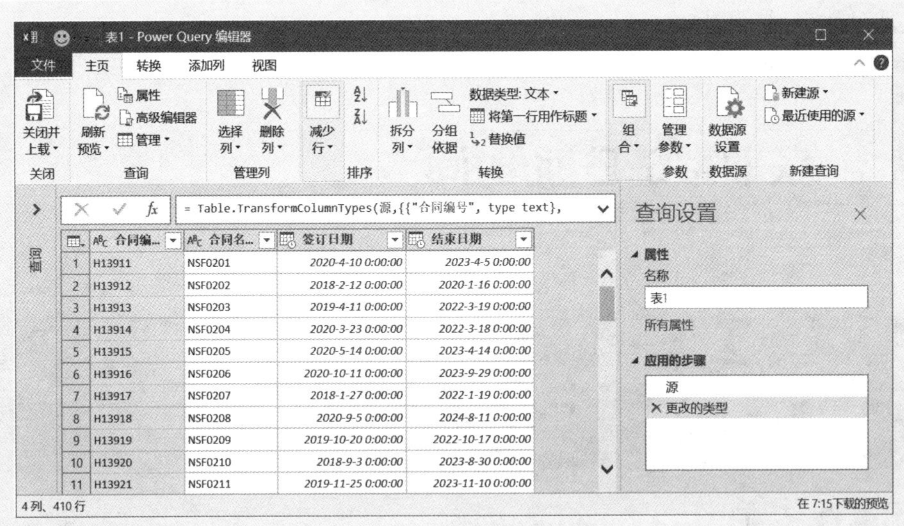

	合同编...	合同名...	签订日期	结束日期
1	H13911	NSF0201	2020-4-10 0:00:00	2023-4-5 0:00:00
2	H13912	NSF0202	2018-2-12 0:00:00	2020-1-16 0:00:00
3	H13913	NSF0203	2019-4-11 0:00:00	2022-3-19 0:00:00
4	H13914	NSF0204	2020-3-23 0:00:00	2022-3-18 0:00:00
5	H13915	NSF0205	2020-5-14 0:00:00	2023-4-14 0:00:00
6	H13916	NSF0206	2020-10-11 0:00:00	2023-9-29 0:00:00
7	H13917	NSF0207	2018-1-27 0:00:00	2022-1-19 0:00:00
8	H13918	NSF0208	2020-9-5 0:00:00	2024-8-11 0:00:00
9	H13919	NSF0209	2019-10-20 0:00:00	2022-10-17 0:00:00
10	H13920	NSF0210	2018-9-3 0:00:00	2023-8-30 0:00:00
11	H13921	NSF0211	2019-11-25 0:00:00	2023-11-10 0:00:00

图4-2　建立查询

先将两列日期的数据类型设置为“日期”，然后添加一个自定义列“到期天数”，公式如下（见图4-3），得到的结果如图4-4所示。

```
= [结束日期]-DateTime.Date(DateTime.LocalNow())
```

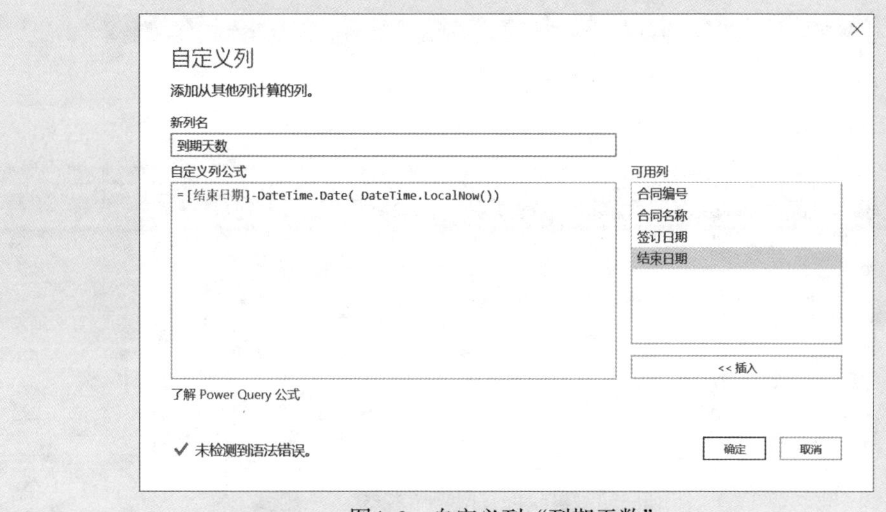

图4-3　自定义列“到期天数”

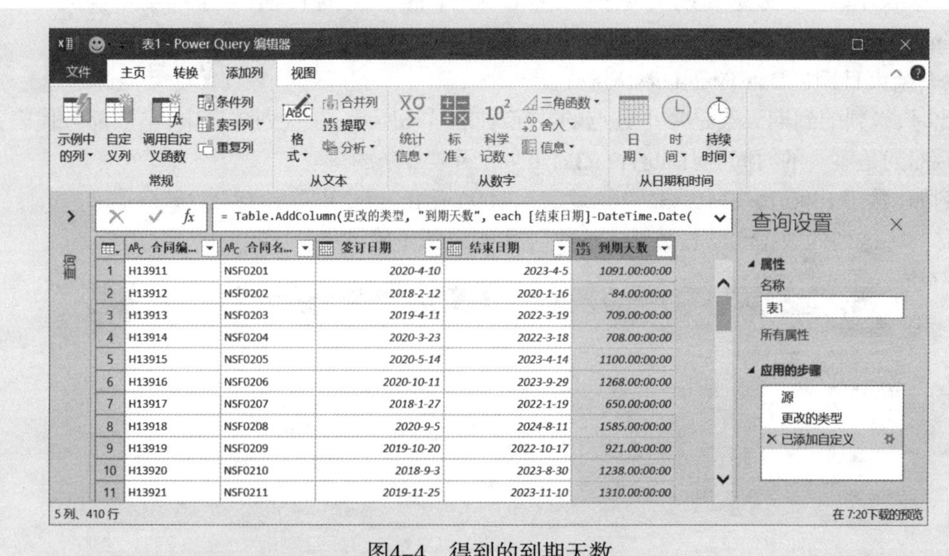

	合同编...	合同名...	签订日期	结束日期	到期天数
1	H13911	NSF0201	2020-4-10	2023-4-5	1091.00:00:00
2	H13912	NSF0202	2018-2-12	2020-1-16	-84.00:00:00
3	H13913	NSF0203	2019-4-11	2022-3-19	709.00:00:00
4	H13914	NSF0204	2020-3-23	2022-3-18	708.00:00:00
5	H13915	NSF0205	2020-5-14	2023-4-14	1100.00:00:00
6	H13916	NSF0206	2020-10-11	2023-9-29	1268.00:00:00
7	H13917	NSF0207	2018-1-27	2022-1-19	650.00:00:00
8	H13918	NSF0208	2020-9-5	2024-8-11	1585.00:00:00
9	H13919	NSF0209	2019-10-20	2022-10-17	921.00:00:00
10	H13920	NSF0210	2018-9-3	2023-8-30	1238.00:00:00
11	H13921	NSF0211	2019-11-25	2023-11-10	1310.00:00:00

图4-4　得到的到期天数

最后将这列的数据类型设置为“整数”，即可完成合同到期天数的计算，如图4-5所示。

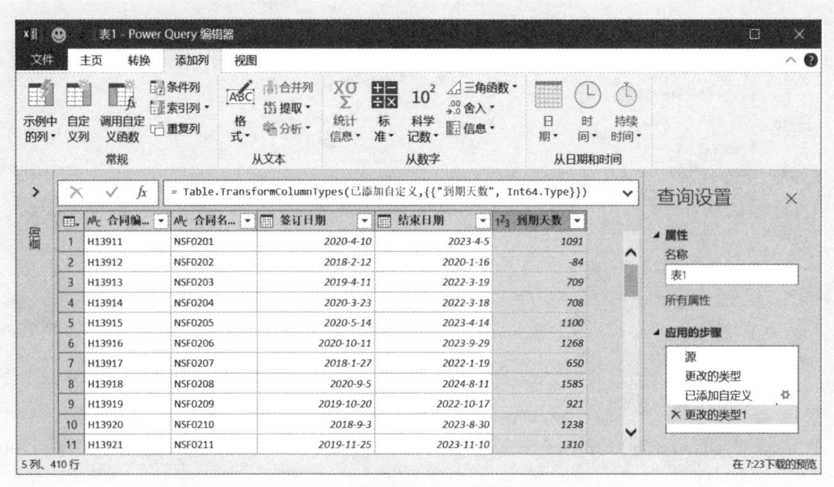

图4-5　最终的合同到期天数

如果没有重新设置日期类型的原始日期(即带时间的日期，见图4-2)，就无须使用DateTime.Date函数提取日期，直接相减即可，公式如下：

= [结束日期]– DateTime.LocalNow()

此时，得到的到期天数是带小数点的数字，如图4-6所示。在这列数据中，整数部分代表天，整数后面的是零头的时间(是DateTime.LocalNow函数带来的)。

例如，数字1090.16:30:19.8329761就表示1090天16小时30分钟19.8329761秒。

需要将这列的数据类型设置为“整数”，才能得到正确结果。

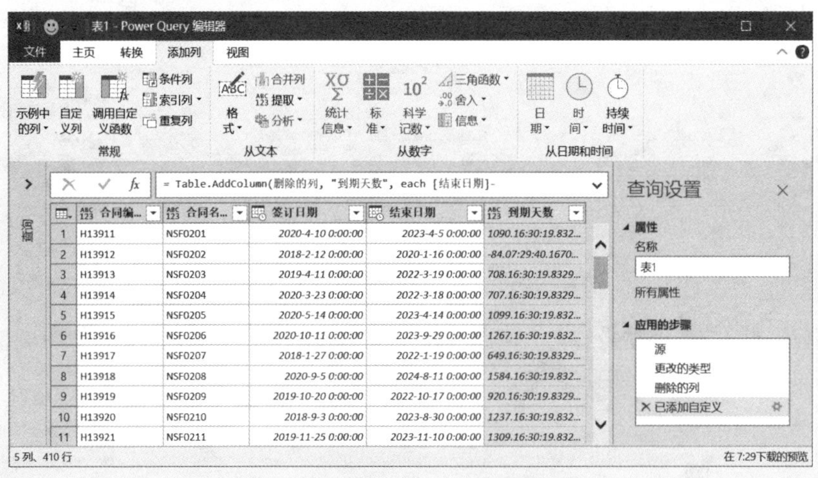

图4-6　计算出的带小数点的天数

4.4.2 DateTime.FixedLocalNow 函数：获取一个固定系统日期 / 时间

DateTime.FixedLocalNow 函数用于获取一个固定的系统日期/时间。其用法如下：

```
= DateTime.FixedLocalNow()
```

注意

DateTime.LocalNow函数的结果是不断变化的，而DateTime.FixedLocalNow函数一经计算，就是一个固定的日期/时间了。

4.5 判断指定日期/时间是否在以前的时间范围内

判断指定日期 / 时间是否在以前的时间范围之内的函数如下：

- DateTime.IsInPreviousHour
- DateTime.IsInPreviousNHours
- DateTime.IsInPreviousMinute
- DateTime.IsInPreviousNMinutes
- DateTime.IsInPreviousSecond
- DateTime.IsInPreviousNSeconds

这些函数计算结果与计算机系统时间密切相关，会随时变化。

4.5.1 DateTime.IsInPreviousHour 函数：确定是否在前一小时内

DateTime.IsInPreviousHour 函数用于判断指定日期/时间是否在前一小时内，如果是，结果是true；否则，结果是false。其用法如下：

```
=DateTime.IsInPreviousHour( 日期 / 时间 )
```

例如，现在是2020-4-9 8:31:23，那么下面的公式结果是true：

```
= DateTime.IsInPreviousHour(#datetime(2020,4,9,7,56,18))
```

4.5.2 DateTime.IsInPreviousNHours 函数：确定是否在前几个小时内

DateTime.IsInPreviousNHours 函数用于判断指定的日期/时间是否在前几个小时内，如果是，结果是true；否则，结果是false。其用法如下：

```
= DateTime.IsInPreviousNHours( 日期 / 时间 , 小时数 )
```

例如，假定现在是2020-4-9 8:31:23，那么下面的公式结果是true：

```
= DateTime.IsInPreviousNHours(#datetime(2020,4,9,6,21,18),3)
```

而下面的公式结果就是false：

```
= DateTime.IsInPreviousNHours(#datetime(2020,4,9,6,21,18),1)
```

4.5.3 DateTime.IsInPreviousMinute 函数：确定是否在前一分钟内

DateTime.IsInPreviousMinute函数用于判断指定日期/时间是否在前一分钟内，如果是，结果是true；否则，结果是false。其用法如下：

```
= DateTime.IsInPreviousMinute( 日期 / 时间 )
```

例如，现在是2020-4-9 8:37:45，那么下面的公式结果是true：

```
= DateTime.IsInPreviousMinute(#datetime(2020,4,9,8,36,58))
```

4.5.4 DateTime.IsInPreviousNMinutes 函数：确定是否在前几分钟内

DateTime.IsInPreviousNMinutes函数用于判断指定的日期/时间是否在前几分钟内，如果是，结果是true；否则，结果是false。其用法如下：

```
= DateTime.IsInPreviousNMinutes( 日期 / 时间 , 分钟数 )
```

例如，现在是2020-4-9 8:40:45，那么下面的公式结果是true：

```
= DateTime.IsInPreviousNMinutes(#datetime(2020,4,9,8,21,18),30)
```

4.5.5 DateTime.IsInPreviousSecond 函数：确定是否在前一秒内

DateTime.IsInPreviousSecond函数用于判断指定日期/时间是否在前一秒内，如果是，结果是true；否则，结果是false。其用法如下：

```
= DateTime.IsInPreviousSecond( 日期 / 时间 )
```

4.5.6 DateTime.IsInPreviousNSeconds 函数：确定是否在前几秒内

DateTime.IsInPreviousNSeconds函数用于判断指定的日期/时间是否在前几秒内，如果是，结果是true；否则，结果是false。其用法如下：

```
= DateTime.IsInPreviousNSeconds( 日期 / 时间 , 秒数 )
```

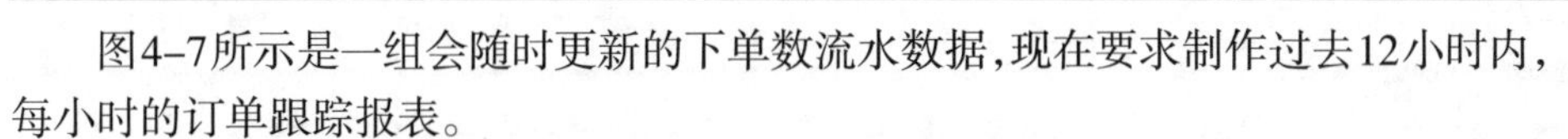

4.5.7 综合应用案例：一键刷新过去12小时的订单跟踪报表

案例4-2

扫一扫，看视频

图4-7所示是一组会随时更新的下单数流水数据，现在要求制作过去12小时内，每小时的订单跟踪报表。

	A	B
1	日期时间	下单数
2	2020-1-1 4:39:55	64
3	2020-1-1 4:55:0	98
4	2020-1-1 10:52:57	97
5	2020-1-1 16:47:33	102
6	2020-1-1 17:3:12	100
7	2020-1-1 19:18:54	97
8	2020-1-1 23:15:29	67
9	2020-1-1 23:46:13	116
10	2020-1-2 0:31:36	102
11	2020-1-2 2:11:49	71
12	2020-1-2 2:20:22	60
13	2020-1-2 5:35:50	30
14	2020-1-2 7:22:13	58

图4-7　下单数流水数据

建立基本查询，如图4-8所示。

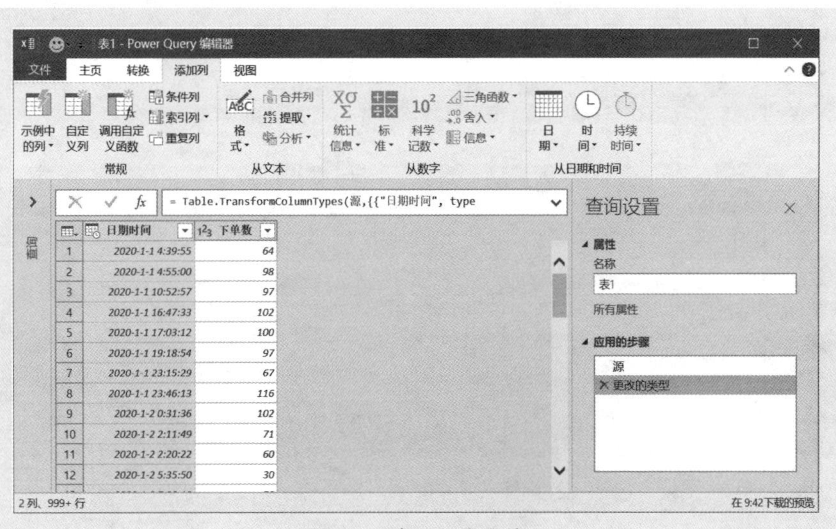

图4-8　建立基本查询

添加自定义列“日”，从日期中提取日名称，公式如下(见图4-9)。

= Date.ToText(DateTime.Date([日期时间]),"M 月 d 日 ")

自定义列
添加从其他列计算的列。
新列名
日
自定义列公式
= Date.ToText(DateTime.Date([日期时间]),"M月d日")
可用列
日期时间
下单数
<< 插入
了解 Power Query 公式
未检测到语法错误。
确定
取消

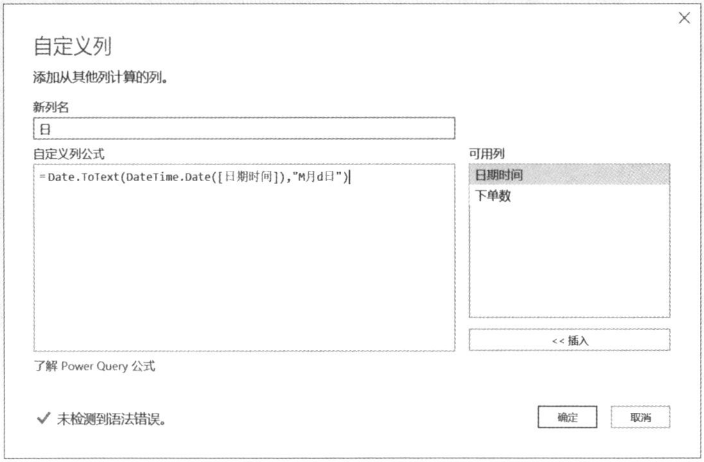

图4-9　自定义列“日”

再添加一个自定义列“小时”，提取小时数，公式如下(见图4-10)。

= Text.PadStart(Text.From(Time.Hour([日期时间])) & " 点 ",3,"0")

自定义列
添加从其他列计算的列。
新列名
小时
自定义列公式
= Text.PadStart(Text.From(Time.Hour([日期时间])) & "点",3,"0")
可用列
日期时间
下单数
日
<< 插入
了解 Power Query 公式
未检测到语法错误。
确定
取消

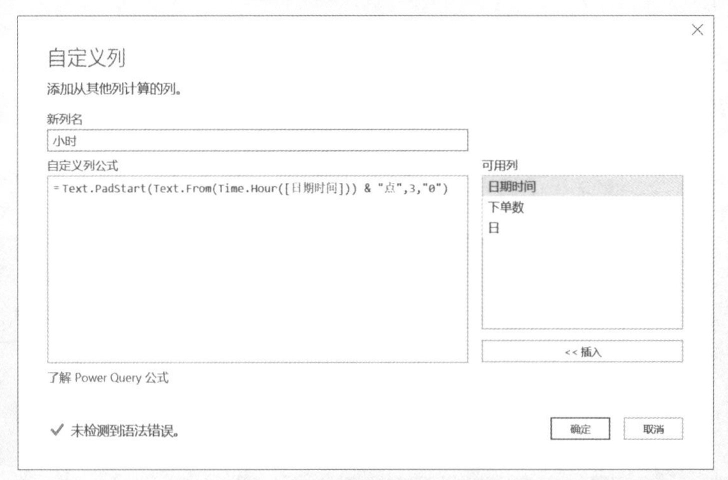

图4-10　自定义列“小时”

再添加一个自定义列“过去12小时”，判断时间是否在前12小时内，公式如下(见图4-11)。

= DateTime.IsInPreviousNHours([日期时间],12)

自定义列

添加从其他列计算的列。

新列名

过去12小时

自定义列公式

```
= DateTime.IsInPreviousNHours([日期时间],12)
```

可用列

日期时间

下单数

日

<< 插入

了解 Power Query 公式

✓ 未检测到语法错误。

确定　取消

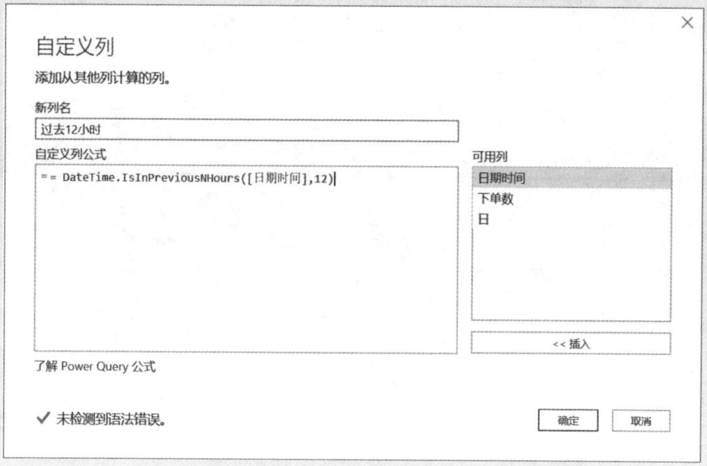

图4-11　自定义列“过去12小时”

这样就得到如图4-12所示的数据表。

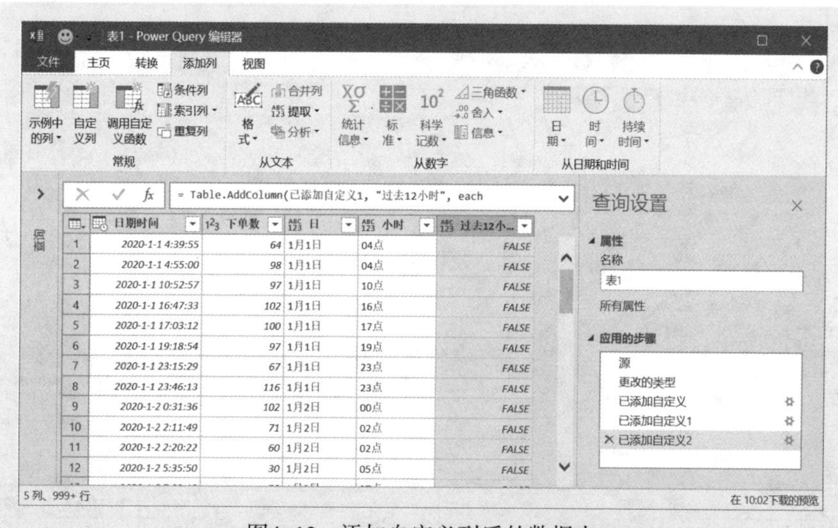

图4-12　添加自定义列后的数据表

从“过去12小时”列中筛选出TRUE的记录，然后再删除第一列和最后一列，整理后的数据表如图4-13所示。

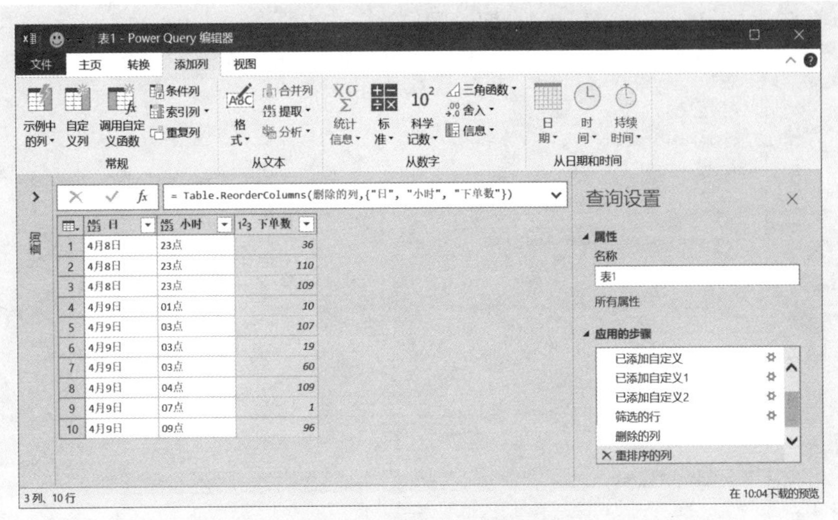

图4-13 整理后的数据表

建立分组，如图4-14所示。

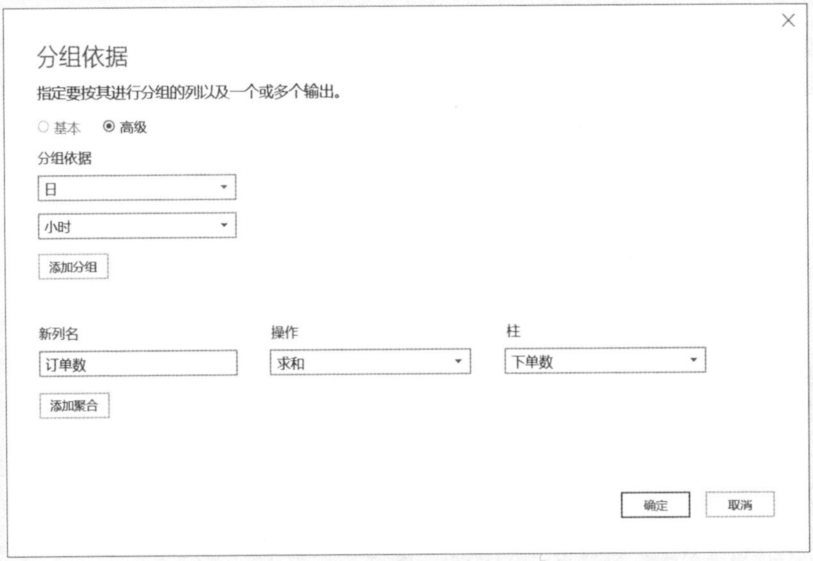

图4-14 建立分组

这样就得到了如图4-15所示的分组数据结果。

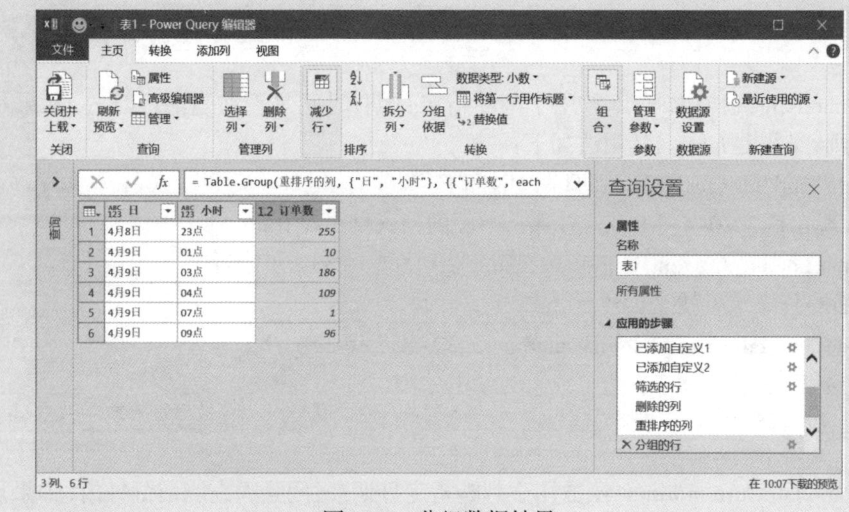

图4-15　分组数据结果

将数据导出到Excel工作表，即可得到过去12小时的销售统计报表，如图4-16所示。

	A	B	C
1	日	小时	订单数
2	4月8日	23点	255
3	4月9日	01点	10
4	4月9日	03点	186
5	4月9日	04点	109
6	4月9日	07点	1
7	4月9日	09点	96
8			

图4-16　过去12小时的销售统计报表

4.6 判断指定日期/时间是否在当前的时间范围内

判断指定日期 / 时间是否在当前的时间范围内的函数如下：

- DateTime.IsInCurrentHour
- DateTime.IsInCurrentMinute
- DateTime.IsInCurrentSecond

这些函数计算结果与计算机系统时间密切相关，会随时变化。

4.6.1 DateTime.IsInCurrentHour 函数：确定是否在当前小时内

DateTime.IsInCurrentHour函数用于判断指定日期/时间是否在当前小时内，如果是，结果是true；否则，结果是false。其用法如下：

```
= DateTime.IsInCurrentHour( 日期 / 时间 )
```

例如，现在是2020-4-9 8:48:23，那么下面的公式结果是true：

```
= DateTime.IsInCurrentHour(#datetime(2020,4,9,8,16,33))
```

而下面的公式结果就是false：

```
= DateTime.IsInCurrentHour(#datetime(2020,4,9,7,16,33))
```

4.6.2 DateTime.IsInCurrentMinute 函数：确定是否在当前分钟内

DateTime.IsInCurrentMinute函数用于判断指定日期/时间是否在当前分钟内，如果是，结果是true；否则，结果是false。其用法如下：

```
= DateTime.IsInCurrentMinute ( 日期 / 时间 )
```

例如，现在是2020-4-9 8:53:43，那么下面的公式结果是true：

```
= DateTime.IsInCurrentMinute(#datetime(2020,4,9,8,53,16))
```

4.6.3 DateTime.IsInCurrentSecond 函数：确定是否在当前秒内

DateTime.IsInCurrentSecond函数用于判断指定日期/时间是否在当前秒内，如果是，结果是true；否则，结果是false。其用法如下：

```
=DateTime.IsInCurrentSecond( 日期 / 时间 )
```

4.6.4 综合应用案例：查看当前1小时内出库的商品

案例4-3

图4-17所示是模拟的出库商品记录单，记录已经出库和当前正在出库的产品数据，现在要制作一个查看当前1小时内正在出库的商品及数量报表。

	A	B	C
1	出库时间	商品	数量
2	2020-4-11 23:51:29	商品18	48
3	2020-3-16 7:38:20	商品11	39
4	2020-4-7 2:48:48	商品17	15
5	2020-1-10 1:5:24	商品05	15
6	2020-3-25 19:11:25	商品12	23
7	2020-3-24 11:11:19	商品09	12
8	2020-3-12 11:37:12	商品18	25
9	2020-3-26 5:11:45	商品18	5
10	2020-3-13 12:57:37	商品18	35
11	2020-2-9 16:56:29	商品14	9
12	2020-1-7 3:48:45	商品13	44

图4–17　出库商品记录单

建立基本查询，如图4–18所示。

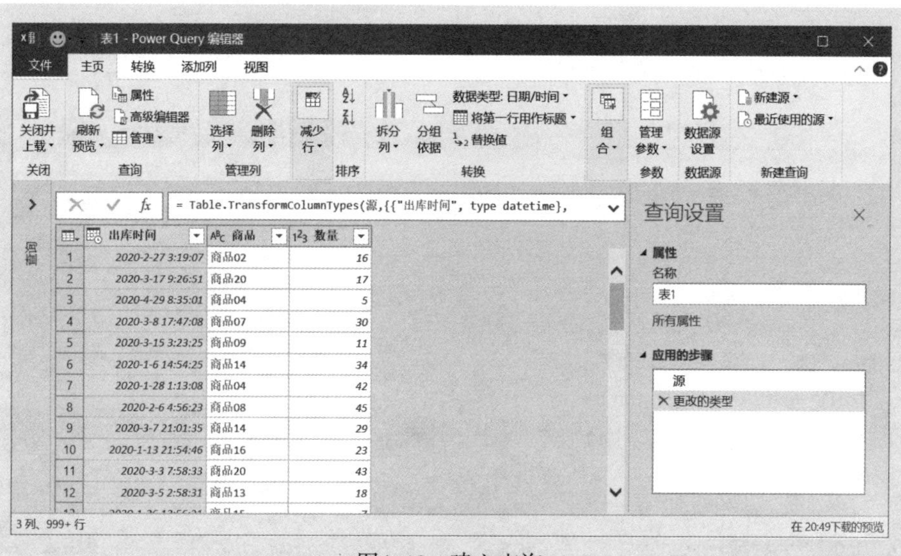

图4–18　建立查询

添加辅助列“当前时间出库”，判断商品是否在当前1小时内出库，公式如下（见图4–19）。

```
= DateTime.IsInCurrentHour([出库时间])
```

自定义列

添加从其他列计算的列。

新列名

当前时间出库

自定义列公式

```
= DateTime.IsInCurrentHour([出库时间])
```

可用列

出库时间

商品

数量

<< 插入

了解 Power Query 公式

✓ 未检测到语法错误。

确定 取消

图4-19　自定义列“当前时间出库”

这样就得到如图4-20所示的结果。

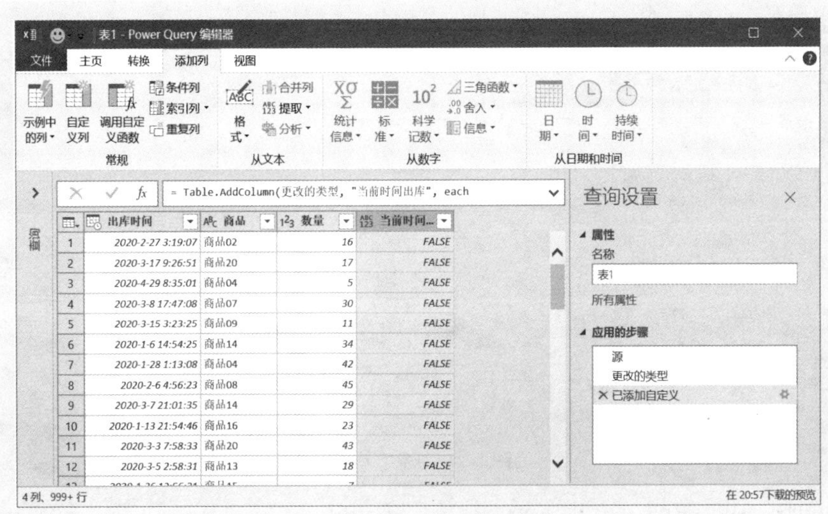

	出库时间	商品	数量	当前时间...
1	2020-2-27 3:19:07	商品02	16	FALSE
2	2020-3-17 9:26:51	商品20	17	FALSE
3	2020-4-29 8:35:01	商品04	5	FALSE
4	2020-3-8 17:47:08	商品07	30	FALSE
5	2020-3-15 3:23:25	商品09	11	FALSE
6	2020-1-6 14:54:25	商品14	34	FALSE
7	2020-1-28 1:13:08	商品04	42	FALSE
8	2020-2-6 4:56:23	商品08	45	FALSE
9	2020-3-7 21:01:35	商品14	29	FALSE
10	2020-1-13 21:54:46	商品16	23	FALSE
11	2020-3-3 7:58:33	商品20	43	FALSE
12	2020-3-5 2:58:31	商品13	18	FALSE

图4-20　添加自定义列后的结果

从“当前时间出库”列中筛选TRUE的记录，就得到当前1小时内出库的商品，如图4-21所示。

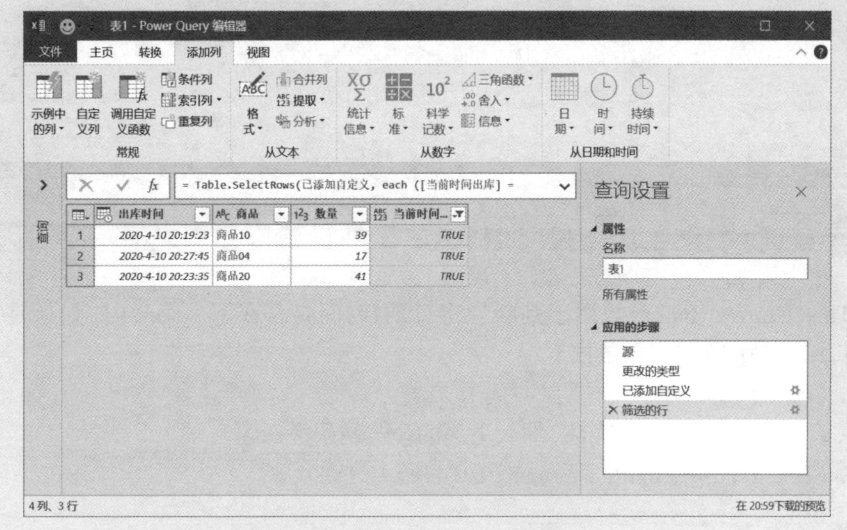

图4-21　当前1小时内出库的商品

删除自定义列“当前时间出库”，然后导出数据到Excel工作表，就得到当前1小时内出库商品明细。

当出库明细表数据更新后，只要刷新这个报表，即可得到最新的出库商品明细。重新刷新后的明细表如图4-22所示，刷新时间是2020年4月10日21:34。

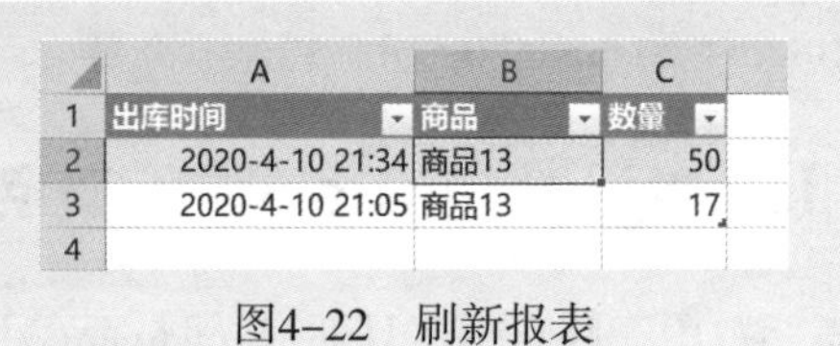

	A	B	C
1	出库时间	商品	数量
2	2020-4-10 21:34	商品13	50
3	2020-4-10 21:05	商品13	17
4			

图4-22　刷新报表

4.7 判断指定日期/时间是否在以后的时间范围内

判断指定日期 / 时间是否在以后的时间范围内的函数如下：

- DateTime.IsInNextHour
- DateTime.IsInNextNHours
- DateTime.IsInNextMinute
- DateTime.IsInNextNMinutes

- DateTime.IsInNextSecond
- DateTime.IsInNextNSeconds

这些函数计算结果与计算机系统时间密切相关，会随时变化。

4.7.1 DateTime.IsInNextHour 函数：确定是否在下一小时内

DateTime.IsInNextHour 函数用于判断指定日期/时间是否在下一小时内，如果是，结果是true；否则，结果是false。其用法如下：

```
= DateTime.IsInNextHour( 日期 / 时间 )
```

例如，现在是2020-4-9 8:58:48，那么下面的公式结果是true：

```
= DateTime.IsInNextHour(#datetime(2020,4,9,9,16,18))
```

4.7.2 DateTime.IsInNextNHours 函数：确定是否在下几个小时内

DateTime.IsInNextNHours 函数用于判断指定日期/时间是否在下几个小时内，如果是，结果是true；否则，结果是false。其用法如下：

```
= DateTime.IsInNextNHours( 日期 / 时间 , 小时数 )
```

例如，现在是2020-4-9 9:11:03，那么下面的公式结果是true：

```
= DateTime.IsInNextNHours(#datetime(2020,4,9,10,45,18),2)
```

4.7.3 DateTime.IsInNextMinute 函数：确定是否在下一分钟内

DateTime.IsInNextMinute 函数用于判断指定日期/时间是否在下一分钟内，如果是，结果是true；否则，结果是false。其用法如下：

```
= DateTime.IsInNextMinute( 日期 / 时间 )
```

例如，现在是2020-4-9 9:03:45，那么下面的公式结果是true：

```
= DateTime.IsInNextMinute(#datetime(2020,4,9,9,4,37))
```

4.7.4 DateTime.IsInNextNMinutes 函数：确定是否在下几分钟内

DateTime.IsInNextNMinute 函数用于判断指定日期/时间是否在下几分钟内，如果是，结果是true；否则，结果是false。其用法如下：

```
= DateTime.IsInNextNMinutes( 日期 / 时间， 分钟数 )
```

例如，现在是2020-4-9 9:05:18，那么下面的公式结果是true：

= DateTime.IsInNextNMinutes(#datetime(2020,4,9,9,10,5),7)

4.7.5 DateTime.IsInNextSecond 函数：确定是否在下一秒内

DateTime.IsInNextSecond函数用于判断指定日期/时间是否在下一秒内，如果是，结果是true；否则，结果是false。其用法如下：

= DateTime.IsInNextSecond(日期 / 时间)

4.7.6 DateTime.IsInNextNSeconds 函数：确定是否在下几秒内

DateTime.IsInNextNSeconds函数用于判断指定日期/时间是否在下几秒内，如果是，结果是true；否则，结果是false。其用法如下：

= DateTime.IsInNextNSeconds(日期 / 时间 , 秒数)

4.7.7 综合应用案例：制作下一小时要出库的商品明细表

如果有了一张出库计划表，那么就可以基于这个基础表单建立一个下一小时或者下几个小时内要出库发货的商品清单。

案例4-4

图4-23所示是一张模拟出库计划表，现在要建立一张能够一键刷新的下一小时要出库的商品明细表。

	A	B	C	D
1	出库时间	商品	数量	
2	2020-4-11 20:59:23	商品02	12	
3	2020-4-10 12:11:12	商品02	48	
4	2020-4-11 14:46:21	商品11	42	
5	2020-4-10 7:34:1	商品07	34	
6	2020-4-11 16:15:40	商品01	21	
7	2020-4-11 3:5:54	商品08	24	
8	2020-4-10 19:5:22	商品06	17	
9	2020-4-10 1:1:5	商品20	35	
10	2020-4-11 8:48:2	商品08	4	
11	2020-4-10 12:33:48	商品18	2	
12	2020-4-10 7:38:50	商品09	50	

图4-23　模拟出库计划表

建立查询，添加自定义列“下一小时”，计算公式如下(见图4-24)。

=DateTime.IsInNextNHours([出库时间],1)

自定义列

添加从其他列计算的列。

新列名

下一小时

自定义列公式

```
= DateTime.IsInNextNHours([出库时间],1)
```

可用列

出库时间

商品

数量

<< 插入

了解 Power Query 公式

✓ 未检测到语法错误。

确定 取消

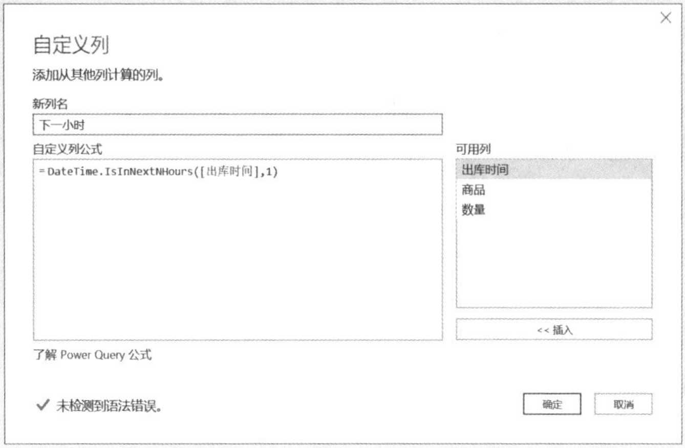

图4-24　自定义列“下一小时”

得到如图4-25所示的表格。

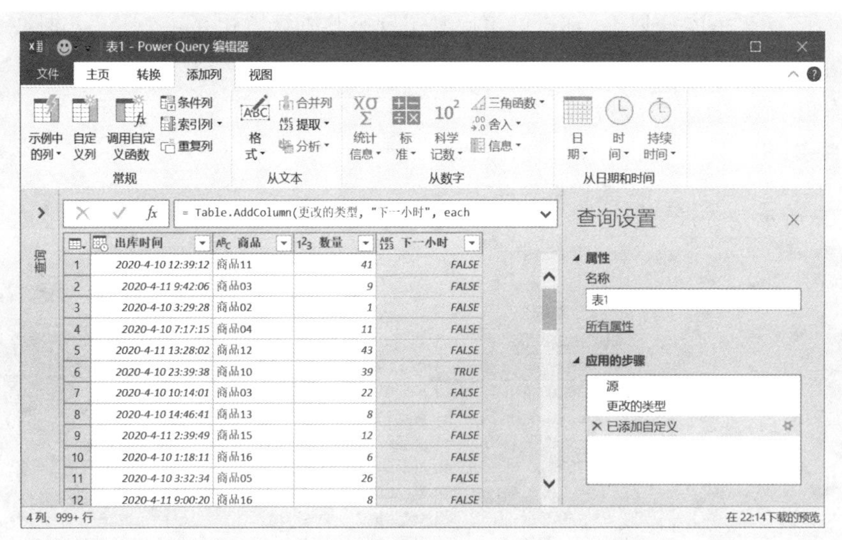

图4-25　添加自定义列“下一小时”的表格

从这个自定义列中筛选出值TRUE的记录，如图4-26所示。

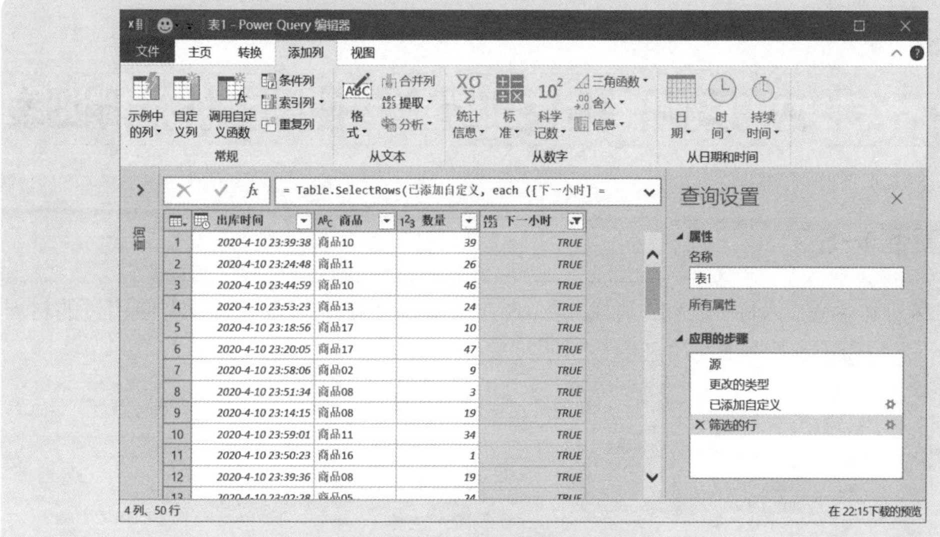

图4-26 筛选TRUE的记录

然后再删除这个自定义列，将数据导出到Excel工作表，即可得到一张能够一键刷新的下一小时要出库商品的明细表，如图4-27所示。

	A	B	C	D
1	出库时间	商品	数量	
2	2020-4-10 23:11	商品07	23	
3	2020-4-10 23:45	商品19	6	
4	2020-4-10 23:00	商品12	49	
5	2020-4-10 23:36	商品10	5	
6	2020-4-10 23:07	商品14	41	
7	2020-4-10 23:40	商品03	28	
8	2020-4-10 23:22	商品14	39	
9	2020-4-10 23:37	商品13	25	
10	2020-4-10 23:13	商品03	1	
11	2020-4-10 23:05	商品15	3	
12	2020-4-10 23:20	商品17	30	
13	2020-4-10 23:19	商品01	18	
14	2020-4-10 23:57	商品13	18	

图4-27 下一小时要出库商品的明细表

4.8 综合应用案例：制作超过半年未使用过的材料明细表

案例4-5

图4-28所示的是“入库”表和“消耗”表，现在要将那些在半年内一直没有使用过的材料筛选出来，制作成超过半年未使用过的材料明细表。

扫一扫，看视频

入库

	A	B	C	D	E
1	日期	材料	数量		
2	2019-1-2	A5	188		
3	2019-1-4	K5	510		
4	2019-1-7	G2	122		
5	2019-1-9	E1	334		
6	2019-1-12	C1	278		
7	2019-1-12	A1	884		
8	2019-1-17	D2	176		
9	2019-1-18	C3	205		
10	2019-1-18	D4	419		
11	2019-1-24	J2	478		
12	2019-1-28	F5	248		
13	2019-2-2	G1	181		
14	2019-2-3	A2	197		
15	2019-2-6	F5	210		

消耗

	A	B	C	D	E
1	日期	材料	数量		
2	2019-1-4	H4	602		
3	2019-1-15	G2	747		
4	2019-1-27	P3	240		
5	2019-2-5	D2	832		
6	2019-2-7	P5	715		
7	2019-2-17	F4	685		
8	2019-4-3	K1	571		
9	2019-4-22	H2	627		
10	2019-4-28	J1	436		
11	2019-4-28	H1	174		
12	2019-5-1	P1	223		
13	2019-5-12	E5	404		
14	2019-5-12	K3	304		
15	2019-5-19	A1	692		

图4-28 “入库”表和“消耗”表

执行“数据”→“新建查询”→“从文件”→“从工作簿”命令，选择要查询的工作簿文件，打开“导航器”对话框，如图4-29所示，选中“选择多项”复选框，同时选中“入库”和“消耗”两个表。

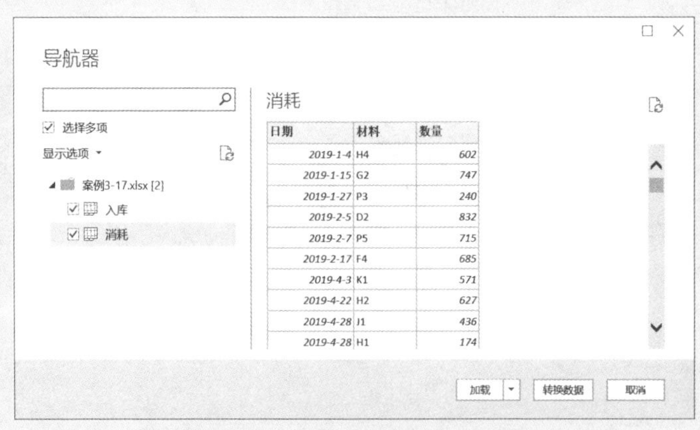

图4-29 设置“导航器”对话框

单击“转换数据”按钮，进入Power Query编辑器，如图4-30所示。

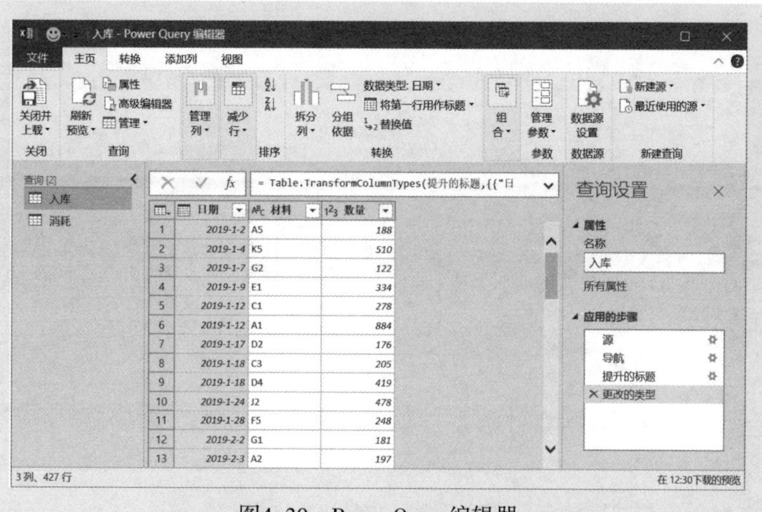

图4-30　Power Query编辑器

下面从“入库”表中筛选出在“消耗”表中没有出现的记录，此时可以使用合并查询完成。执行“开始”→“合并查询”→“将查询合并为新查询”命令，打开“合并”对话框并进行设置，如图4-31所示。

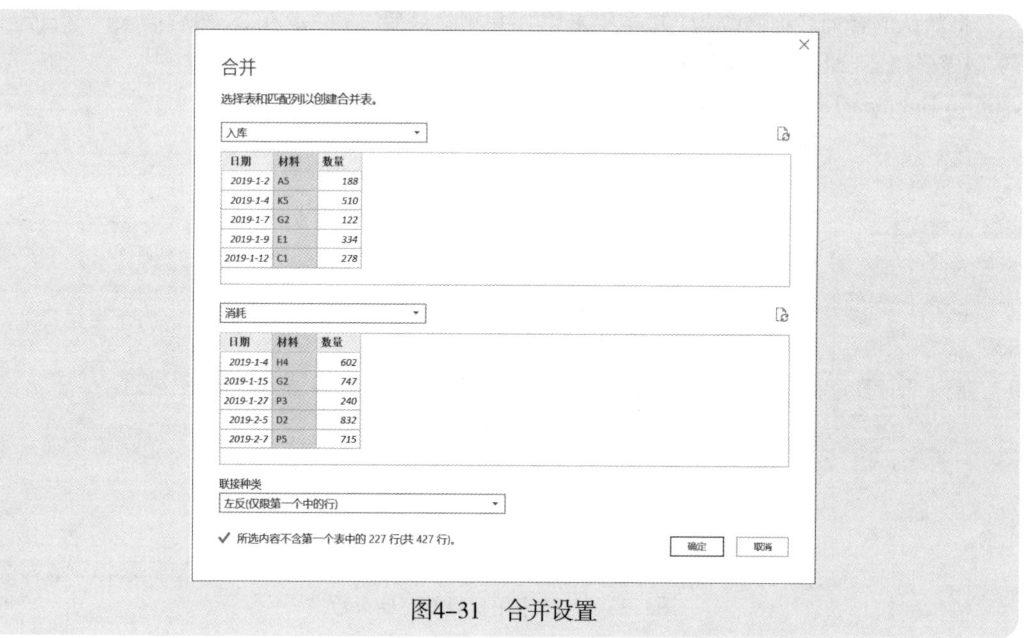

图4-31　合并设置

这样就得到一个新查询，这个查询表中，已经没有"消耗"表里的数据了，合并查询结果如图4–32所示。

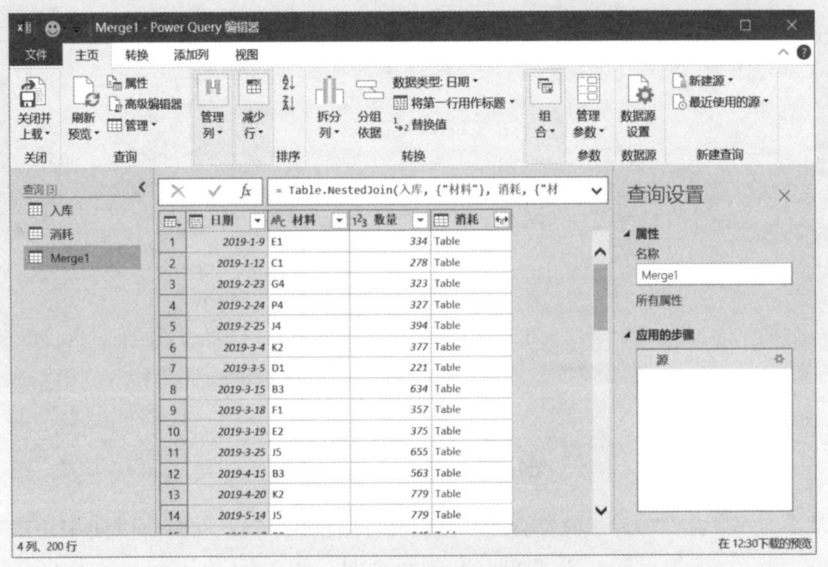

图4–32　合并查询结果

将默认的查询名称修改为"超半年未用"，并删除最后一列"消耗"。然后插入一个自定义列"天数"，公式如下（见图4–33）。

= Duration.TotalDays(DateTime.Date(DateTime.LocalNow())–[日期])

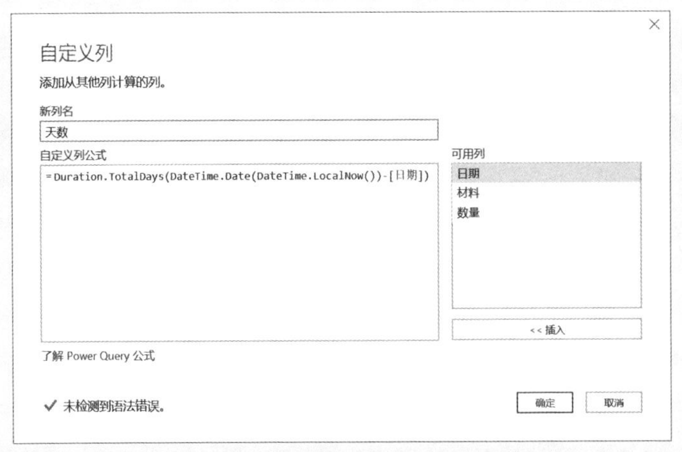

图4–33　计算未用材料的超期天数

这样就得到了所有未用材料的从入库到现在的总天数，如图4–34所示。

超半年未用 - Power Query 编辑器

文件 主页 转换 添加列 视图

示例中的列 自定义列 调用自定义函数 条件列 索引列 重复列 常规 格式 合并列 提取 分析 从文本 统计信息 标准 科学记数 三角函数 舍入 信息 从数字 日期 时间 持续时间 从日期和时间

查询 [3] 入库 消耗 超半年未用

= Table.AddColumn(删除的列, "天数", each

	日期	材料	数量	天数
1	2019-1-9	E1	334	464
2	2019-1-12	C1	278	461
3	2019-2-23	G4	323	419
4	2019-2-24	P4	327	418
5	2019-2-25	J4	394	417
6	2019-3-4	K2	377	410
7	2019-3-5	D1	221	409
8	2019-3-15	B3	634	399
9	2019-3-18	F1	357	396
10	2019-3-19	E2	375	395
11	2019-3-25	J5	655	389
12	2019-4-15	B3	563	368
13	2019-4-20	K2	779	363
14	2019-5-14	J5	779	339

查询设置 属性 名称 超半年未用 所有属性 应用的步骤 源 删除的列 已添加自定义

4列、200行 在12:30下载的预览

图4–34 所有未用材料的从入库到现在的总天数

从“天数”列筛选大于或等于181的数据，如图4–35所示。

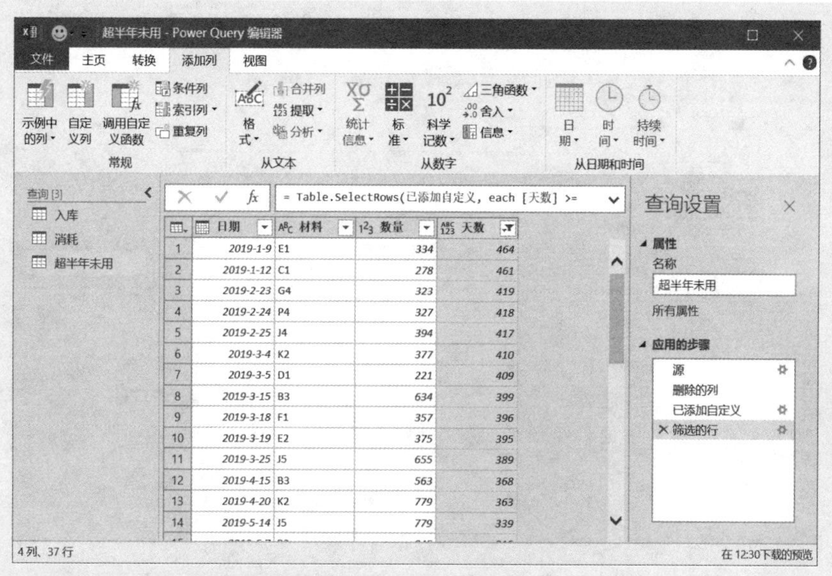

图4–35 筛选天数大于或等于181的数据

最后，将查询结果导出到Excel工作表，即可得到一张动态刷新的超过半年未使用过的材料明细表，如图4-36所示。

	A	B	C	D
1	日期	材料	数量	天数
2	2019-1-9	E1	334	464
3	2019-1-12	C1	278	461
4	2019-2-23	G4	323	419
5	2019-2-24	P4	327	418
6	2019-2-25	J4	394	417
7	2019-3-4	K2	377	410
8	2019-3-5	D1	221	409
9	2019-3-15	B3	634	399
10	2019-3-18	F1	357	396
11	2019-3-19	E2	375	395
12	2019-3-25	J5	655	389
13	2019-4-15	B3	563	368
14	2019-4-20	K2	779	363
15	2019-5-14	J5	779	339
16	2019-6-7	B3	845	315
17	2019-6-16	J5	805	306
18	2019-6-18	B1	577	304
19	2019-6-18	E4	882	304

入库 | 消耗 | Sheet1

图4-36　超过半年未使用过的材料明细表

Chapter

05

时间函数及其应用

在处理时间数据时，要用到一些时间函数，这些函数都是以Time开头。本章对一些常用的时间函数进行介绍。

5.1 #time函数：输入时间常量

如果要输入一个固定时间常量，就需要使用 #time 函数。

#time 函数用于将时、分、秒三个数字构建成一个真正的时间，其用法如下：

```
= #time ( 时， 分， 秒 )
```

这三个数字的取值范围如下。

- 时：0~23。
- 分：0~59。
- 秒：0~59。

例如，下面的函数结果是6:34:48：

```
= #time (6,34,48)
```

注意

该函数名字的字母都是小写，并且名字前面必须有井号（#）。

如果是表格中的3列时、分、秒的数据，要将它们组合成时间，可以使用自定义列，公式如下(见图5–1)，结果如图5–2所示。

```
=#time([时],[分],[秒])
```

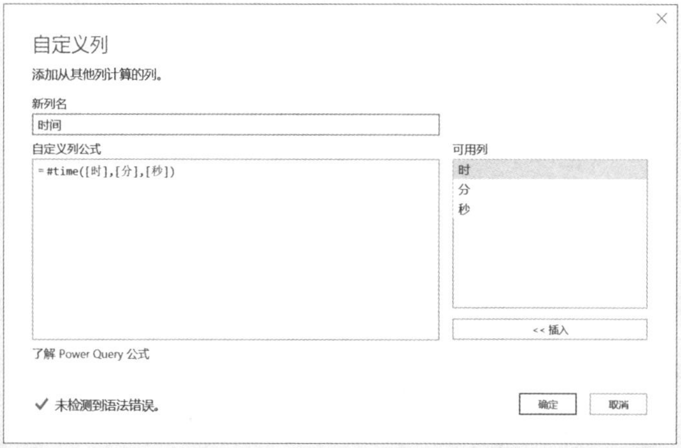

图5–1　自定义列“时间”

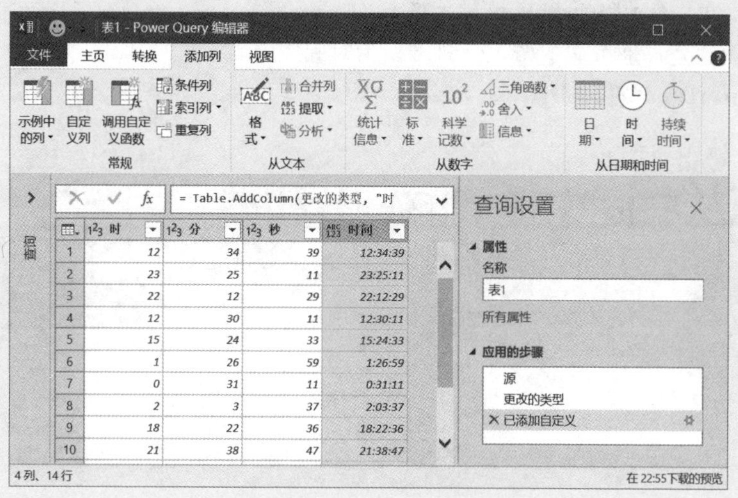

图5-2 由时、分、秒生成的时间

5.2 将文本或数值转换为时间

如果要将文本型的时间转换为真正的时间，可以使用以下函数：

- Time.From
- Time.FromText

5.2.1 Time.From 函数：将数值转换为时间

Time.From 函数用于将数值转换为时间。其用法如下：

```
= Time.From( 数值 , 区域选项 )
```

例如，下面的公式是将数字0.395转换为时间9:28:48：

```
= Time.From(0.395)
```

下面的公式是将数字0.5转换为时间12:00:00：

```
= Time.From(0.5)
```

5.2.2 Time.FromText 函数：将文本型时间转换为真正的时间

Time.FromText 函数根据ISO8601格式标准，将文本型时间转换为真正的时间。其用法如下：

```
Time.FromText( 文本型时间 , 区域选项 )
```

例如，下面的公式是将文本"7:12:45"转换为时间7:12:45：

```
=Time.FromText("7:12:45")
```

5.3 从时间中提取时、分和秒

当需要从时间中提取时、分和秒时，可以使用以下函数：

- Time.Hour
- Time.Minute
- Time.Second

5.3.1 Time.Hour 函数：从时间中提取时

从日期/时间中提取小时数，可以使用Time.Hour函数。其用法如下：

```
= Time.Hour( 日期 / 时间 )
```

例如，下面的公式是获取日期/时间2020-4-9 7:12:45的小时数7：

```
= Time.Hour(#datetime(2020,4,9,7,12,45))
```

下面的公式是获取时间7:12:45的小时数7：

```
= Time.Hour(#time(7,12,45))
```

5.3.2 Time.Minute 函数：从时间中提取分

从日期/时间中提取分钟数，可以使用Time.Minute函数。其用法如下：

```
= Time.Minute( 日期 / 时间 )
```

例如，下面的公式是获取日期/时间2020-4-9 7:12:45的分钟数12：

```
= Time.Minute(#datetime(2020,4,9,7,12,45))
```

下面的公式是获取时间7:12:45的分钟数12：

```
= Time.Minute(#time(7,12,45))
```

5.3.3 Time.Second 函数：从时间中提取秒

从日期/时间中提取秒数，可以使用Time.Second函数。其用法如下：

```
= Time.Second( 日期 / 时间 )
```

例如，下面的公式是获取日期/时间2020-4-9 7:12:45的秒数45：

```
= Time.Second(#datetime(2020,4,9,7,12,45))
```

下面的公式是获取时间7:12:45的秒数45：

```
= Time.Second(#time(7,12,45))
```

5.4 获取一个时间的开始小时和结束小时

当需要获取一个时间的开始小时和结束小时时。可以使用以下函数：

- Time.StartOfHour
- Time.EndOfHour

这两个函数的用法分别如下：

```
=Time.StartOfHour( 日期 / 时间 )
=Time.EndOfHour( 日期 / 时间 )
```

例如，时间10:47:33的开始小时和结束小时各是多少？可以使用以下公式确定：

```
=Time.StartOfHour(#time(10,47,33))          // 结果是 10:00:00
=Time.EndOfHour(#time(10,47,33))            // 结果是 10:59:59.9999999
```

5.5 Time.ToText函数：将时间转换为文本

如果要将时间转换为指定格式的文本，可以使用Time.ToText函数。其用法如下：

```
= Time.ToText( 时间 , 指定的格式 , 区域选项 )
```

例如，下面的公式是将时间“10:37:48”转换为文本 "10:37"：

```
= Time.ToText(#time(10,37,48))
```

下面的公式是将时间“10:37:48”转换为文本 "10:37:48"：

```
= Time.ToText(#time(10,37,48),"hh:mm:ss")
```

下面的公式是将时间“10:37:48”转换为文本 " 10小时37分48秒"：

```
= Time.ToText(#time(10,37,48),"h 小时 m 分 s 秒 ")
```

5.6 综合应用案例：考勤数据自动化统计

5.6.1 示例数据及要求

案例5-1

扫一扫，看视频

图5–3所示是一组从刷卡机导出的考勤数据，共有6万多条记录。

要求对考勤数据进行处理，提取每个人每天的签到和签退情况，并计算出迟到分钟数、早退分钟数、加班分钟数。计算规则如下：

(1) 出勤时间是9:00—18:00，以13:30为限，13:30以前的处理为签到，13:30以后的处理为签退。

(2) 如果没有签到，就标记为“未签到”。

(3) 如果没有签退，就标记为“未签退”。

(4) 如果迟到，就计算迟到分钟数。

(5) 如果早退，就计算早退分钟数。

(6) 从19:00开始算加班，如果有加班，就计算加班分钟数。

由于有6万多条数据，使用函数来处理非常耗时，因此，使用Power Query是最简单的。

	A	B	C	D
1	部门	姓名	登记号码	日期时间
2	总公司	A001	2958	2010-01-27 07:45:11
3	总公司	A001	2958	2010-01-27 15:02:17
4	总公司	A001	2958	2010-01-28 08:01:22
5	总公司	A001	2958	2010-01-28 15:00:14
6	总公司	A001	2958	2010-01-29 07:40:05
7	总公司	A001	2958	2010-01-29 15:01:57
8	总公司	A001	2958	2010-01-30 07:58:47
65050	验收十组	A606	3563	2010-02-20 08:46:36
65051	验收十组	A606	3563	2010-02-20 18:33:26
65052	验收十组	A606	3563	2010-02-21 08:39:33
65053	验收十组	A606	3563	2010-02-21 18:31:38
65054	验收十组	A606	3563	2010-02-23 08:41:51
65055	验收十组	A606	3563	2010-02-23 18:32:49
65056	验收十组	A606	3563	2010-02-24 08:38:10
65057	验收十组	A606	3563	2010-02-24 18:30:58
65058	验收十组	A606	3563	2010-02-25 08:39:27
65059	验收十组	A606	3563	2010-02-25 18:31:41
65060				

Sheet1

图5–3　考勤数据

5.6.2 整理考勤日期和时间

建立基本查询，如图5–4所示。

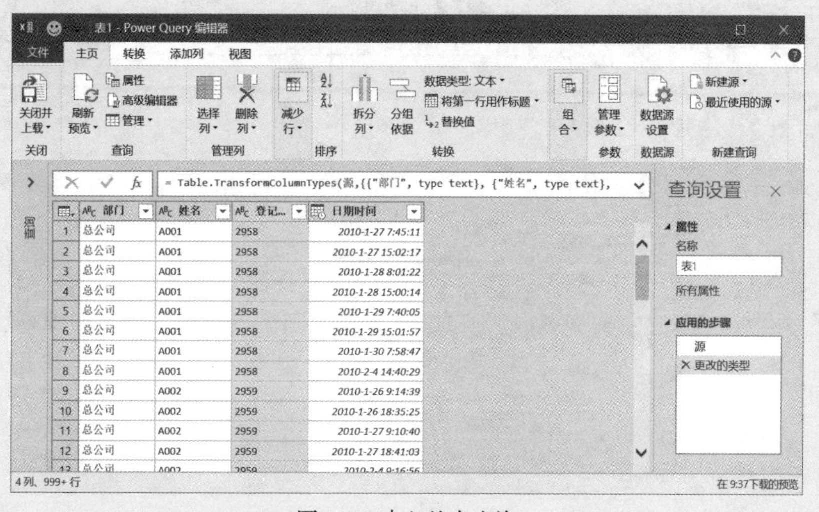

图5–4　建立基本查询

选择最后一列，利用空格分隔符分列，将日期和时间分成两列，然后将两列标题分别修改为“日期”和“时间”，删除没有用的“登记号码”列，整理后的表格如图5–5所示。

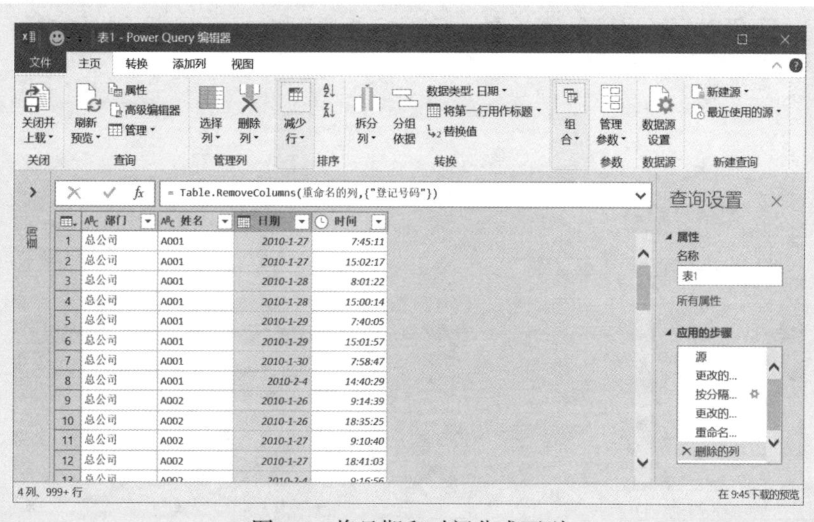

图5–5　将日期和时间分成两列

5.6.3 处理签到和签退情况

执行“分组依据”命令，并进行分组，如图5–6所示，即可将每个人的刷卡时间变为两列，如图5–7所示。

分组依据

指定要按其进行分组的列以及一个或多个输出。

○ 基本 ◉ 高级

分组依据

部门

姓名

日期

添加分组

新列名	操作	柱
最小时间	最小值	时间
最大时间	最大值	时间

添加聚合

确定 取消

图5–6 分组数据

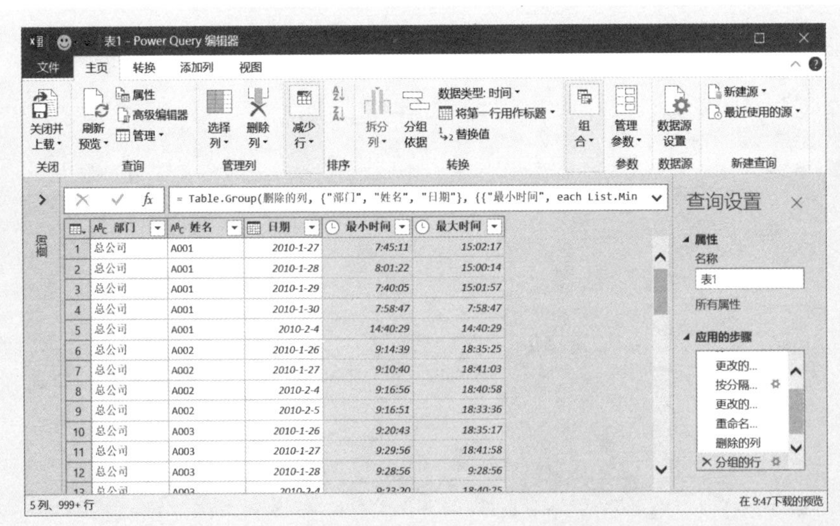

	部门	姓名	日期	最小时间	最大时间
1	总公司	A001	2010-1-27	7:45:11	15:02:17
2	总公司	A001	2010-1-28	8:01:22	15:00:14
3	总公司	A001	2010-1-29	7:40:05	15:01:57
4	总公司	A001	2010-1-30	7:58:47	7:58:47
5	总公司	A001	2010-2-4	14:40:29	14:40:29
6	总公司	A002	2010-1-26	9:14:39	18:35:25
7	总公司	A002	2010-1-27	9:10:40	18:41:03
8	总公司	A002	2010-2-4	9:16:56	18:40:58
9	总公司	A002	2010-2-5	9:16:51	18:33:36
10	总公司	A003	2010-1-26	9:20:43	18:35:17
11	总公司	A003	2010-1-27	9:29:56	18:41:58
12	总公司	A003	2010-1-28	9:28:56	9:28:56

图5–7 分组后，将每个人的刷卡时间变为两列

添加自定义列“签到”，计算公式如下(见图5-8)。

```
=if [最小时间]<#time(13,30,0) then [最小时间] else " 未签到 "
```

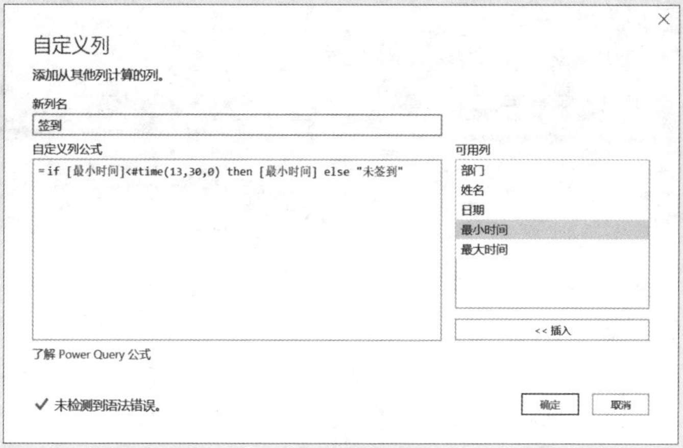

图5-8 添加自定义列“签到”

添加自定义列“签退”，计算公式如下(见图5-9)。

```
if [最大时间]>=#time(13,30,0) then [最大时间] else " 未签退 "
```

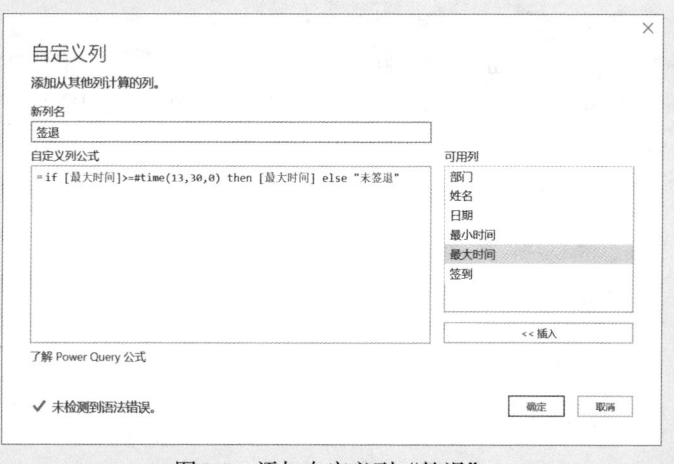

图5-9 添加自定义列“签退”

这样就得到了每个人每天的签到时间和签退时间处理结果，如图5-10所示。

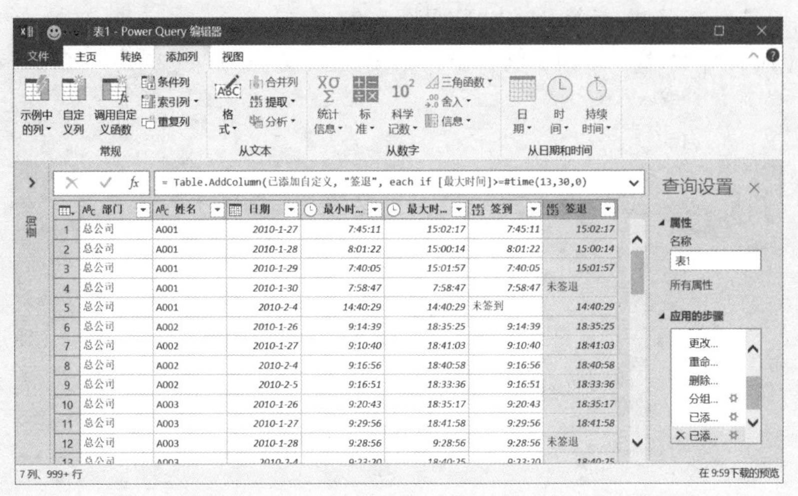

图5-10　每个人每天的签到时间和签退时间

5.6.4 计算迟到分钟数

添加自定义列“迟到分钟数”，计算公式如下（见图5-11）。

```
=if [签到]=" 未签到 " then " 未签到 "
else if Time.From([签到])>#time(9,0,0) then
Number.Round(Duration.TotalMinutes(Time.From([签到])-#time(9,0,0)),1)
else ""
```

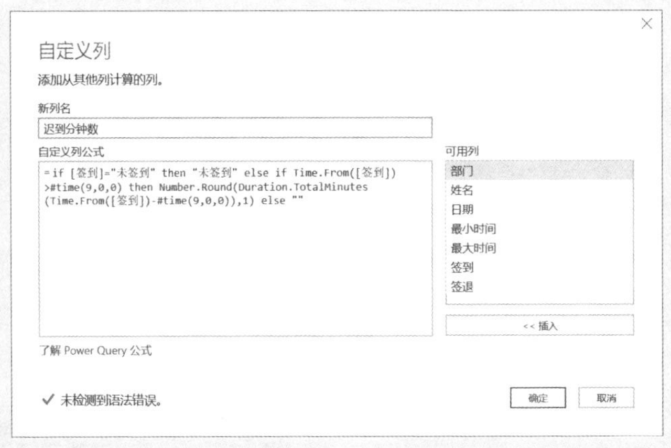

图5-11　添加自定义列“迟到分钟数”

5.6.5 计算早退分钟数

添加自定义列“早退分钟数”，计算公式如下（见图5-12）。

```
=if [签退]=" 未签退 " then " 未签退 "
else if Time.From([签退])<#time(18,0,0) then
Number.Round(Duration.TotalMinutes(#time(18,0,0)–Time.From([签退])),1)
else ""
```

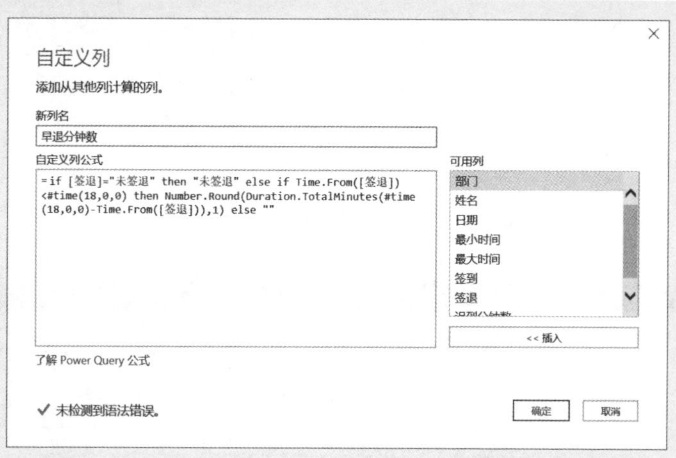

图5-12　添加自定义列“早退分钟数”

5.6.6 计算加班时间

添加一个自定义列“加班时间”，计算公式如下（见图5-13）。

```
= if [签退]<>" 未签退 " and Time.From([签退])>=#time(19,0,0) then
Number.Round(Duration.TotalMinutes(Time.From([签退])–#time(19,0,0)),1)
else ""
```

这样就得到了要求的迟到分钟数、早退分钟数、加班时间这三个计算处理结果，如图5-14所示。

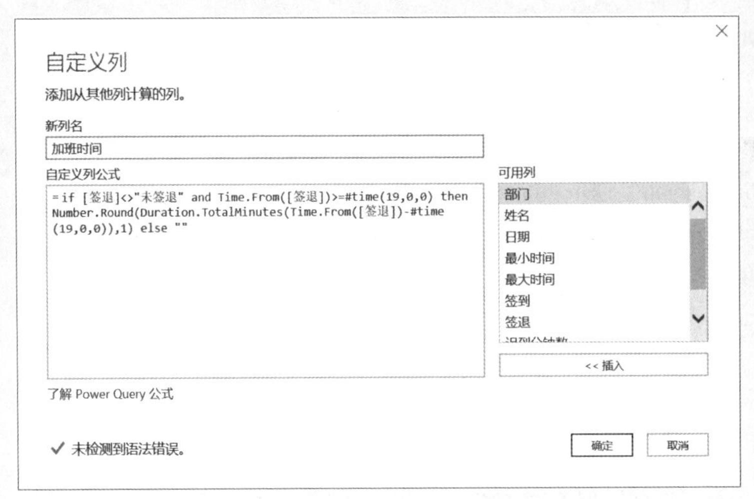

图5-13　添加自定义列“加班时间”

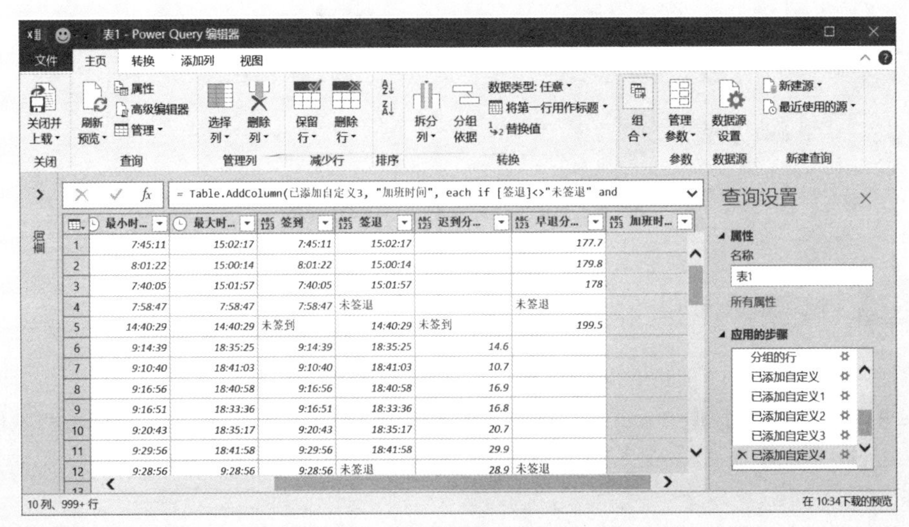

图5-14　迟到分钟数、早退分钟数和加班时间的计算结果

删除多余的“最小时间”和“最大时间”列，导出数据到Excel工作表，即可得到每个员工的考勤数据处理结果，如图5-15所示。

	A	B	C	D	E	F	G	H
1	部门	姓名	日期	签	签	迟到分钟	早退分钟	加班时
2	总公司	A005	2010-1-27	8:59:05	18:42:18			
3	总公司	A005	2010-1-28	8:50:57	18:39:56			
4	总公司	A005	2010-2-5	8:46:53	18:42:00			
5	总公司	A007	2010-1-26	8:46:36	18:44:26			
6	总公司	A007	2010-1-27	8:50:02	18:34:05			
7	总公司	A007	2010-1-28	8:53:46	18:32:02			
8	总公司	A007	2010-1-29	8:56:09	18:37:59			
636	总公司	A001	2010-2-20	未签到	20:54:41	未签到		114.7
637	总公司	A001	2010-2-21	未签到	19:41:39	未签到		41.6
638	总公司	A619	2010-2-17	未签到	21:01:55	未签到		121.9
639	总公司	A001	2010-2-4	未签到	14:40:29	未签到	199.5	
640	总公司	A006	2010-2-24	未签到	16:11:29	未签到	108.5	
641	总公司	A618	2010-2-10	未签到	15:06:36	未签到	173.4	
642	总公司	A003	2010-1-28	9:28:56	未签退	28.9	未签退	
643	总公司	A027	2010-2-14	9:04:22	未签退	4.4	未签退	
644	总公司	A002	2010-2-14	9:22:02	未签退	22	未签退	
645	总公司	A003	2010-2-17	9:28:05	未签退	28.1	未签退	
646	总公司	A619	2010-2-18	9:26:03	未签退	26	未签退	

Sheet1 Sheet2

图5-15 每个员工的考勤数据处理结果

5.6.7 制作月度考勤统计报表

如果想要得到每个人在这个月的未签到次数、未签退次数、迟到次数，迟到分钟数、早退次数，早退分钟数、加班次数，加班分钟数，那么又该怎么做呢？

考虑要设计一个自动化的考勤统计报表，因此应尽可能在Power Query中进行处理和统计。下面在前面的查询上进行进一步完善。

1. 签到统计

添加一个自定义列“未签到次数”，计算公式如下：

```
= if [签到]=" 未签到 " then 1 else 0
```

添加一个自定义列“迟到次数”，计算公式如下：

```
= if [迟到分钟数]<>" 未签到 " and [迟到分钟数]<>"" then 1 else 0
```

添加一个自定义列“迟到时间数”，计算公式如下：

```
= if [迟到分钟数]<>" 未签到 " and [迟到分钟数]<>"" then [迟到分钟数] else 0
```

2. 签退统计

添加一个自定义列“未签退次数”，计算公式如下：

```
= if [签退]=" 未签退 " then 1 else 0
```

添加一个自定义列“早退次数”，计算公式如下：

```
= if [早退分钟数]<>" 未签退 " and [早退分钟数]<>"" then 1 else 0
```

添加一个自定义列“早退时间数”，计算公式如下：

```
= if [早退分钟数]<>" 未签退 " and [早退分钟数]<>"" then [早退分钟数] else 0
```

3. 加班统计

添加一个自定义列“加班次数”，计算公式如下：

= if [加班时间]<>"" then 1 else 0

添加一个自定义列“加班时间数”，计算公式如下：

= if [加班时间]<>"" then [加班时间] else 0

这样就得到新添加的8个自定义列，如图5-16所示。

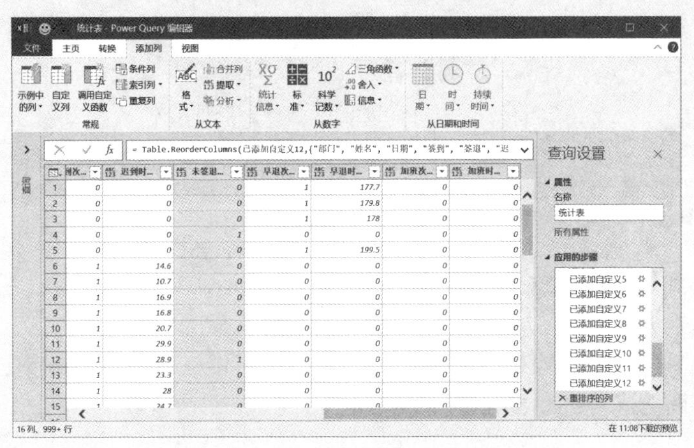

图5-16　添加8个自定义列

进行分组处理，如图5-17所示。

分组依据

指定要按其进行分组的列以及一个或多个输出。

基本　高级

分组依据

部门

姓名

添加分组

新列名	操作	柱
迟到时间	求和	迟到时间数
未签退次数	求和	未签退次数
早退次数	求和	早退次数
早退时间	求和	早退时间数
加班次数	求和	加班次数
加班时间	求和	加班时间数

添加聚合

确定　取消

图5-17　分组处理数据

这样就得到了每个人在本月的考勤统计数据，如图5-18所示。

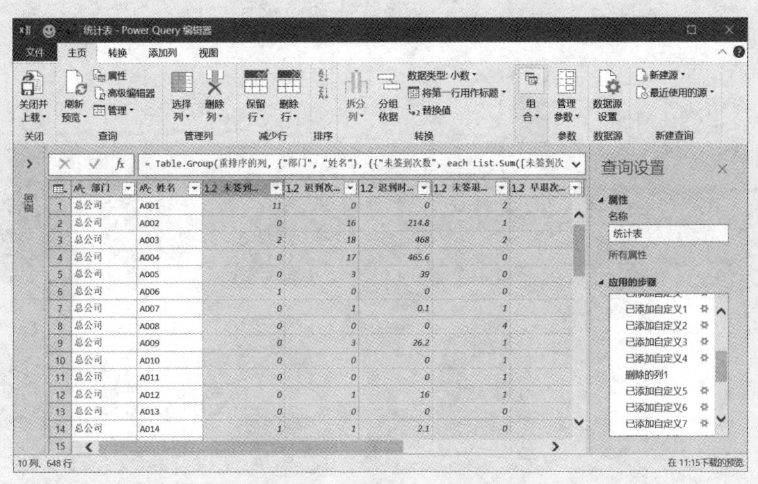

图5-18　每个人在本月的考勤统计数据

将数据导出到Excel工作表，即可得到每个人在本月的考勤统计报表，如图5-19所示。

	A	B	C	D	E	F	G	H	I	J
1	部门	姓名	未签到次数	迟到次数	迟到时间	未签退次数	早退次数	早退时间	加班次数	加班时间
2	总公司	A013							15	675.1
3	总公司	A031							11	619.4
4	总公司	A053								
5	总公司	A055								
6	总公司	A057								
7	总公司	A058								
8	总公司	A059								
519	财务部	A067		19	273.2	2				
520	策划部	A071		8	161.2	1			2	277.3
521	培训部	A074		14	295.9				4	444
522	新媒体部	A078		19	254	1				
523	商品一组	A080		4	15.7	2			10	489.9
524	商品二组	A092		3	6.5				14	813.6
525	商品二组	A094		5	55.6	1			8	318
526	商品二组	A096		2	8.1				11	657.7
527	商品二组	A100		4	5.6	1			10	432.4
528	商品三组	A107		1	6.1				17	1092.6
529	商品三组	A114		4	7.8				5	181.2

Sheet1　Sheet2　Sheet4

图5-19　每个人在本月的考勤统计报表

Chapter

06 持续时间函数及其应用

持续时间是指一个连续的时间值。例如，2天3小时41分钟55秒，就是一个持续时间。在Power Query中，对持续时间进行处理，可以使用持续时间函数，它们都是以Duration开头。

持续时间的写法是：天.时:分:秒.秒的小数部分。例如，21.10:37:55.3858，就是21天10小时37分55.3858秒。

6.1 #duration函数：输入持续时间

如果要输入一个持续时间常量，就需要使用#duration函数。其用法如下：

= #duration(日 , 时 , 分 , 秒)

例如，下面的公式就是输入2天3小时41分钟55秒，计算结果为2.03:41:55：

= #duration(2,3,41,55)

注意

该函数名的字母都是小写，并且函数名前面必须有井号（#）。

6.2 将数值或文本转换为持续时间

当需要将数值或文本转换为持续时间时，可以使用以下函数：

- Duration.From
- Duration.FromText

6.2.1 Duration.From 函数：将数值转换为持续时间

例如，数值5.2829495代表5.2829495天，如何将其转换为持续时间呢？使用Duration.From函数即可。其用法如下：

= Duration.From(数值)

例如，将数值5.2829495转换为持续时间为5.06:47:26.8368000，公式如下：

= Duration.From(5.2829495)

下面的公式是将5.2575转换为持续时间5.06:10:48，也就是5天6小时10分48秒：

= Duration.From(5.2575)

6.2.2 Duration.FromText 函数：将文本型数字转换为持续时间

如果是文本型数字，要将其转换为持续时间，就需要使用Duration.FromText函数。其用法如下：

= Duration.FromText 函数 (文本型数字)

这里，文本型数字必须符合规范结构，即“天数.小时:分钟:秒.秒的小数部分”，才能正确转换。

例如，下面的公式是将文本 "12.6:37:41.39599" 转换为持续时间 12.06:37:41.3959900：

= Duration.FromText("12.6:37:41.39599")

6.3 从持续时间中提取信息

当给定或计算出一个持续时间后，可以使用函数从这个持续时间中提取相关信息，例如，天数、小时数、分钟数、秒数等，相关函数如下：

- Duration.Days
- Duration.Hours
- Duration.Minutes
- Duration.Seconds

6.3.1 Duration.Days 函数：从持续时间中提取天数

如果要从一个持续时间中提取天数，可以使用 Duration.Days 函数。其用法如下：

=Duration.Days(持续时间)

例如，下面的公式得到天数 5：

= Duration.Days(#duration(5,3,41,18))

6.3.2 Duration.Hours 函数：从持续时间中提取小时数

如果要从一个持续时间中提取小时数，可以使用 Duration.Hours 函数。其用法如下：

=Duration.Hours(持续时间)

例如，下面的公式得到小时数 3：

= Duration.Hours(#duration(5,3,41,18))

6.3.3 Duration.Minutes 函数：从持续时间中提取分钟数

如果要从一个持续时间中提取分钟数，可以使用 Duration.Minutes 函数。其用法如下：

```
=Duration.Minutes( 持续时间 )
```

例如，下面的公式得到分钟数41：

```
= Duration.Minutes(#duration(5,3,41,18))
```

6.3.4 Duration.Seconds 函数：从持续时间中提取秒数

如果要从一个持续时间中提取秒数，可以使用Duration.Seconds函数。其用法如下：

```
=Duration.Seconds( 持续时间 )
```

例如，下面的公式得到秒数18：

```
=Duration.Seconds(#duration(5,3,41,18))
```

6.3.5 综合应用案例：计算年龄和司龄

案例6-1

扫一扫，看视频

图6–1所示是员工基本信息表，要求计算每个员工的年龄和司龄。

	A	B	C	D	E	F	G
1	工号	姓名	所属部门	学历	性别	出生日期	入职时间
2	G0001	A0062	后勤部	本科	男	1962-12-15	1980-11-15
3	G0002	A0081	生产部	本科	男	1957-1-9	1982-10-16
4	G0003	A0002	总经办	硕士	男	1969-6-11	1986-1-8
5	G0004	A0001	总经办	博士	男	1970-10-6	1986-4-8
6	G0005	A0016	财务部	本科	男	1985-10-5	1988-4-28
7	G0006	A0015	财务部	本科	男	1956-11-8	1991-10-18
8	G0007	A0052	销售部	硕士	男	1980-8-25	1992-8-25
9	G0008	A0018	财务部	本科	女	1973-2-9	1995-7-21
10	G0009	A0076	市场部	大专	男	1979-6-22	1996-7-1
11	G0010	A0041	生产部	本科	女	1958-10-10	1996-7-19
12	G0011	A0077	市场部	本科	女	1981-9-13	1996-9-1
13	G0012	A0073	市场部	本科	男	1968-3-11	1997-8-26
14	G0013	A0074	市场部	本科	男	1968-3-8	1997-10-28
15	G0014	A0017	财务部	本科	男	1970-10-6	1999-12-27
16	G0015	A0057	信息部	硕士	男	1966-7-16	1999-12-28
17	G0016	A0065	市场部	本科	男	1975-4-17	2000-7-1
18	G0017	A0044	销售部	本科	男	1974-10-25	2000-10-15
19	G0018	A0079	市场部	高中	男	1973-6-6	2000-10-29

员工信息

图6–1 员工基本信息表

建立基本查询，并把两个日期列“出生日期”和“入职时间”的数据类型设置为“日期”，如图6–2所示。

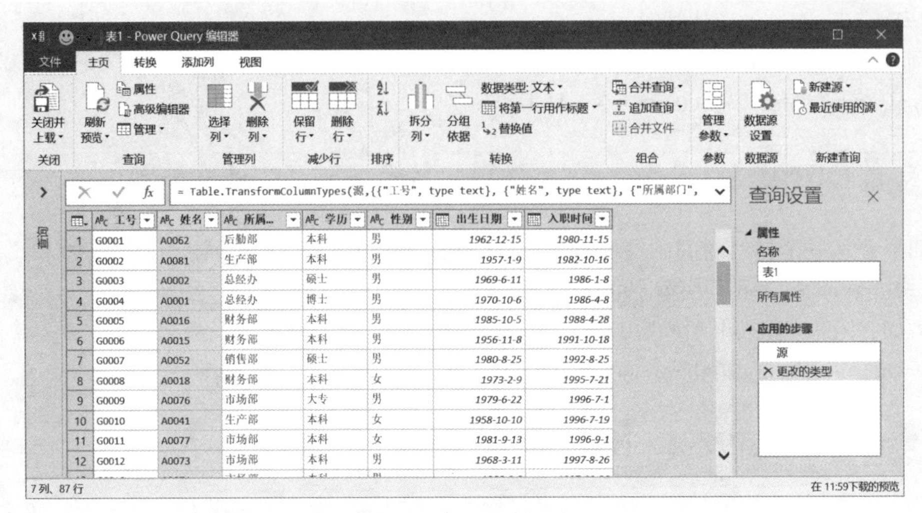

图6-2　建立基本查询

添加自定义列“年龄”，计算公式如下，如图6-3所示。

= Duration.Days((DateTime.Date(DateTime.LocalNow())–[出生日期])/365)

这个公式将两个日期差得到的天数除以365，即可得到一个类似于持续天数的数值，其左侧整数部分就是整数年，也就是年龄(周岁)数字。

图6-3　自定义列“年龄”

得到各个员工的年龄，如图6-4所示。

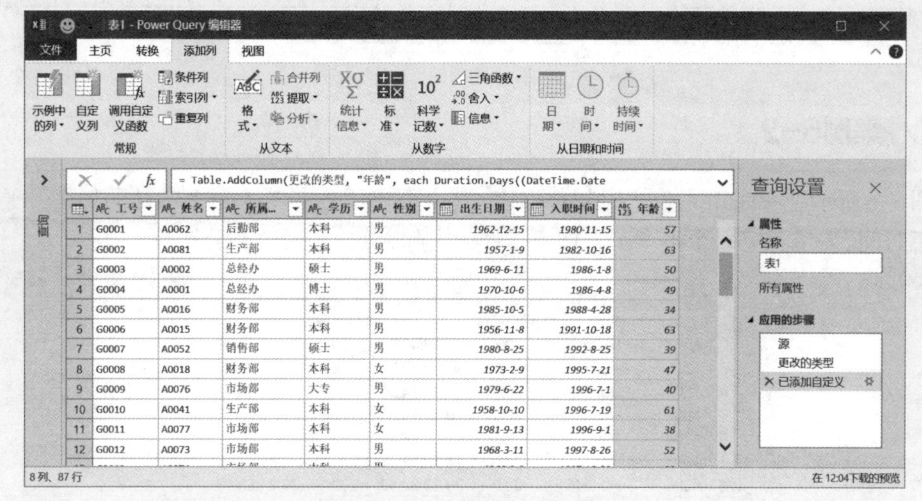
表1 - Power Query 编辑器

文件 主页 转换 添加列 视图

= Table.AddColumn(更改的类型, "年龄", each Duration.Days((DateTime.Date

	工号	姓名	所属...	学历	性别	出生日期	入职时间	年龄
1	G0001	A0062	后勤部	本科	男	1962-12-15	1980-11-15	57
2	G0002	A0081	生产部	本科	男	1957-1-9	1982-10-16	63
3	G0003	A0002	总经办	硕士	男	1969-6-11	1986-1-8	50
4	G0004	A0001	总经办	博士	男	1970-10-6	1986-4-8	49
5	G0005	A0016	财务部	本科	男	1985-10-5	1988-4-28	34
6	G0006	A0015	财务部	本科	男	1956-11-8	1991-10-18	63
7	G0007	A0052	销售部	硕士	男	1980-8-25	1992-8-25	39
8	G0008	A0018	财务部	本科	女	1973-2-9	1995-7-21	47
9	G0009	A0076	市场部	大专	男	1979-6-22	1996-7-1	40
10	G0010	A0041	生产部	本科	女	1958-10-10	1996-7-19	61
11	G0011	A0077	市场部	本科	女	1981-9-13	1996-9-1	38
12	G0012	A0073	市场部	本科	男	1968-3-11	1997-8-26	52

查询设置 属性 名称 表1 所有属性 应用的步骤 源 更改的类型 已添加自定义

8列、87行　在12:04下载的预览

图6-4　计算出的员工年龄

添加自定义列“司龄”，计算公式如下：

Duration.Days((DateTime.Date(DateTime.LocalNow())-[入职时间])/365)

这样就得到了员工的司龄，如图6-5所示。

表1 - Power Query 编辑器

文件 主页 转换 添加列 视图

= Table.AddColumn(已添加自定义, "司龄", each Duration.Days((DateTime.Date

	姓名	所属...	学历	性别	出生日期	入职时间	年龄	司龄
1	A0062	后勤部	本科	男	1962-12-15	1980-11-15	57	39
2	A0081	生产部	本科	男	1957-1-9	1982-10-16	63	37
3	A0002	总经办	硕士	男	1969-6-11	1986-1-8	50	34
4	A0001	总经办	博士	男	1970-10-6	1986-4-8	49	34
5	A0016	财务部	本科	男	1985-10-5	1988-4-28	34	31
6	A0015	财务部	本科	男	1956-11-8	1991-10-18	63	28
7	A0052	销售部	硕士	男	1980-8-25	1992-8-25	39	27
8	A0018	财务部	本科	女	1973-2-9	1995-7-21	47	24
9	A0076	市场部	大专	男	1979-6-22	1996-7-1	40	23
10	A0041	生产部	本科	女	1958-10-10	1996-7-19	61	23
11	A0077	市场部	本科	女	1981-9-13	1996-9-1	38	23

查询设置 属性 名称 表1 所有属性 应用的步骤 源 更改的类型 已添加自定义 已添加自定义1

9列、87行　在12:32下载的预览

图6-5　计算出的司龄

6.3.6 综合应用案例：计算生产工人加工时间

案例6-2

图6-6所示是一张工人生产时间数据表，其中列出了生产工人每个零件的加工开始时间和结束时间，要求计算每个生产工人加工零件的实际天数、小时数和分钟数。

	A	B	C	D
1	工人	零件	开始时间	结束时间
2	A001	leu-4992	2020-4-7 19:45:54	2020-4-8 22:12:36
3	A006	udof02	2020-4-8 9:38:29	2020-4-8 12:12:1
4	A007	qorot0	2020-4-10 13:24:56	2020-4-11 18:35:49
5	A002	skt-3-19	2020-4-10 18:30:45	2020-4-12 6:35:13
6	A004	Piw0-11	2020-4-12 8:48:47	2020-4-13 11:0:9
7	A003	fktu-2-1	2020-4-14 14:12:36	2020-4-14 19:20:9
8	A005	R04045	2020-4-20 13:32:43	2020-4-20 21:59:13
9				

图6-6　工人生产时间数据表

建立基本查询，如图6-7所示。

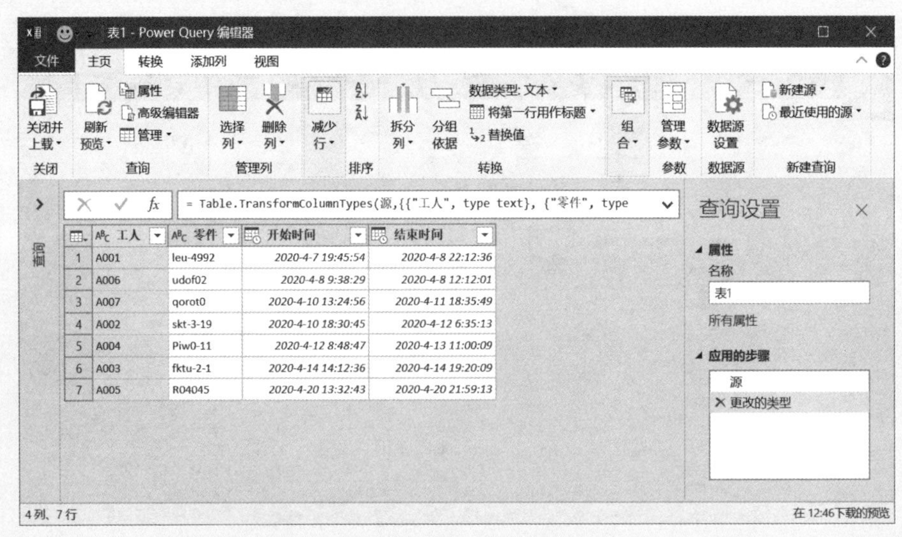

	工人	零件	开始时间	结束时间
1	A001	leu-4992	2020-4-7 19:45:54	2020-4-8 22:12:36
2	A006	udof02	2020-4-8 9:38:29	2020-4-8 12:12:01
3	A007	qorot0	2020-4-10 13:24:56	2020-4-11 18:35:49
4	A002	skt-3-19	2020-4-10 18:30:45	2020-4-12 6:35:13
5	A004	Piw0-11	2020-4-12 8:48:47	2020-4-13 11:00:09
6	A003	fktu-2-1	2020-4-14 14:12:36	2020-4-14 19:20:09
7	A005	R04045	2020-4-20 13:32:43	2020-4-20 21:59:13

图6-7　建立基本查询

添加自定义列“生产时间”，公式如下。从而得到每个工人加工每种零件的生产时间，如图6-8所示。

```
=Text.Format(" 加工时间 : #{0} 天, #{1} 小时, #{2} 分钟 ",
        {Duration.Days([结束时间]-[开始时间]),
         Duration.Hours([结束时间]-[开始时间]),
         Duration.Minutes([结束时间]-[开始时间])})
```

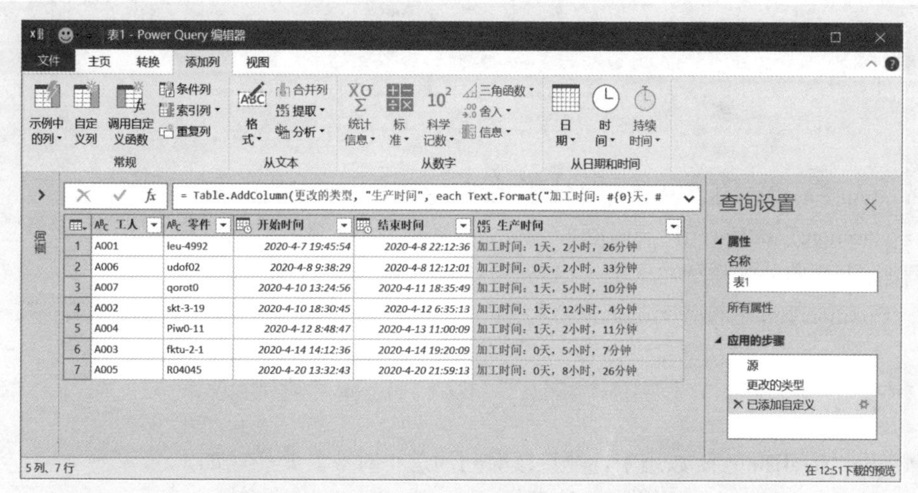

	工人	零件	开始时间	结束时间	生产时间
1	A001	leu-4992	2020-4-7 19:45:54	2020-4-8 22:12:36	加工时间：1天，2小时，26分钟
2	A006	udof02	2020-4-8 9:38:29	2020-4-8 12:12:01	加工时间：0天，2小时，33分钟
3	A007	qorot0	2020-4-10 13:24:56	2020-4-11 18:35:49	加工时间：1天，5小时，10分钟
4	A002	skt-3-19	2020-4-10 18:30:45	2020-4-12 6:35:13	加工时间：1天，12小时，4分钟
5	A004	Piw0-11	2020-4-12 8:48:47	2020-4-13 11:00:09	加工时间：1天，2小时，11分钟
6	A003	fktu-2-1	2020-4-14 14:12:36	2020-4-14 19:20:09	加工时间：0天，5小时，7分钟
7	A005	R04045	2020-4-20 13:32:43	2020-4-20 21:59:13	加工时间：0天，8小时，26分钟

图6-8　每个工人加工每种零件的生产时间

导出数据，即可得到需要的生产工人加工时间报表，如图6-9所示。

	A	B	C	D	E
1	工人	零件	开始时间	结束时间	生产时间
2	A001	leu-4992	2020-4-7 19:45	2020-4-8 22:12	加工时间：1天，2小时，26分钟
3	A006	udof02	2020-4-8 9:38	2020-4-8 12:12	加工时间：0天，2小时，33分钟
4	A007	qorot0	2020-4-10 13:24	2020-4-11 18:35	加工时间：1天，5小时，10分钟
5	A002	skt-3-19	2020-4-10 18:30	2020-4-12 6:35	加工时间：1天，12小时，4分钟
6	A004	Piw0-11	2020-4-12 8:48	2020-4-13 11:00	加工时间：1天，2小时，11分钟
7	A003	fktu-2-1	2020-4-14 14:12	2020-4-14 19:20	加工时间：0天，5小时，7分钟
8	A005	R04045	2020-4-20 13:32	2020-4-20 21:59	加工时间：0天，8小时，26分钟
9					

图6-9　生产工人加工时间报表

6.4 计算总时间

如果要从一个持续时间中计算总时间，如总天数、总小时数、总分钟数、总秒数，可以使用以下函数：

- Duration.TotalDays
- Duration.TotalHours
- Duration.TotalMinutes
- Duration.TotalSeconds

6.4.1 Duration.TotalDays 函数：计算总天数

Duration.TotalDays 函数用于计算持续时间的总天数。其用法如下：

= Duration.TotalDays(持续时间)

例如，下面的公式得到总天数 5.1536805555555549 天：

= Duration.TotalDays(#duration(5,3,41,18))

6.4.2 Duration.TotalHours 函数：计算总小时数

Duration.TotalHours 函数用于计算持续时间的总小时数。其用法如下：

= Duration.TotalHours(持续时间)

例如，下面的公式得到总小时数 123.68833333333333 小时：

= Duration.TotalHours(#duration(5,3,41,18))

6.4.3 Duration.TotalMinutes 函数：计算总分钟数

Duration.TotalMinutes 函数用于计算持续时间的总分钟数。其用法如下：

= Duration.TotalMinutes(持续时间)

例如，下面的公式得到总分钟数 7421.3 分钟：

= Duration.TotalMinutes(#duration(5,3,41,18))

6.4.4 Duration.TotalSeconds 函数：计算总秒数

Duration.TotalSeconds 函数用于计算持续时间的总秒数。其用法如下：

= Duration.TotalSeconds(持续时间)

例如，下面的公式得到总秒数 445278 秒：

= Duration.TotalSeconds(#duration(5,3,41,18))

案例6-3

以案例6-2的数据为例，要计算加工总小时数，可以添加自定义列“加工总小时数”，自定义列公式如下(见图6-10)，得到的零件加工总小时数如图6-11所示。

```
= Duration.TotalHours([结束时间]-[开始时间])
```

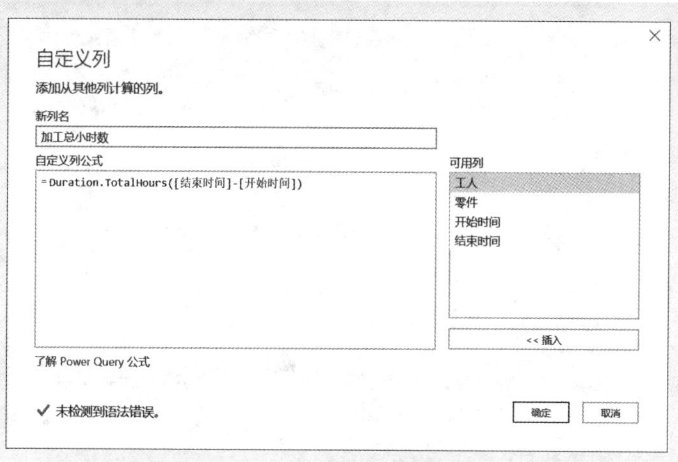

图6-10　自定义列“加工总小时数”

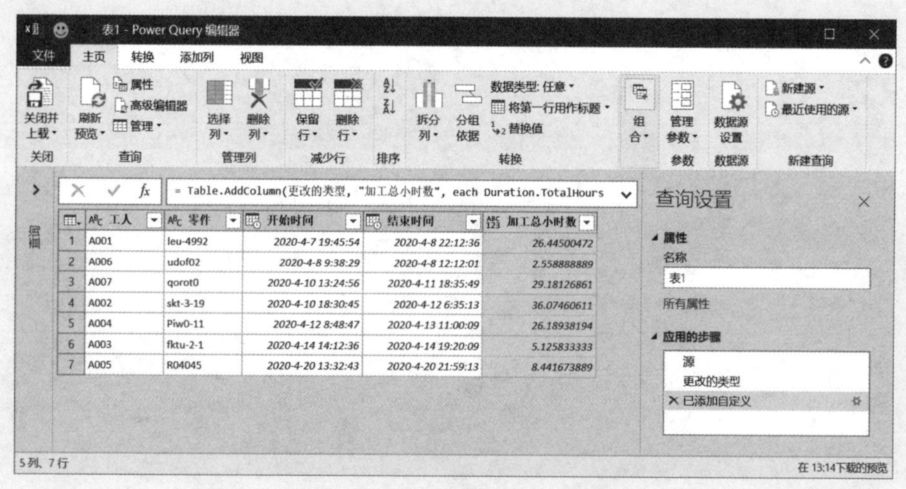

	工人	零件	开始时间	结束时间	加工总小时数
1	A001	leu-4992	2020-4-7 19:45:54	2020-4-8 22:12:36	26.44500472
2	A006	udof02	2020-4-8 9:38:29	2020-4-8 12:12:01	2.558888889
3	A007	qorot0	2020-4-10 13:24:56	2020-4-11 18:35:49	29.18126861
4	A002	skt-3-19	2020-4-10 18:30:45	2020-4-12 6:35:13	36.07460611
5	A004	Piw0-11	2020-4-12 8:48:47	2020-4-13 11:00:09	26.18938194
6	A003	fktu-2-1	2020-4-14 14:12:36	2020-4-14 19:20:09	5.125833333
7	A005	R04045	2020-4-20 13:32:43	2020-4-20 21:59:13	8.441673889

图6-11　得到的零件加工总小时数

Chapter

07 数字函数及其应用

数字的处理各种各样，从基本计算，到数字类型设置，再到格式转换等，这些处理，既可以使用Power Query的相关菜单命令，也可以使用数字函数解决。

在Power Query中，数字函数大部分是以Number开头，也有以Int、Currency等开头。

7.1 获取数字常量

在数学计算和数据分析中，有一些常量会经常用到，Power Query 提供了这样的函数获取常量，举例如下。

Number.E 函数，就是返回 e 的值 2.7182818284590451。其用法如下：

```
= Number.E
```

Number.PI 函数，就是返回 π 的值 3.1415926535897931。其用法如下：

```
= Number.PI
```

7.2 数字格式设置

如果需要将数字按照指定格式转换为文本型数字，或者将文本型数字转换为数字，可以使用相关的函数。常用的数字格式设置函数有：

- Currency.From
- Decimal.From
- Single.From
- Double.From
- Int8.From
- Int16.From
- Int32.From
- Int64.From

7.2.1 Currency.From 函数：将数值或文本型数字转换为货币数字

Currency.From 函数用于将数值或文本型数字转换为货币数字。其用法如下：

```
= Currency.From( 数值或文本型数字 , 区域选项 , 舍入方式 )
```

例如，下面的公式得到 183.587：

```
= Currency.From(183.5869649)
```

= Currency.From(183.5869649, RoundingMode.Down)

= Currency.From("183.5869649")

7.2.2 Decimal.From 函数：将数值或文本型数字转换为十进制数字

Decimal.From 函数用于将数值或文本型数字转换为十进制数字。其用法如下：

= Currency.From(数值或文本型数字 , 区域选项)

例如，下面的公式得到 183.5869649：

= Decimal.From(183.5869649)

= Decimal.From("183.5869649")

7.2.3 Single.From 函数：将数值或文本型数字转换为单精度数字

Single.From 函数用于将数值或文本型数字转换为单精度数字。其用法如下：

=Single.From(数值或文本型数字 , 区域选项)

例如，下面的公式得到 183.5869649：

= Single.From(183.5869649)

下面的公式结果是 183.58695983886719：

= Single.From("183.5869649")

7.2.4 Double.From 函数：将数值或文本型数字转换为双精度数字

Double.From 函数用于将数值或文本型数字转换为双精度数字。其用法如下：

= Double.From(数值或文本型数字 , 区域选项)

例如，下面的公式得到 183.5869649：

= Double.From(183.5869649)

= Double.From("183.5869649")

7.2.5 Int 类函数：将数值或文本型数字转换为整数

有几个 Int 类函数可以用于将数值或文本型数字转换为整数，包括：

= Int8.From(数值或文本型数字 , 区域选项 , 舍入方式)

= Int16.From(数值或文本型数字 , 区域选项 , 舍入方式)

= Int32.From(数值或文本型数字 , 区域选项 , 舍入方式)

```
= Int64.From( 数值或文本型数字，区域选项，舍入方式 )
```

例如，下面的公式是Int64.From函数对数字183.5869649和文本型数字"183.5869649"的转换，结果均为184：

```
= Int64.From(183.5869649)
= Int64.From("183.5869649")
```

下面的公式是Int64.From函数对数字–183.5869649和文本型数字"–183.5869649"的转换，结果均为–184：

```
= Int64.From(–183.5869649)
= Int64.From("–183.5869649")
```

7.3 数字与文本的格式转换

如果要将数字转换为文本，或者将文本转换为数字，可以使用以下函数：

- Number.From
- Number.FromText
- Number.ToText
- Percentage.From

7.3.1 Number.From 函数：将数值转换为数字

Number.From函数用于将数值、文本型数字、逻辑值、日期、时间、可持续时间等转换为数字。其用法如下：

```
= Number.From( 能够转换为数字的数值，区域选项 )
```

下面是几个示例。

```
= Number.From(200.39)                                  // 结果是 200.39
= Number.From("200.39")                                // 结果是 200.39
= Number.From("12.74%")                                // 结果是 0.1274
= Number.From(true)                                    // 结果是 1
= Number.From(false)                                   // 结果是 0
= Number.From(Date.From("2020–4–9"))                   // 结果是 43930
= Number.From(DateTime.From("2020–4–9 14:23:47"))      // 结果是 43930.599849537037
= Number.From(Time.From("14:23:47"))                   // 结果是 0.599849537037037
```

= Number.From(#duration(12,5,23,56))　　　　// 结果是 12.224953703703703

7.3.2 Number.FromText 函数：将文本转换为数字

Number.FromText 函数用于将文本型数字转换为数字。其用法如下：

= Number.From(能够转换为数字的文本，区域选项)

这里的文本必须是能够转换为数字的格式，例如"15"、"3,423.10"、"5.0E−10"等。

下面是几个示例。

```
= Number.FromText("200.39")            // 结果是 200.39
= Number.FromText ("200.39e5")         // 结果是 20039000
= Number.FromText ("200.39e−5")        // 结果是 0.0020039
```

7.3.3 Number.ToText 函数：将数字转换为文本

Number.ToText 函数用于将数字转换为指定格式的文本。其用法如下：

=Number.ToText (数值，指定的格式，区域选项)

这里重点是格式的使用。下面是几个示例。

```
= Number.ToText(10389.68391)           // 结果是 "10389.68391"
= Number.ToText(10389.68391,"f0")      // 结果是 "10390"
= Number.ToText(10389.68391,"f3")      // 结果是 "10389.684"
= Number.ToText(10389.68391,"n")       // 结果是 "10,389.68"
= Number.ToText(10389.68391,"n0")      // 结果是 "10,390"
= Number.ToText(0.68391,"p2")          // 结果是 "68.39%"
= Number.ToText(0.68391,"p3")          // 结果是 "68.391%"
```

下面是常用的格式代码及其含义。

- D 或 d：十进制，将结果格式化为整数。精度说明符控制输出中的位数。
- E 或 e：指数表示法。精度说明符控制最大小数位数（默认值为 6）。
- F 或 f：固定点，整数和小数位。
- G 或 g：常规，固定点或科学记数法的最简洁形式。
- N 或 n：数字，带组分隔符和小数分隔符的整数和小数位。
- P 或 p：百分比，乘以 100 并显示百分号的数字。
- R 或 r：往返，可往返转换同一数字的文本值。忽略精度说明符。
- X 或 x：十六进制，十六进制文本值。

7.3.4 Percentage.From 函数：将百分比文本转换为数字

Percentage.From 函数用于将百分比文本转换为数字。其用法如下：

```
=Percentage.From( 将百分比文本字符 , 区域选项 )
```

例如，下面的公式就是将文本 "68.39%" 转换为小数 0.6839：

```
=Percentage.From("68.39%")
```

7.4 常见数学计算

对数字进行数学计算很常见，例如，取绝对值、开平方、求对数等。在企业数据统计分析中，常用的数学计算函数有：

- Number.Abs
- Number.IntegerDivide
- Number.Mod
- Number.Power
- Number.Sqrt

7.4.1 Number.Abs 函数：求绝对值

Number.Abs 函数用于计算绝对值。其用法如下：

```
= Number.Abs( 数值 )
```

下面是几个示例：

```
=Number.Abs(100.38)                    //结果为 100.38
=Number.Abs(-100.38)                   //结果为 100.38
```

7.4.2 Number.IntegerDivide 函数：整除取商的整数部分

Number.IntegerDivide 函数用于两个数整除，得到商的整数部分。其用法如下：

```
= Number.IntegerDivide( 被除数 , 除数 )
```

下面是几个示例：

```
= Number.IntegerDivide(100, 3)         //结果为 33
= Number.IntegerDivide(-100, 3)        //结果为 -33
```

= Number.IntegerDivide(100, -3)　　　　//结果为 -33

7.4.3 Number.Mod 函数：计算余数

Number.Mod 函数用于计算两个数相除的余数部分。其用法如下：

= Number.Mod(被除数 , 除数)

下面是几个示例：

```
= Number.Mod(100, 3)          //结果为 1
= Number.Mod(100, 5)          //结果为 0
= Number.Mod(-100, 3)         //结果为 -1
= Number.Mod(-100, 2)         //结果为 0
= Number.Mod(100, -3)         //结果为 1
```

7.4.4 Number.Power 函数：计算乘幂

Number.Power 函数用于计算一个数字的几次方(乘幂)。其用法如下：

= Number.Power(基数 , 指数)

下面是几个示例：

```
= Number.Power(2, 3)          //结果为 8
= Number.Power(2, -3)         //结果为 0.125
```

7.4.5 Number.Sqrt 函数：计算平方根

Number.Sqrt 函数用于对一个数字开平方。其用法如下：

= Number.Sqrt(数字)

例如，下面公式的结果是1.4142135623730951：

= Number.Sqrt(2)

7.5 四舍五入

对数字进行四舍五入的常用函数有：

- Number.Round
- Number.RoundUp

- Number.RoundDown
- Number.RoundTowardZero
- Number.RoundAwayFromZero

7.5.1 Number.Round 函数：常规的四舍五入

Number.Round 函数用于常规的四舍五入，类似于Excel中的ROUND函数。其用法如下：

= Number.Round(数字 , 保留的小数点 , 舍入方向)

下面是几个例子：

```
= Number.Round(258.5859)                        //结果为 259
= Number.Round(-258.5859)                       //结果为 -259
= Number.Round(258.5859,2)                      //结果为 258.59
= Number.Round(-258.5859,2)                     //结果为 -258.59
= Number.Round(258.5859,2,RoundingMode.Up)      //结果为 258.59
= Number.Round(258.5859,2,RoundingMode.Down)    //结果为 258.59
```

7.5.2 Number.RoundUp 函数：向上舍入

Number.RoundUp 函数用于对数值向上舍入，也就是返回大于或等于数值的最小数值，类似于Excel中的ROUNDUP函数。其用法如下：

= Number.RoundUp(数字 , 保留的小数点)

下面是几个例子。

```
=Number.RoundUp(258.2819)          //结果为 259
=Number.RoundUp(-258.2819)         //结果为 -258
=Number.RoundUp(258.2819,2)        //结果为 258.29
=Number.RoundUp(-258.2819,2)       //结果为 -258.28
```

7.5.3 Number.RoundDown 函数：向下舍入

Number.RoundDown 函数用于对数值向下舍入，也就是返回小于或等于数值的最大数值，类似于Excel里的ROUNDDOWN函数。其用法如下：

= Number.RoundDown(数字 , 保留的小数点)

下面是几个例子。

```
=Number.RoundDown(258.2819)              //结果为 258
=Number.RoundDown(-258.2819)             //结果为 -259
=Number.RoundDown(258.2819,2)            //结果为 258.28
=Number.RoundDown(-258.2819,2)           //结果为 -258.29
```

7.5.4 Number.RoundTowardZero 函数：向靠近零的方向舍入

Number.RoundTowardZero函数用于对数值向零舍入，也就是说，如果是正数，向下舍入；如果是负数，向上舍入。其用法如下：

```
= Number.RoundTowardZero( 数字 , 保留的小数点 )
```

下面是几个例子。

```
= Number.RoundTowardZero(258.2819)           //结果为 258
= Number.RoundTowardZero(-258.2819)          //结果为 -258
= Number.RoundTowardZero(258.2819,2)         //结果为 258.28
= Number.RoundTowardZero(-258.2819,2)        //结果为 -258.28
```

7.5.5 Number.RoundAwayFromZero 函数：向离开零的方向舍入

Number.RoundAwayFromZero函数用于对数值向离开零的方向舍入，也就是说，如果是正数，向上舍入；如果是负数，向下舍入。其用法如下：

```
= Number.RoundAwayFromZero( 数字 , 保留的小数点 )
```

下面是几个例子。

```
= Number.RoundAwayFromZero(258.2819)         //结果为 259
= Number.RoundAwayFromZero(-258.2819)        //结果为 -259
= Number.RoundAwayFromZero(258.2819,2)       //结果为 258.29
= Number.RoundAwayFromZero(-258.2819,2)      //结果为 -258.29
```

7.5.6 舍入方向的几个常量

在舍入函数中，有的函数会有舍入方向的可选参数，这个参数可以是以下常量。

- RoundingMode.Up：向上舍入。
- RoundingMode.Down：向下舍入。
- RoundingMode.TowardZero：向零的方向舍入。

- RoundingMode.AwayFromZero：向离开零的方向舍入。
- RoundingMode.ToEven：向偶数方向舍入。

7.6 数字的奇偶判断

数字有奇偶，如何判断一个数字是奇数还是偶数？例如，实际工作中，需要从身份证号码中提取性别，此时，就需要对数字进行奇偶判断。用于奇偶判断的函数有：

- Number.IsEven
- Number.IsOdd

7.6.1 Number.IsEven 函数：判断是否为偶数

Number.IsEven函数用于判断数字是否为偶数，如果是，结果就是true；否则，结果就是false。该函数类似于Excel里的ISEVEN函数。其用法如下：

```
= Number.IsEven( 数字 )
```

例如，下面的公式结果是true：

```
= Number.IsEven(280)
```

下面的公式结果是false：

```
= Number.IsEven(281)
```

7.6.2 Number.IsOdd 函数：判断是否为奇数

Number.IsOdd函数用于判断数字是否为奇数，如果是，结果就是true；否则，结果就是false。该函数类似于Excel里的ISODD函数。其用法如下：

```
= Number.IsOdd( 数字 )
```

例如，下面的公式结果是true：

```
= Number.IsOdd(281)
```

下面的公式结果是false：

```
= Number.IsOdd (280)
```

7.6.3 综合应用案例：从身份证号码中提取性别

案例7-1

图7-1所示是一张员工基本信息表，现在要求从身份证号码中提取性别。

扫一扫，看视频

	A	B	C	D
1	姓名	所属部门	学历	身份证号码
2	A0062	后勤部	本科	421122196212152153
3	A0081	生产部	本科	110108195701095755
4	A0002	总经办	硕士	131182196906114415
5	A0001	总经办	博士	320504197010062010
6	A0016	财务部	本科	431124198510053836
7	A0015	财务部	本科	320923195611081635
8	A0052	销售部	硕士	320924198008252511
9	A0018	财务部	本科	320684197302090066
10	A0076	市场部	大专	110108197906221075
11	A0041	生产部	本科	371482195810102648
12	A0077	市场部	本科	11010819810913162X
13	A0073	市场部	本科	420625196803112037

图7-1 员工基本信息表

建立基本查询，如图7-2所示。

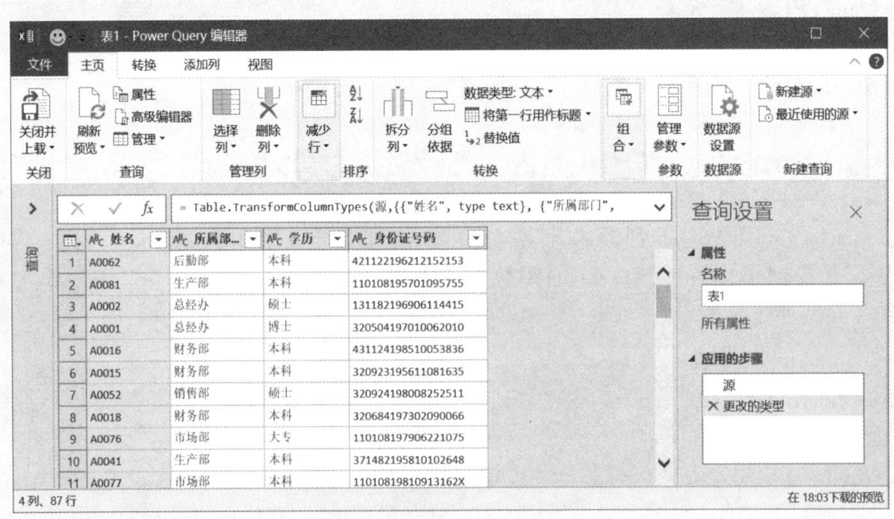

	姓名	所属部...	学历	身份证号码
1	A0062	后勤部	本科	421122196212152153
2	A0081	生产部	本科	110108195701095755
3	A0002	总经办	硕士	131182196906114415
4	A0001	总经办	博士	320504197010062010
5	A0016	财务部	本科	431124198510053836
6	A0015	财务部	本科	320923195611081635
7	A0052	销售部	硕士	320924198008252511
8	A0018	财务部	本科	320684197302090066
9	A0076	市场部	大专	110108197906221075
10	A0041	生产部	本科	371482195810102648
11	A0077	市场部	本科	11010819810913162X

图7-2 建立基本查询

添加自定义列“性别”，公式如下(见图7-3)。

= if Number.IsEven(Number.From(Text.Middle([身份证号码],16,1))) then " 女 " else " 男 "

或者

= if Number.IsOdd(Number.From(Text.Middle([身份证号码],16,1))) then " 男 " else " 女 "

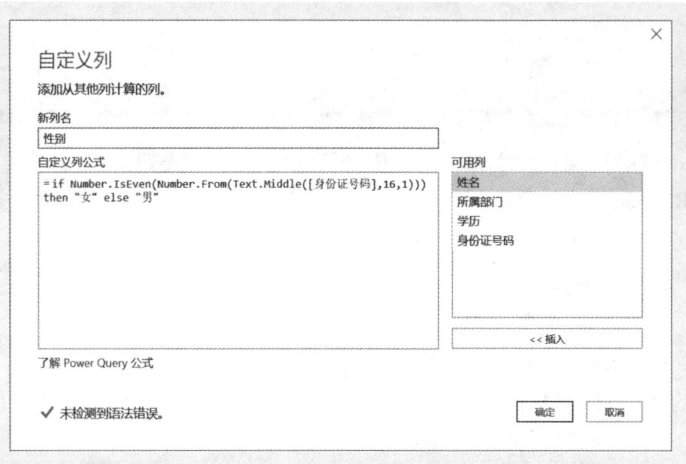

图7-3　自定义列“性别”

得到的性别判断结果如图 7-4 所示。

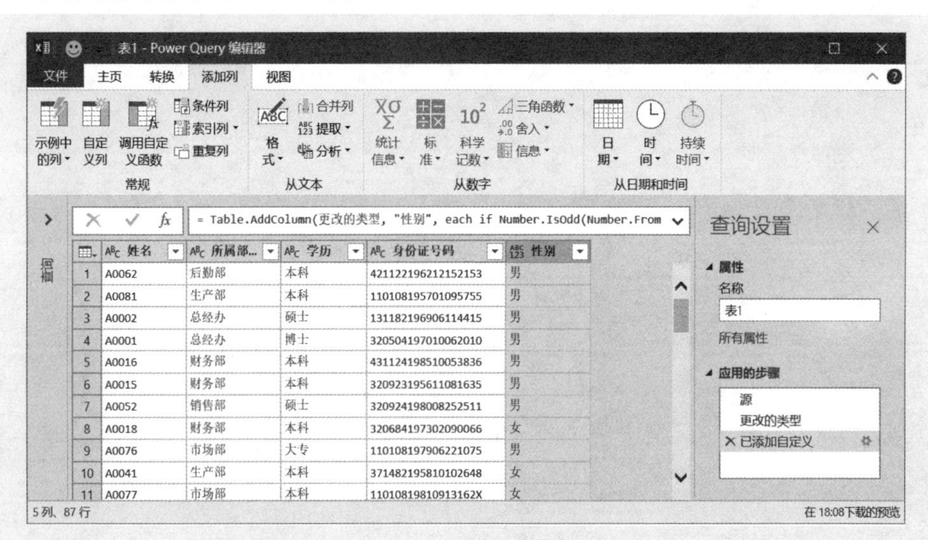

	姓名	所属部...	学历	身份证号码	性别
1	A0062	后勤部	本科	421122196212152153	男
2	A0081	生产部	本科	110108195701095755	男
3	A0002	总经办	硕士	131182196906114415	男
4	A0001	总经办	博士	320504197010062010	男
5	A0016	财务部	本科	431124198510053836	男
6	A0015	财务部	本科	320923195611081635	男
7	A0052	销售部	硕士	320924198008252511	男
8	A0018	财务部	本科	320684197302090066	女
9	A0076	市场部	大专	110108197906221075	男
10	A0041	生产部	本科	371482195810102648	女
11	A0077	市场部	本科	11010819810913162X	女

图7-4　得到的性别

7.7 用于模拟数据的随机数

如果要模拟数据进行计算，可以使用以下函数生成随机数。

- Number.Random 函数：返回介于 0~1 的随机小数。
- Number.RandomBetween 函数：返回两个给定数值之间的一个随机数。

Number.Random 函数类似于 Excel 中的 RAND 函数。其用法如下：

= Number.Random()

Number.RandomBetween 函数的用法如下：

= Number.RandomBetween(小数 , 大数)

例如，下面的公式就是产生 1~1000 的随机数：

= Number.RandomBetween(1, 1000)

与 Excel 中的 RANDBETWEEN 函数不同的是，RANDBETWEEN 函数返回的是整数，而 Number.RandomBetween 函数返回的是带小数点的数字。

Chapter

08 列表函数及其应用

列表函数有很多，用来处理列表数据。在企业数据整理和基本计算中，常见的数据处理使用菜单命令即可完成，例如删除重复值、提取列表等。但在有些情况下，则需要使用相关的列表函数进行处理。本章介绍几个常用的列表函数及其应用。

8.1 统计计算

如果要对一个列表进行统计计算，例如计数、求和、求平均值、求最大值、求最小值、求中位数等，可以使用以下函数：

- List.Count
- List.Sum
- List.Average
- List.Max
- List.Min
- List.Median

8.1.1 List.Count 函数：对列表的项计数

List.Count 函数用于统计指定列表中项的个数，结果是一个数字。其用法如下：

=List.Count(列表)

例如，下面的公式结果是7：

= List.Count({294,385,199,18,100,2,6})

下面的公式结果是5：

= List.Count({"aa","AA","DSB","QQ","ABC"})

8.1.2 List.Sum 函数：对列表的项求和

List.Sum 函数用于统计指定列表中项的合计数。其用法如下：

= List.Sum(列表 , 可选精度选项)

例如，下面的公式结果是1004：

= List.Sum({294,385,199,18,100,2,6})

而下面的公式就会出现错误，因为文本无法求和：

= List.Sum({"aa","AA","DSB","QQ","ABC"})

8.1.3 List.Average 函数：对列表的项求平均值

List.Average 函数用于计算指定列表中项的平均值。其用法如下：

```
= List.Average( 列表 , 可选精度选项 )
```

例如，下面公式的结果是143.42857142857142：

```
= List.Average({294,385,199,18,100,2,6})
```

8.1.4 List.Max 函数：对列表的项求最大值

List.Max 函数用于计算指定列表中项的最大值。其用法如下：

```
= List.Max( 列表 , 列表为空的默认值 , 相反性的排序比较方式 , 返回值是否包含空值 )
```

例如，下面公式的结果是385：

```
= List.Max({294,385,199,18,100,2,6})
```

8.1.5 List.Min 函数：对列表的项求最小值

List.Min 函数用于计算指定列表中项的最小值。其用法如下：

```
= List.Min( 列表 , 列表为空的默认值 , 相反性的排序比较方式 , 返回值是否包含空值 )
```

例如，下面公式的结果是2：

```
= List.Min({294,385,199,18,100,2,6})
```

8.1.6 List.Median 函数：对列表的项求中位数

List.Median 函数用于计算指定列表中项的中位数。其用法如下：

```
= List.Median( 列表， 可选比较条件 )
```

例如，下面公式的结果是100：

```
= List.Median({294,385,199,18,100,2,6})
```

8.1.7 综合应用案例：对含有 null 的列表求和

案例8-1

图8-1所示是一张已经完成的查询表，现在要在右侧插入一列，计算各种费用的合计数。

扫一扫，看视频

	部门	工资	福利费	差旅费	水电费	办公费
1	人力资源部	80000	5000	8000	null	2000
2	仓储部	25000	600	null	7000	null
3	会计部	30000	null	null	null	null
4	公司总部	30000	150000	60000	16800	7000
5	内控部	27000	null	null	null	null
6	计划部	20000	null	700	null	null
7	采购部	30000	null	600	null	null

图8-1　各个部门的各种费用数据

如果直接添加一个自定义列“合计”，利用直接相加的方法，如图8-2所示，就会得到错误的结果，如图8-3所示。因为数字和null相加的结果是null。

图8-2　直接相加

```
= Table.AddColumn(已透视列, "合计", each [工资]+[福利费]+[差旅费]+[水电费]+[办公费])
```

	部门	工资	福利费	差旅费	水电费	办公费	合计
1	人力资源部	80000	5000	8000	null	2000	null
2	仓储部	25000	600	null	7000	null	null
3	会计部	30000	null	null	null	null	null
4	公司总部	30000	150000	60000	16800	7000	263800
5	内控部	27000	null	null	null	null	null
6	计划部	20000	null	700	null	null	null
7	采购部	30000	null	600	null	null	null

图8-3　错误结果

此时，需要使用List.Sum函数。添加自定义列“合计”，自定义列公式如图8-4所示。得到的正确结果如图8-5所示。

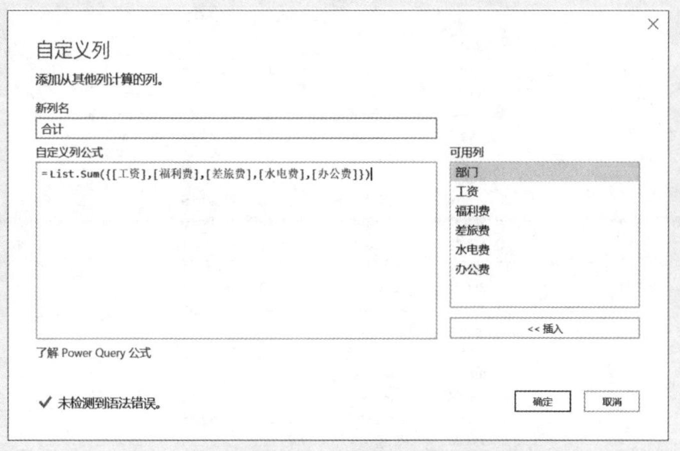

图8-4　使用List.Sum函数求和

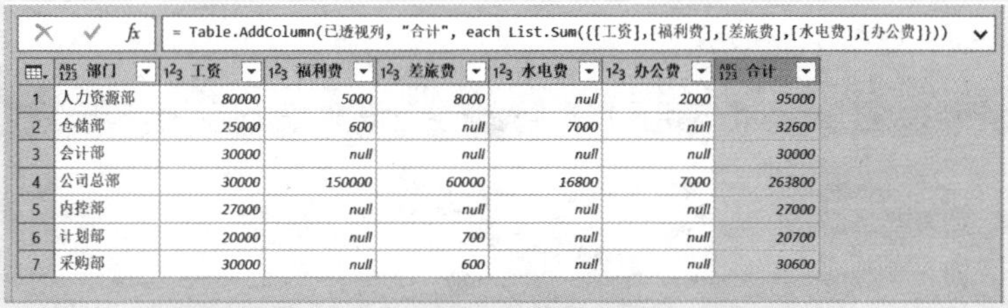

= Table.AddColumn(已透视列, "合计", each List.Sum({[工资],[福利费],[差旅费],[水电费],[办公费]}))

	部门	工资	福利费	差旅费	水电费	办公费	合计
1	人力资源部	80000	5000	8000	null	2000	95000
2	仓储部	25000	600	null	7000	null	32600
3	会计部	30000	null	null	null	null	30000
4	公司总部	30000	150000	60000	16800	7000	263800
5	内控部	27000	null	null	null	null	27000
6	计划部	20000	null	700	null	null	20700
7	采购部	30000	null	600	null	null	30600

图8-5　得到正确结果

8.1.8　综合应用案例：计算加班时间

案例8-2

图8-6所示是某月每个员工的上、下班时间记录表。现在要求计算每个员工的加班时间，规则如下。

(1)工作日：18:30以后为加班时间。

(2)双休日：8:30—12:00，13:30—17:30，以及18:30以后，均算加班时间。

(3)加班时间不满半小时不计，满半小时不满一小时按半小时计。

(4)公司正常出勤时间是8:30—12:00，13:00—17:30。

	A	B	C	D
1	姓名	日期	上班时间	下班时间
2	刘晓晨	2020-4-1	9:51:13	20:27:25
3	刘晓晨	2020-4-2	9:22:33	18:31:27
4	刘晓晨	2020-4-3	9:36:53	17:00:31
5	刘晓晨	2020-4-4	7:41:57	20:24:43
6	刘晓晨	2020-4-5	7:12:57	22:51:20
7	刘晓晨	2020-4-6	9:16:06	17:53:31
8	刘晓晨	2020-4-7	7:31:53	17:43:15
9	刘晓晨	2020-4-8	7:11:48	17:14:30
10	刘晓晨	2020-4-9	9:36:07	23:04:01
11	刘晓晨	2020-4-10	7:20:41	23:53:47
12	刘晓晨	2020-4-11	7:55:53	16:42:20
13	刘晓晨	2020-4-12	7:20:42	17:21:51
14	刘晓晨	2020-4-13	9:05:37	23:57:41
15	刘晓晨	2020-4-14	8:10:58	22:42:03
16	刘晓晨	2020-4-15	7:35:14	19:58:14
17	刘晓晨	2020-4-16	8:55:30	19:30:16
18	刘晓晨	2020-4-17	8:18:07	21:59:35
19	刘晓晨	2020-4-18	7:21:32	23:07:06

Sheet1

图8–6　上、下班时间记录表

建立基本查询，如图8–7所示。

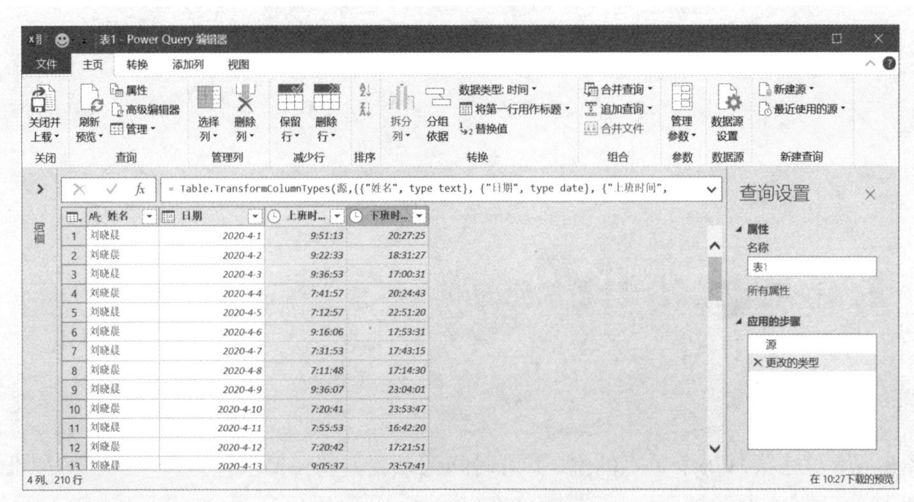

图8–7　建立基本查询

添加一个自定义列“星期”，获取每个日期对应的星期几数字，便于以后进行判断处理，其公式如下(见图8–8)。这里，以星期日作为一周的第一天，是数字0，星期一是一周的第二天，是数字1，以此类推。

```
= Date.DayOfWeek([日期],Day.Sunday)
```

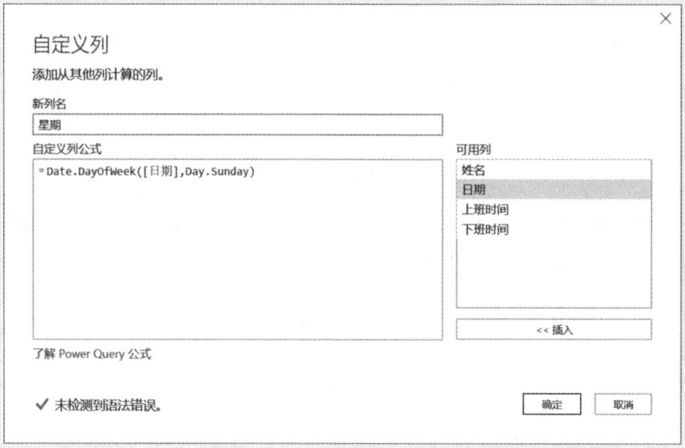

自定义列

添加从其他列计算的列。

新列名

星期

自定义列公式

```
= Date.DayOfWeek([日期],Day.Sunday)
```

可用列

姓名

日期

上班时间

下班时间

<< 插入

了解 Power Query 公式

✓ 未检测到语法错误。

确定　取消

图8-8　自定义列“星期”

得到的星期结果如图8-9所示。

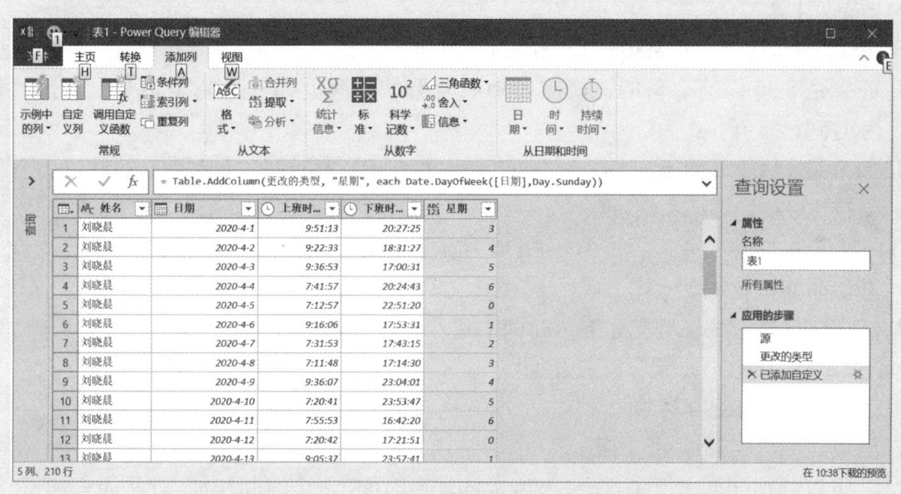

图8-9　得到代表星期几的数字

添加自定义列“工作日加班时间”，计算公式如下（见图8-10）。

```
if [星期]>=1 and [星期]<=5 then
    Number.RoundDown(
    List.Max({Duration.TotalHours([下班时间]-#time(18,30,0)),0})
    *2,0)/2
else 0
```

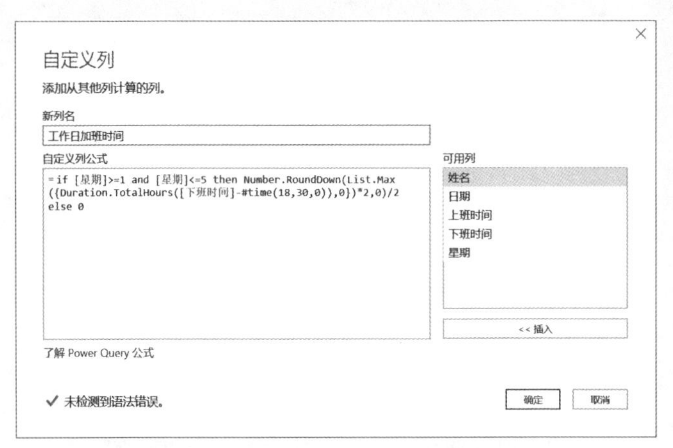

图8-10　自定义列“工作日加班时间”

如果要按照前面的加班规则计算周末的加班时间，是非常麻烦的。不过，可以通过分段计算的方法简化计算。

(1)计算上午加班时间，8:30—12:00为上班时间。

- 如果是8:30以前上班的，就按8:30计算开始时间；如果是8:30以后上班的，就按实际时间计算开始时间。
- 如果是12:00之前下班的，就按实际时间计算结束时间；如果是12:00以后下班的，就按12:00计算结束时间。

(2)计算下午加班时间，以13:30—17:30为实际上班时间。

- 开始时间按13:30计算。
- 结束时间按17:30与实际下班时间的最小时间计算。

(3)计算晚上加班时间，以18:30开始。

- 开始时间按18:30计算。
- 结束时间以实际时间计算。

这样，可以分别计算出上午、下午和晚上的加班时间，三个时间相加，就是周末加班时间了。

添加自定义列“周末加班时间”，计算公式如下(见图8-11)。

```
if [星期]>=1 and [星期]<=5 then 0 else
Number.RoundDown((
 Duration.TotalHours(#time(12,0,0)-List.Max({[上班时间],#time(8,30,0)}))
+Duration.TotalHours(List.Min({[下班时间],#time(17,30,0)})-#time(13,30,0))
+Duration.TotalHours(List.Max({[下班时间],#time(18,30,0)})-#time(18,30,0))
)*2,0)/2
```

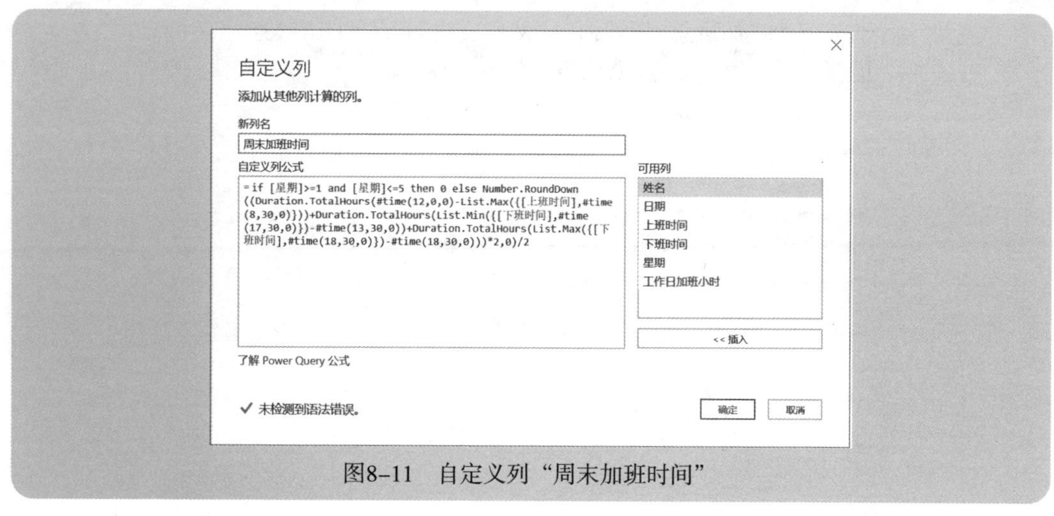

图8-11　自定义列“周末加班时间”

这个公式的核心是三个时间的相加。

上午加班时间：

```
Duration.TotalHours(#time(12,0,0)-List.Max({[上班时间],#time(8,30,0)}))
```

下午加班时间：

```
Duration.TotalHours(List.Min({[下班时间],#time(17,30,0)})-#time(13,30,0))
```

晚上加班时间：

```
Duration.TotalHours(List.Max({[下班时间],#time(18,30,0)})-#time(18,30,0))
```

这样就得到了每个人的周末加班时间，如图8-12所示。

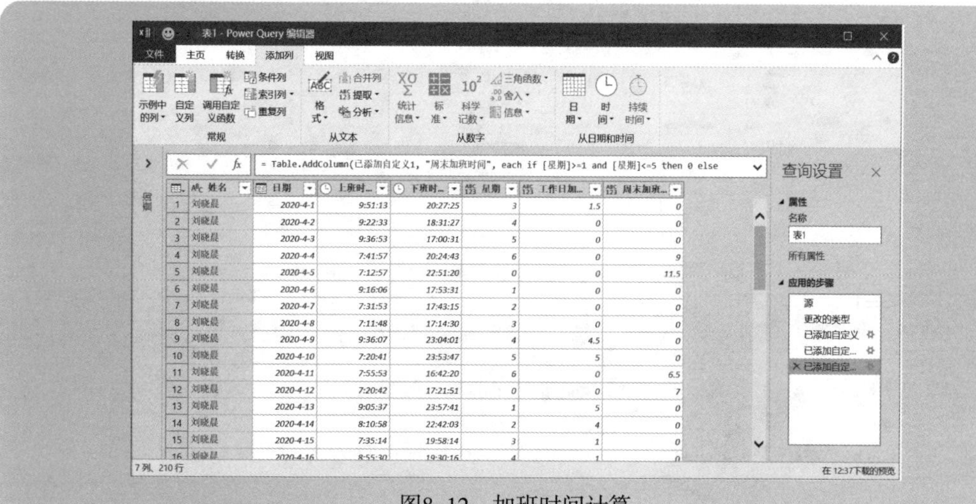

	姓名	日期	上班时...	下班时...	星期	工作日加...	周末加班...
1	刘晓晨	2020-4-1	9:51:13	20:27:25	3	1.5	0
2	刘晓晨	2020-4-2	9:22:33	18:31:27	4	0	0
3	刘晓晨	2020-4-3	9:36:53	17:00:31	5	0	0
4	刘晓晨	2020-4-4	7:41:57	20:24:43	6	0	9
5	刘晓晨	2020-4-5	7:12:57	22:51:20	0	0	11.5
6	刘晓晨	2020-4-6	9:16:06	17:53:31	1	0	0
7	刘晓晨	2020-4-7	7:31:53	17:43:15	2	0	0
8	刘晓晨	2020-4-8	7:11:48	17:14:30	3	0	0
9	刘晓晨	2020-4-9	9:36:07	23:04:01	4	4.5	0
10	刘晓晨	2020-4-10	7:20:41	23:53:47	5	5	0
11	刘晓晨	2020-4-11	7:55:53	16:42:20	6	0	6.5
12	刘晓晨	2020-4-12	7:20:42	17:21:51	0	0	7
13	刘晓晨	2020-4-13	9:05:37	23:57:41	1	5	0
14	刘晓晨	2020-4-14	8:10:58	22:42:03	2	4	0
15	刘晓晨	2020-4-15	7:35:14	19:58:14	3	1	0
16	刘晓晨	2020-4-16	8:55:30	19:30:16	4	1	0

图8-12　加班时间计算

再添加一个自定义列“加班总时间”，自定义列公式如下(见图8-13)。

```
=List.Sum({[工作日加班时间],[周末加班时间]})
```

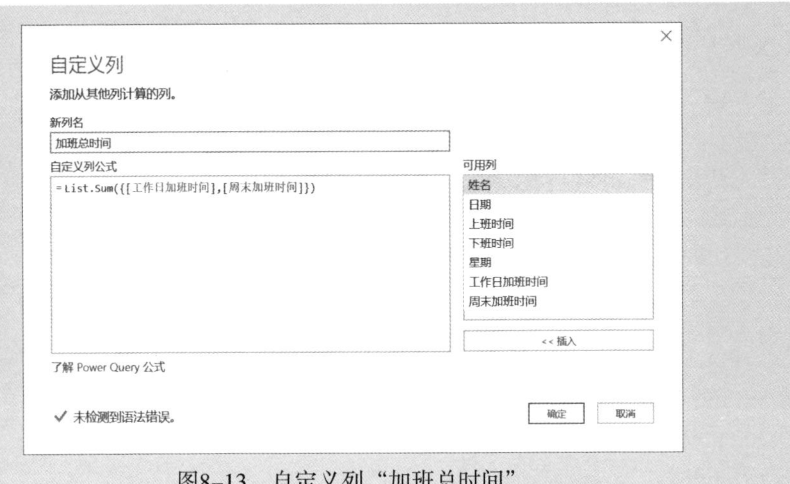

图8-13　自定义列“加班总时间”

加班时间最终计算结果如图8-14所示。

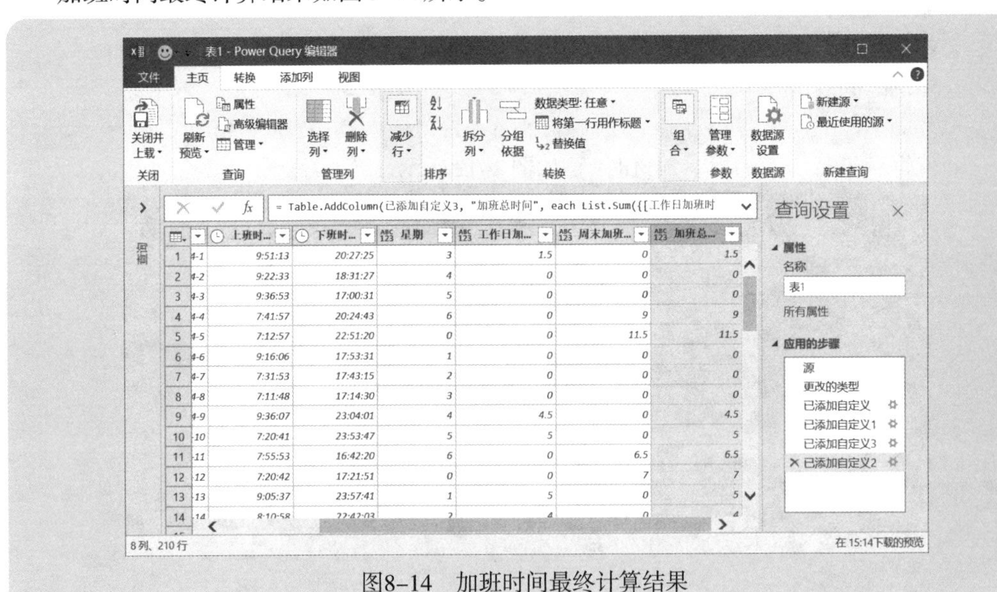

图8-14　加班时间最终计算结果

对每个人进行分组，计算加班时间的合计数，如图8-15所示。

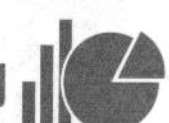

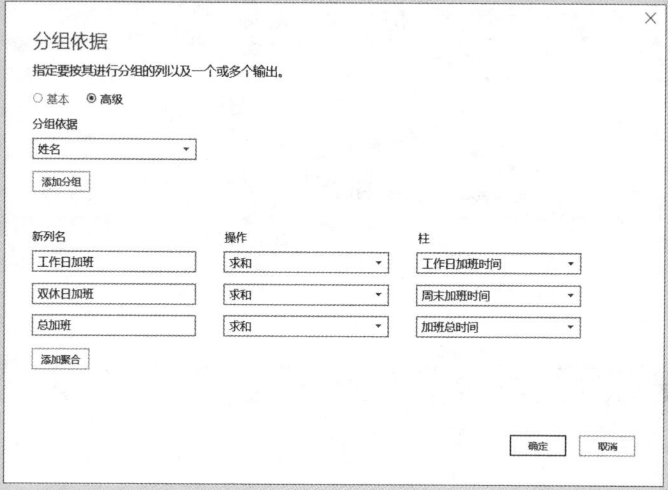

分组依据
指定要按其进行分组的列以及一个或多个输出。
基本
高级
分组依据
姓名
添加分组
新列名
操作
柱
工作日加班
求和
工作日加班时间
双休日加班
求和
周末加班时间
总加班
求和
加班总时间
添加聚合
确定
取消

图8-15　分组计算

就得到如图8-16所示的每个人在这个月的加班时间统计表。

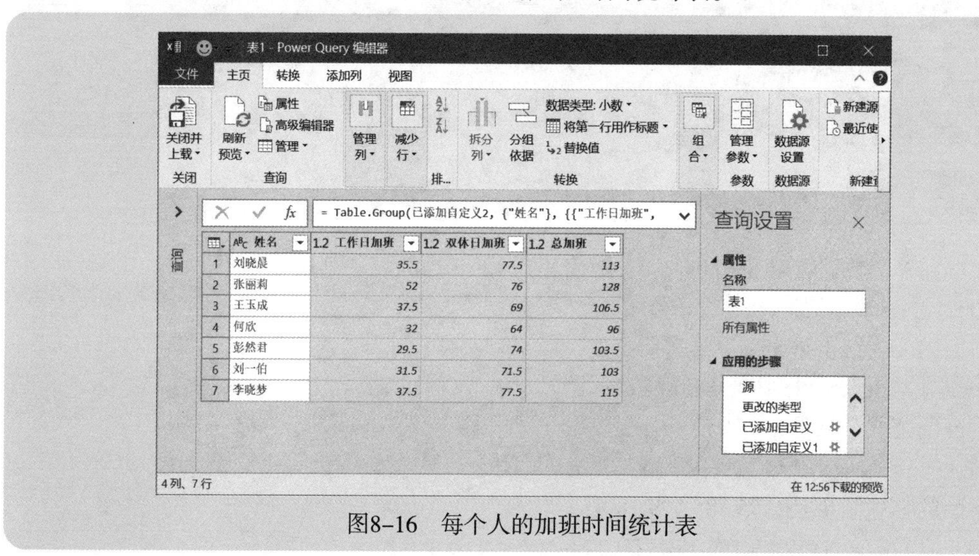

表1 - Power Query 编辑器
文件
主页
转换
添加列
视图
= Table.Group(已添加自定义2, {"姓名"}, {{"工作日加班",
姓名
1.2 工作日加班
1.2 双休日加班
1.2 总加班
1 刘晓晨 35.5 77.5 113
2 张丽莉 52 76 128
3 王玉成 37.5 69 106.5
4 何欣 32 64 96
5 彭然君 29.5 74 103.5
6 刘一伯 31.5 71.5 103
7 李晓梦 37.5 77.5 115
查询设置
属性
名称
表1
所有属性
应用的步骤
源
更改的类型
已添加自定义
已添加自定义1
4列、7行
在 12:56下载的预览

图8-16　每个人的加班时间统计表

将数据导出到Excel，即可得到如图8-17所示的员工加班统计报表。

	A	B	C	D
1	姓名	工作日加班	双休日加班	总加班
2	刘晓晨	35.5	77.5	113
3	张丽莉	52	76	128
4	王玉成	37.5	69	106.5
5	何欣	32	64	96
6	彭然君	29.5	74	103.5
7	刘一伯	31.5	71.5	103
8	李晓梦	37.5	77.5	115
9				

图8-17　员工加班统计报表

8.2 提取前/后*N*个数据和前*N*大/小数据

当需要从一组数中，提取前 *N* 个、后 *N* 个、前 *N* 大、前 *N* 小数据时，可以使用以下函数：

- List.FirstN
- List.LastN
- List.MaxN
- List.MinN

8.2.1 List.FirstN 函数：从头提取 *N* 个数据

提取前*N*个数据可以使用List.First函数和List.FirstN函数。其用法如下：

```
=List.FirstN( 列表 , 个数或条件 )
```

下面的公式结果是55：

```
= List.First({55,385,199,18,100,2,6})
```

下面的公式结果是{55,385,199}：

```
= List.FirstN({55,385,199,18,100,2,6},3)
```

下面的公式结果是{155,385,199,180}：

```
= List.FirstN({155,385,199,180,100,2,6},each _ >100)
```

8.2.2 List.LastN 函数：从尾提取 *N* 个数据

提取最后的*N*个数据可以使用List.Last函数和List.LastN函数。其用法如下：

```
=List. List.LastN( 列表 , 个数或条件 )
```

下面的公式结果是6：

```
= List.Last({55,385,199,18,100,2,6})
```

下面的公式结果是{100,2,6}：

```
= List.LastN({55,385,199,18,100,2,6},3)
```

下面的公式结果是{199,180,100,2,6}：

```
= List.LastN({155,385,199,180,100,2,6},each _<=200)
```

8.2.3 List. MaxN 函数：提取最大的 N 个数据

提取最大的N个数据可以使用List. MaxN函数。其用法如下：

```
=List.MaxN( 列表 , 个数或条件 , 排序方式 , 是否忽略空值 )
```

下面的公式结果是{500,385,199}：

```
= List.MaxN({55,385,199,18,500,2,6},3)
```

下面的公式结果是{500,385}：

```
= List.MaxN({55,385,199,18,500,2,6},each _>200)
```

8.2.4 List. MinN 函数：提取最小的 N 个数据

提取最小的N个数据可以使用List. MinN函数。其用法如下：

```
=List.MinN( 列表 , 个数或条件 , 排序方式 , 是否忽略空值 )
```

下面的公式结果是{2,6,18}：

```
= List.MinN({55,385,199,18,500,2,6},3)
```

下面的公式结果是{2,6,18,55,199}：

```
= List.MinN({55,385,199,18,500,2,6},each _< 200)
```

8.3 List.Sort函数：数据排序

当需要对数据进行排序时，既可以使用前面介绍的List.MaxN函数和List.MinN函数，也可以使用List.Sort函数。其用法如下：

```
=List.Sort( 列表 , 排序方式 )
```

例如，下面的公式结果是{2,6,18,55,199,385,500}，默认为升序排序：

```
= List.Sort({55,385,199,18,500,2,6}, Order.Ascending)
```

或者：

```
= List.Sort({55,385,199,18,500,2,6})
```

下面的公式结果是{500,385,199,55,18,6,2}，指定降序排序：

```
= List.Sort({55,385,199,18,500,2,6}, Order.Descending )
```

8.4 List.FindText函数：查找数据

如果要从列表中查找指定数据，或者包含指定的数据，可以使用List.FindText函数。其用法如下：

```
= List.FindText( 列表 , 文本 )
```

例如，下面的公式结果是{"A","BA","AB"}：

```
= List.FindText({"A","BA","C","D","AB","E"},"A")
```

8.5 两个表格对比

当需要对两个表格进行对比，以便找出两个表格的差异时，可以使用以下函数：

- List.Difference
- List.Intersect

8.5.1 List.Difference 函数：查找一个表在另一个表中未出现的项

List.Difference函数用于查找列表1在列表2中未出现的项。其用法如下：

```
= List.Difference( 列表 1, 列表 2, 可选的相等条件值 )
```

例如，下面的公式结果是{1,8,9}，也就是说，列表1中的1、8和9没有在列表2中出现：

```
= List.Difference({1,8,2,3,5,6,9},{5,2,3,6,10})
```

8.5.2 List.Intersect 函数：查找几个表都有的项

List.Intersect函数用于查找几个表都有的项，也就是几个表的交集。其用法如下：

```
= List.Difference({ 列表 1、列表 2、列表 3…列表 n}, 可选的相等条件值 )
```

例如，下面的公式结果是{2,3,5}，也就是2、3和5在三个列表中都存在：

```
= List.Intersect({{1,8,2,3,5,6,9},{5,2,3,6,10},{2,4,8,3,5}})
```

8.5.3 综合应用案例：寻找新增客户、流失客户和存量客户

案例8-3

图8-18所示是去年和今年的客户名单，现在要对比这两个表，寻找哪些是新增客户，哪些是流失客户，哪些是存量客户。

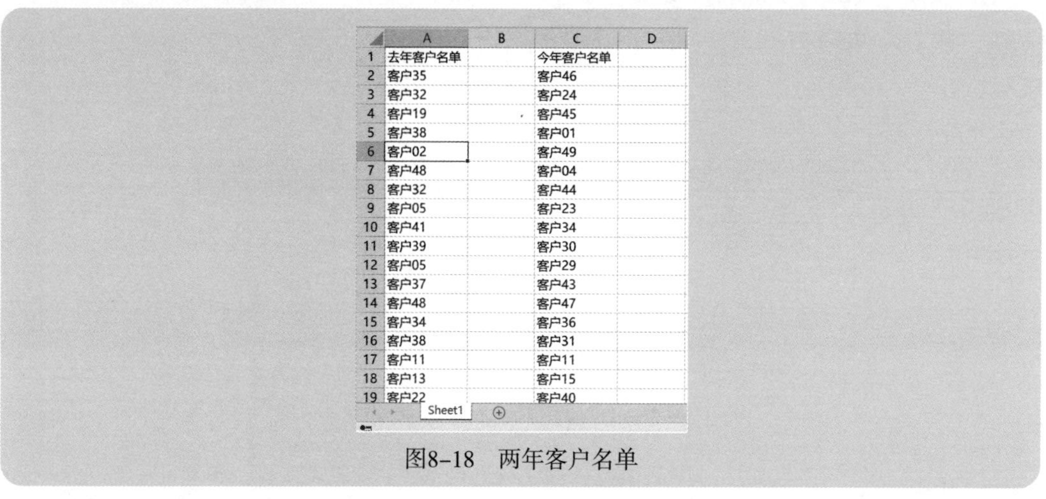

	A	B	C	D
1	去年客户名单		今年客户名单	
2	客户35		客户46	
3	客户32		客户24	
4	客户19		客户45	
5	客户38		客户01	
6	客户02		客户49	
7	客户48		客户04	
8	客户32		客户44	
9	客户05		客户23	
10	客户41		客户34	
11	客户39		客户30	
12	客户05		客户29	
13	客户37		客户43	
14	客户48		客户47	
15	客户34		客户36	
16	客户38		客户31	
17	客户11		客户11	
18	客户13		客户15	
19	客户22		客户40	

Sheet1

图8-18　两年客户名单

分别单击两个客户名称列，然后执行“插入”→“表格”命令，将两列数据变成表格，然后将两个表格分别重命名为“去年”和“今年”，如图8-19所示。

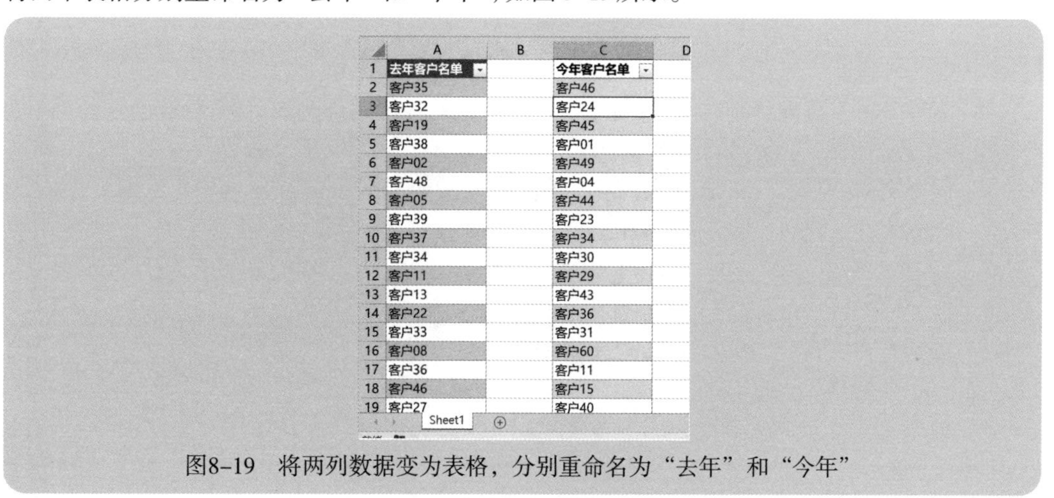

	A	B	C	D
1	去年客户名单		今年客户名单	
2	客户35		客户46	
3	客户32		客户24	
4	客户19		客户45	
5	客户38		客户01	
6	客户02		客户49	
7	客户48		客户04	
8	客户05		客户44	
9	客户39		客户23	
10	客户37		客户34	
11	客户34		客户30	
12	客户11		客户29	
13	客户13		客户43	
14	客户22		客户36	
15	客户33		客户31	
16	客户08		客户60	
17	客户36		客户11	
18	客户46		客户15	
19	客户27		客户40	

Sheet1

图8-19　将两列数据变为表格，分别重命名为“去年”和“今年”

新建一个空白查询，重命名为“流失客户”，打开“高级编辑器”对话框，然后输入下面的代码(见图8-20)。

```
let
    去年客户 = Excel.CurrentWorkbook(){[Name=" 去年 "]}[Content],
    今年客户 = Excel.CurrentWorkbook(){[Name=" 今年 "]}[Content],
    List1 = Table.ToList( 去年客户 ),
    List2 = Table.ToList( 今年客户 ),
    流失客户 = List.Difference(List1, List2)
in
    流失客户
```

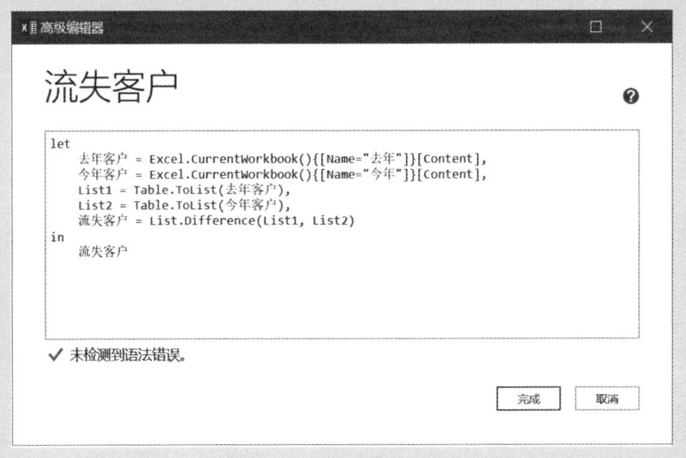

图8-20　查找流失客户

将“流失客户”查询复制一份，重命名为“新增客户”，代码修改如下(见图8-21)。

```
let
    去年客户 = Excel.CurrentWorkbook(){[Name=" 去年 "]}[Content],
    今年客户 = Excel.CurrentWorkbook(){[Name=" 今年 "]}[Content],
    List1 = Table.ToList( 去年客户 ),
    List2 = Table.ToList( 今年客户 ),
    新增客户 = List.Difference(List2, List1)
in
    新增客户
```

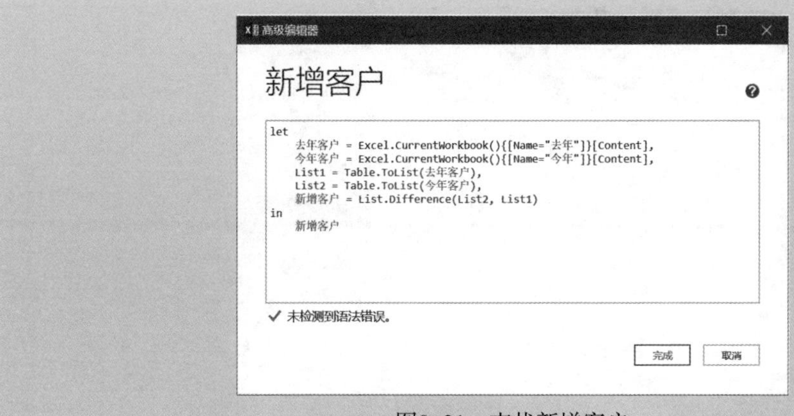

图8-21　查找新增客户

将“流失客户”查询再复制一份，重命名为“存量客户”，代码修改如下(见图8-22)。

```
let
    去年客户 = Excel.CurrentWorkbook(){[Name=" 去年 "]}[Content],
    今年客户 = Excel.CurrentWorkbook(){[Name=" 今年 "]}[Content],
    List1 = Table.ToList( 去年客户 ),
    List2 = Table.ToList( 今年客户 ),
    存量客户 = List.Intersect({List1, List2})
in
    存量客户
```

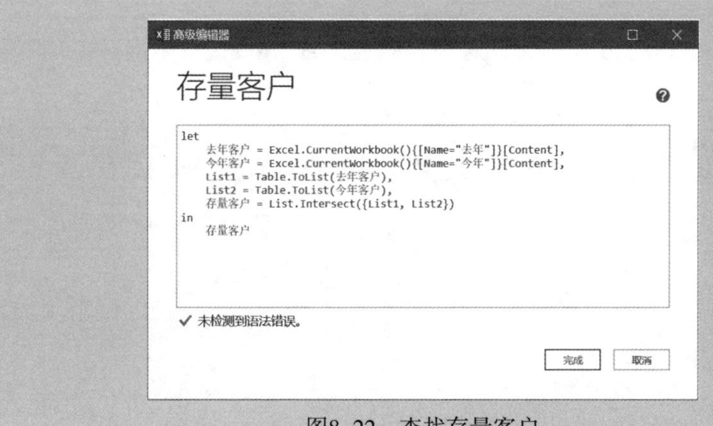

图8-22　查找存量客户

最后分别将上述三组查询数据导入同一张工作表中(先上载为链接，然后分别加载数据)，即可得到如图8–23所示的客户流动分析报告。

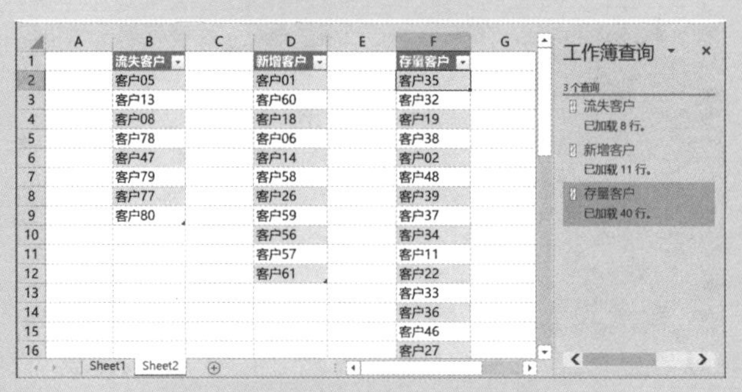

图8–23　客户流动分析报告

8.6 List.Distinct函数：获取不重复数据清单

List.Distinct函数用于获取不重复数据清单，也就是删除重复项，保留唯一项。其用法如下：

```
=List.Distinct(列表，可选的相等条件值)
```

例如，下面公式的结果是{22,40,10,20,9}：

```
= List.Distinct({22,40,10,20,22,10,22,20,9})
```

案例8–4

图8–24所示是一张销售明细表，现要求从A列客户简称中，提取不重复客户名称，保存到另一张工作表，要求这个客户名称列表与源数据自动链接更新。

客户简称	业务员	月份	存货编码	存货名称	销量	销售额	销售成本	毛利
客户01	业务员16	1月	CP001	产品01	34364	3,391,104.70	419,180.28	2,971,924.43
客户02	业务员13	1月	CP002	产品02	28439	134,689.44	75,934.81	58,754.63
客户02	业务员06	1月	CP003	产品03	3518	78,956.36	51,064.00	27,892.36
客户02	业务员21	1月	CP004	产品04	4245	50,574.50	25,802.04	24,772.46
客户03	业务员23	1月	CP002	产品02	107406	431,794.75	237,103.10	194,691.65
客户03	业务员15	1月	CP001	产品01	1676	122,996.02	20,700.43	102,295.59
客户04	业务员28	1月	CP002	产品02	42032	114,486.98	78,619.98	35,866.99
客户05	业务员10	1月	CP002	产品02	14308	54,104.93	30,947.31	23,157.62
客户06	业务员20	1月	CP002	产品02	3898	10,284.91	7,223.49	3,061.42
客户06	业务员06	1月	CP001	产品01	987	69,982.55	16,287.54	53,695.02
客户06	业务员22	1月	CP003	产品03	168	5,392.07	2,285.28	3,106.79
客户06	业务员05	1月	CP004	产品04	653	10,016.08	4,388.18	5,627.90
客户07	业务员25	1月	CP002	产品02	270235	1,150,726.33	696,943.40	453,782.93
客户07	业务员05	1月	CP001	产品01	13963	1,009,455.70	202,277.98	807,177.72
客户07	业务员17	1月	CP003	产品03	1407	40,431.45	12,396.97	28,034.47
客户07	业务员07	1月	CP004	产品04	3411	57,944.38	17,055.00	40,889.38
客户08	业务员21	1月	CP002	产品02	74811	271,060.46	215,481.04	55,579.41
客户08	业务员06	1月	CP001	产品01	1769	107,495.07	17,299.24	90,195.83

今年　Sheet4

图8–24　销售明细表

首先将这个销售明细表建立表格，并重命名为“今年”。

建立一个空白查询，打开“高级编辑器”对话框，如图8-25所示，输入下面的代码：

```
let
    源 = Excel.CurrentWorkbook(){[Name=" 今年 "]}[Content],
    客户 =Table.SelectColumns( 源 ," 客户简称 "),
    List1 = Table.ToList( 客户 ),
    客户列表 = List.Distinct(List1),
    转换为表 = Table.FromList( 客户列表 , null, {" 客户名称 "})
in
    转换为表
```

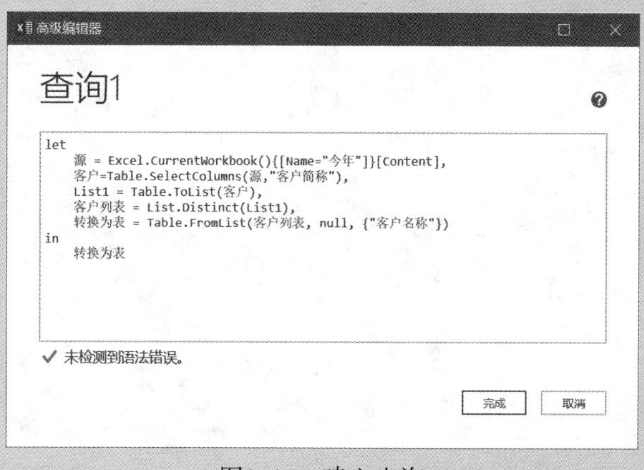

图8-25　建立查询

这样就得到了不重复客户名称列表，如图8-26所示。

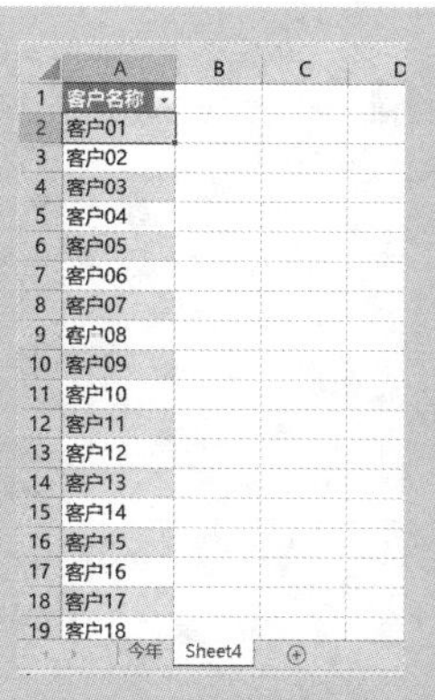

图8-26　获取的不重复客户名称列表

Chapter

09

表函数及其应用

表函数有很多，基本上是以Table开头，用来处理表数据，例如，添加列、删除列、合并列、拆分列、筛选前*N*个/后*N*个记录、填充数据等。在企业数据整理和基本计算中，既可以使用菜单命令，也可以使用相关的表函数实现表处理。

9.1 获取表的信息

如果需要了解表的一些基本信息，例如有多少列，列名是什么，有多少行，某个记录是否存在等，可以使用以下函数：

- Table.ColumnCount
- Table.ColumnNames
- Table.HasColumns
- Table.RowCount
- Table.MatchesAllRows
- Table.MatchesAnyRows

9.1.1 获取表的列数和列名

获取表的列信息可以使用以下函数：

- Table.ColumnCount
- Table.ColumnNames
- Table.HasColumns

1. Table.ColumnCount 函数

Table.ColumnCount 函数用于获取表的列数。其用法如下：

```
= Table.ColumnCount( 表 )
```

2. Table.ColumnNames 函数

Table.ColumnNames 函数用于获取表的各列的列名。其用法如下：

```
= Table.ColumnNames( 表 )
```

3. Table.HasColumns 函数

Table.HasColumns 函数用于判断表是否有指定的列，如果有，结果是true；如果没有，结果是false。其用法如下：

```
= Table.HasColumns( 表 , 指定列名 )
```

案例9-1

图9-1所示是一组示例数据，打开“高级编辑器”，编写如下M公式代码，获取列名，如图9-2所示。

```
let
    源 = Excel.CurrentWorkbook(){[Name=" 表 1"]}[Content],
    列名 = Table.ColumnNames( 源 )
in
    列名
```

= Excel.CurrentWorkbook(){[Name="表1"]}[Content]

	日期	客户	业务员	产品	销量	销售额	毛利
1	2020-1-7 0:0...	客户30	业务员03	产品09	645	56115	24689
2	2020-1-9 0:0...	客户16	业务员03	产品10	821	131360	62259
3	2020-1-15 0:...	客户39	业务员02	产品09	138	34086	9679
4	2020-1-23 0:...	客户31	业务员17	产品03	454	112592	29604
5	2020-1-28 0:...	客户09	业务员08	产品08	287	85239	47931
6	2020-2-1 0:0...	客户24	业务员03	产品03	445	109915	11209
7	2020-2-5 0:0...	客户45	业务员08	产品10	402	50250	11623
8	2020-2-20 0:...	客户46	业务员04	产品05	654	170040	90521
9	2020-2-26 0:...	客户38	业务员08	产品09	608	172672	73777
10	2020-2-27 0:...	客户23	业务员10	产品07	877	201710	93021
11	2020-3-6 0:0...	客户02	业务员07	产品11	648	137376	42129
12	2020-3-12 0:...	客户14	业务员14	产品03	609	161994	88456

7列、16行

图9-1　示例数据

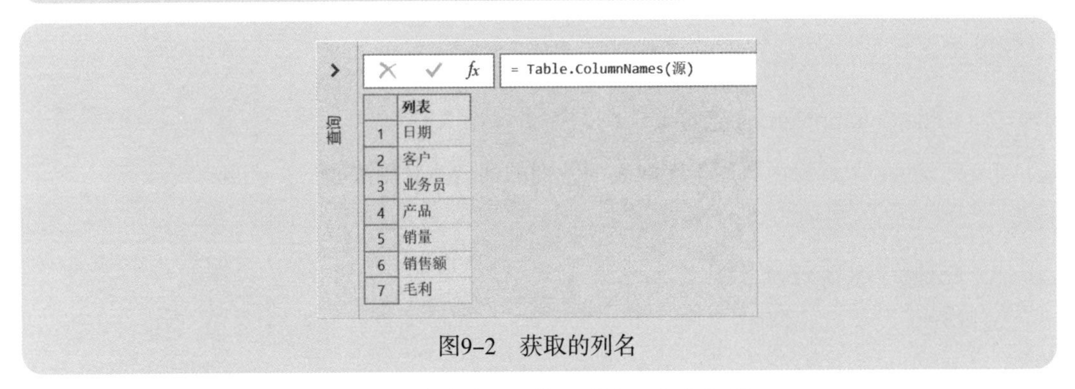
= Table.ColumnNames(源)

	列表
1	日期
2	客户
3	业务员
4	产品
5	销量
6	销售额
7	毛利

图9-2　获取的列名

下面的公式结果是true，也就是该表有“日期”列和“客户”列：

```
= Table.HasColumns( 源 ,{" 日期 "," 客户 "})
```

下面的公式结果是false，也就是该表没有“毛利率”列：

```
= Table.HasColumns( 源 ," 毛利率 ")
```

9.1.2 获取表的行数

如果要了解表有多少行，某行数据是否存在等，可以使用以下函数：

- Table.RowCount
- Table.MatchesAllRows
- Table.MatchesAnyRows

1. Table.RowCount 函数

Table.RowCount 函数是获取表的总行数。其用法如下：

```
= Table.RowCount( 表 )
```

例如，对如图9-1所示的表，下面的公式结果是16，也就是表有16行(标题不算)：

```
= Table.RowCount( 源 )
```

2. Table.MatchesAllRows 函数

Table.MatchesAllRows 函数是检查表的所有行是否满足指定条件。其用法如下：

```
= Table.MatchesAllRows( 表 , 条件 )
```

例如，对如图9-1所示的表，下面的公式结果是true，也就是销售额大于22000的记录是存在的：

```
= Table.MatchesAllRows( 源 ,each [ 销售额 ]>22000)
```

下面的公式结果是false，也就是销售额大于50000的记录不存在：

```
= Table.MatchesAllRows( 源 ,each [ 销售额 ]>50000)
```

3. Table.MatchesAnyRows 函数

Table.MatchesAnyRows 函数是检查表的任意行是否满足指定条件。其用法如下：

```
= Table.MatchesAnyRows( 表 , 任意匹配条件 )
```

例如，下面的公式结果是false：

```
= Table.MatchesAnyRows( 源 , each _ = [ 客户 =" 客户 30", 产品 =" 产品 02"])
```

9.2 操作列

如果要在表中添加列、删除列、修改列名称、调整列的位置等，既可以使用菜单命令，也可以使用以下函数：

- Table.AddIndexColumn
- Table.AddColumn
- Table.RemoveColumns
- Table.SelectColumns
- Table.RenameColumns
- Table.ReorderColumns
- Table.SplitColumn
- Table.CombineColumns
- Table.DuplicateColumn

9.2.1 Table.AddIndexColumn 函数：添加索引列

Table.AddIndexColumn 函数用于为表添加索引列。其用法如下：

```
= Table.AddIndexColumn( 表 , 新列名 , 初始索引值 , 索引值增量 )
```

例如，图 9-3 所示是一张原始表，现在要在表前面添加一个从 1 开始的“排名”序号列，则 M 公式代码如下，结果如图 9-4 所示。

```
let
    源 = Excel.CurrentWorkbook(){[Name=" 表 1"]}[Content],
    排名序号 = Table.AddIndexColumn( 源 ," 排名 ",1,1),
    移动 = Table.ReorderColumns( 排名序号 ,{" 排名 "," 客户 "," 销售额 "})
in
    移动
```

	客户	销售额
1	客户03	10951
2	客户08	8328
3	客户04	3163
4	客户02	2916
5	客户05	1360
6	客户07	1151
7	客户01	1005
8	客户06	928
9	客户09	621

图9-3 原始表

	排名	客户	销售额
1	1	客户03	10951
2	2	客户08	8328
3	3	客户04	3163
4	4	客户02	2916
5	5	客户05	1360
6	6	客户07	1151
7	7	客户01	1005
8	8	客户06	928
9	9	客户09	621

图9-4 插入序号列后的表

9.2.2 Table.AddColumn 函数：添加自定义列

Table.AddColumn 函数用于在表中添加自定义列。其用法如下：

```
= Table.AddColumn( 表，新列名，计算表达式，数据类型 )
```

案例9-2

图 9-5 所示是一张原始的销售数据表，现在要在表中添加一列“毛利”。

	A	B	C	D	E	F
1	日期	产品	客户	销量	销售额	销售成本
2	2020-8-26	产品17	客户25	497	284284	760292
3	2020-10-16	产品18	客户13	229	70990	40999
4	2020-4-28	产品06	客户12	208	267488	761593
5	2020-10-27	产品05	客户45	24	9456	24480
6	2020-2-1	产品02	客户46	423	54144	33308
7	2020-2-4	产品03	客户20	35	2660	1439
8	2020-4-22	产品20	客户38	177	10974	8433
9	2020-5-23	产品20	客户11	91	7644	9580
10	2020-10-28	产品09	客户16	493	230231	16534
11	2020-8-24	产品15	客户52	309	67671	62970
12	2020-10-12	产品19	客户01	404	62216	47606
13	2020-6-7	产品08	客户17	38	7790	3104
14	2020-7-24	产品03	客户57	355	25205	23005
15	2020-8-12	产品08	客户50	475	98800	23030
16	2020-5-27	产品01	客户07	20	800	1463
17	2020-2-6	产品02	客户33	322	34454	26317
18	2020-10-19	产品15	客户52	123	23370	5984
19	2020-2-8	产品19	客户04	199	27263	17494

Sheet1

图9-5 销售原始数据表

建立查询，打开“高级编辑器”对话框，将 M 公式代码修改如下(见图 9-6)。

```
let
    源 = Excel.CurrentWorkbook(){[Name=" 表 1"]}[Content],
    更改的类型 = Table.TransformColumnTypes( 源 ,{{" 日期 ", type date}}),
    毛利 =Table.AddColumn( 更改的类型 ," 毛利 ",each [ 销售额 ]-[ 销售成本 ])
in
    毛利
```

图9-6　M公式代码

这样就得到了如图9-7所示的结果。

图9-7　添加的自定义列

案例9-3

图9-8所示是一张产品数据表，要求一次性在表中添加多个自定义列，包括单价、单位成本、毛利、毛利率。

扫一扫，看视频

	A	B	C	D
1	产品	销量	销售额	销售成本
2	产品01	22256	794387	639412
3	产品02	17930	2153907	1800155
4	产品03	27484	2347595	1894213
5	产品04	18185	1274202	1206308
6	产品05	19073	7434907	5700529
7	产品06	20678	24988409	12812790
8	产品07	18046	7558723	5832874
9	产品08	17470	4272400	904172
10	产品09	24268	10511450	7852905
11	产品10	19238	2342932	1816645
12	产品11	20755	5239514	4671133
13	产品12	19632	2049660	1268184
14	产品13	19697	859482	587468
15	产品14	18948	729372	815587
16	产品15	19319	3236129	1630611
17	产品16	19239	10263576	8097047
18	产品17	24162	13295959	10845801
19	产品18	15454	4357040	4109025

Sheet1

图9-8 产品数据

建立查询，打开“高级编辑器”对话框，如图9-9所示，将M公式代码修改如下。

```
let
    源 = Excel.CurrentWorkbook(){[Name=" 表 1"]}[Content],
    单价 = Table.AddColumn( 源 , " 单价 ", each Number.Round([销售额]/[销量],4)),
    单位成本 = Table.AddColumn( 单价 , " 单位成本 ", each Number.Round([销售额]/[销
量],4)),
    毛利 = Table.AddColumn( 单位成本 , " 毛利 ", each Number.Round([销售额]-[销售成
本],0)),
    毛利率 = Table.AddColumn( 毛利 , " 毛利率 ", each Number.Round([毛利]/[销售额],4),
Percentage.Type)
in
    毛利率
```

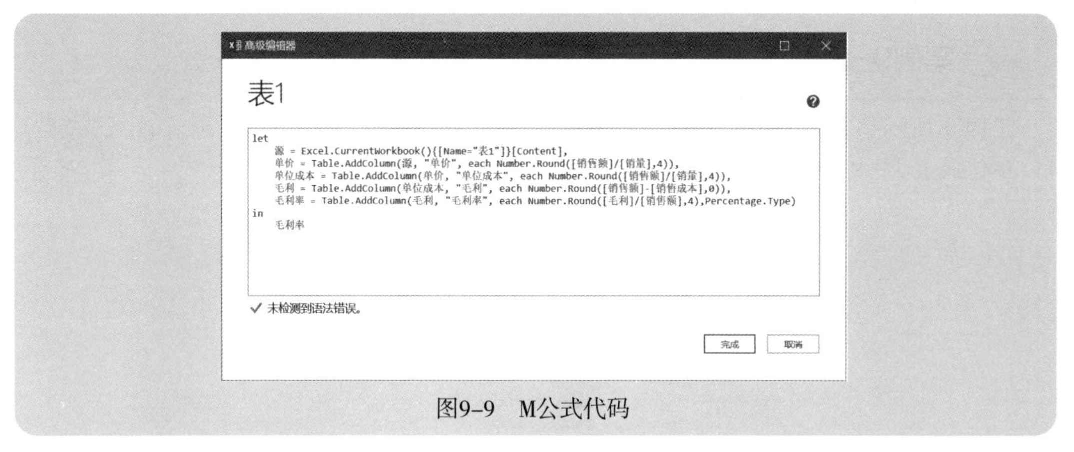

图9-9　M公式代码

得到的结果如图9-10所示。

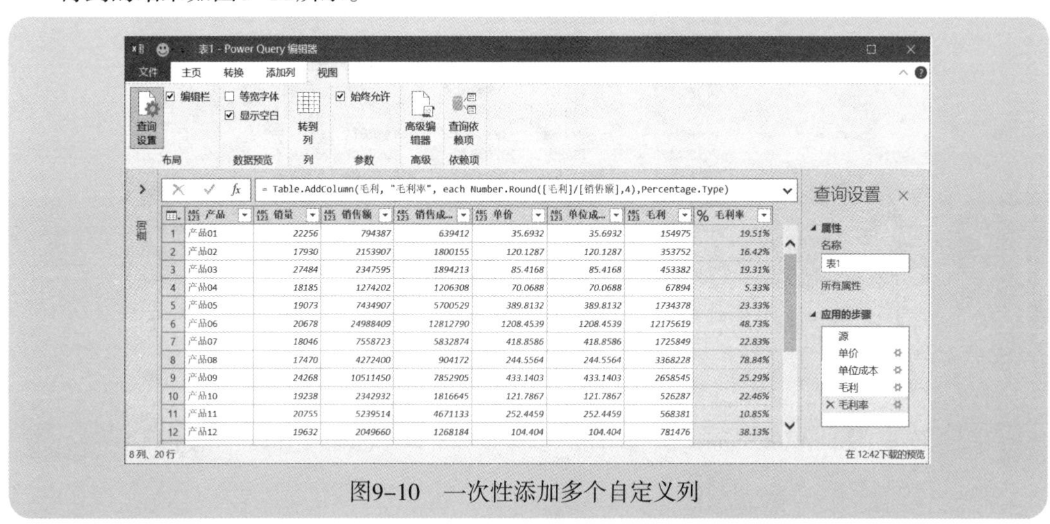

	产品	销量	销售额	销售成...	单价	单位成...	毛利	毛利率
1	产品01	22256	794387	639412	35.6932	35.6932	154975	19.51%
2	产品02	17930	2153907	1800155	120.1287	120.1287	353752	16.42%
3	产品03	27484	2347595	1894213	85.4168	85.4168	453382	19.31%
4	产品04	18185	1274202	1206308	70.0688	70.0688	67894	5.33%
5	产品05	19073	7434907	5700529	389.8132	389.8132	1734378	23.33%
6	产品06	20678	24988409	12812790	1208.4539	1208.4539	12175619	48.73%
7	产品07	18046	7558723	5832874	418.8586	418.8586	1725849	22.83%
8	产品08	17470	4272400	904172	244.5564	244.5564	3368228	78.84%
9	产品09	24268	10511450	7852905	433.1403	433.1403	2658545	25.29%
10	产品10	19238	2342932	1816645	121.7867	121.7867	526287	22.46%
11	产品11	20755	5239514	4671133	252.4459	252.4459	568381	10.85%
12	产品12	19632	2049660	1268184	104.404	104.404	781476	38.13%

图9-10　一次性添加多个自定义列

9.2.3 Table.RemoveColumns 函数：删除列

Table.RemoveColumns函数用于删除表的一列或多列。其用法如下：

```
=Table.RemoveColumns(表,要删除的列集,列不存在时的处理)
```

案例9-4

图9-11所示是一组示例数据，要求先删除“地区编码”和“产品编码”列，然后填充“地区”

列，最后再添加一个“销售额本币”新列，汇率假定为7.0123。

	A	B	C	D	E
1	地区编码	地区	产品编码	产品	销售额本币
2	HB	华北	CP01	产品1	2908
3			CP02	产品2	6055
4			CP03	产品3	4537
5			CP04	产品4	3822
6	HD	华东	CP01	产品1	4473
7			CP02	产品2	4678
8			CP03	产品3	604
9			CP04	产品4	1515
10	HN	华南	CP01	产品1	3518
11			CP02	产品2	4375
12			CP03	产品3	6865
13			CP04	产品4	4724
14	HZ	华中	CP01	产品1	4396
15			CP02	产品2	4482
16			CP03	产品3	6246
17			CP04	产品4	969
18					

图9-11　示例数据

建立查询，打开“高级编辑器”对话框，将M公式代码修改如下(见图9-12)。

```
let
    源 = Excel.CurrentWorkbook(){[Name=" 表 1"]}[Content],
    删除列 = Table.RemoveColumns( 源 , {" 地区编码 "," 产品编码 "}),
    填充 = Table.FillDown( 删除列 , {" 地区 "}),
    添加列 = Table.AddColumn( 填充 , " 销售额外币 ", each [销售额本币]/7.0123)
in
    添加列
```

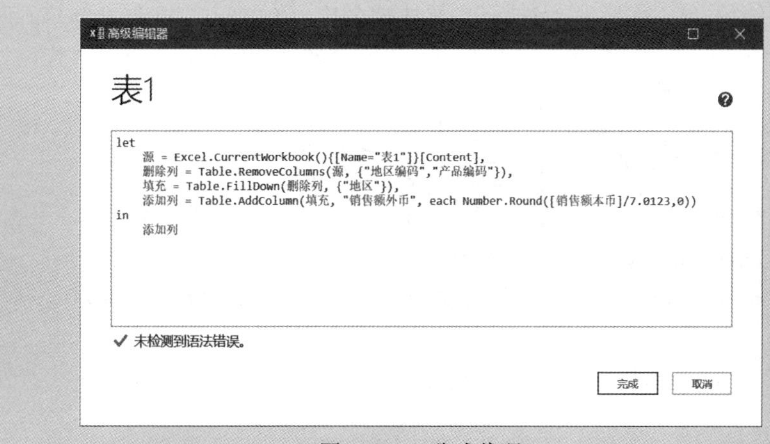

图9-12　M公式代码

9.2.4 Table.SelectColumns 函数：选择列

Table.SelectColumns 函数用于选择一列或几列，相当于删除其他列的操作。其用法如下：

```
= Table.SelectColumns( 表 , 要删除的列集 , 列不存在时的处理 )
```

例如，案例9-4的代码还可以修改为：

```
let
    源 = Excel.CurrentWorkbook(){[Name=" 表 1"]}[Content],
    选择列 = Table.SelectColumns( 源 , {" 地区 "," 产品 "," 销售额本币 "}),
    填充 = Table.FillDown( 选择列 , {" 地区 "}),
    添加列 = Table.AddColumn( 填充 , " 销售额外币 ", [销售额本币]/7.0123)
in
    添加列
```

9.2.5 Table.RenameColumns 函数：重命名列

Table.RenameColumns 函数用于对指定的列重命名。其用法如下：

```
= Table.RenameColumns( 表 , 要重命名的列集 , 列不存在时的处理 )
```

列集写法如下：

```
{{" 旧列名 1"," 新列名 1"},{" 旧列名 2"," 新列名 2"},{" 旧列名 3"," 新列名 3"},……}
```

案例9-5

例如，在案例9-4中，再增加一条语句，修改列名称：将“产品”重命名为“商品”，将“销售额本币”重命名为“人民币”，将“销售额外币”重命名为“美元”，此时公式代码如下(见图9-13)。

```
let
    源 = Excel.CurrentWorkbook(){[Name=" 表 1"]}[Content],
    删除列 = Table.RemoveColumns( 源 , {" 地区编码 "," 产品编码 "}),
    填充 = Table.FillDown( 删除列 , {" 地区 "}),
    添加列 = Table.AddColumn( 填充 , " 销售额外币 ", each [销售额本币]/7.0123),
    重命名 = Table.RenameColumns( 添加列 , {{" 产品 "," 商品 "},{" 销售额本币 "," 人民币 "},
{" 销售额外币 "," 美元 "}})
in
    重命名
```

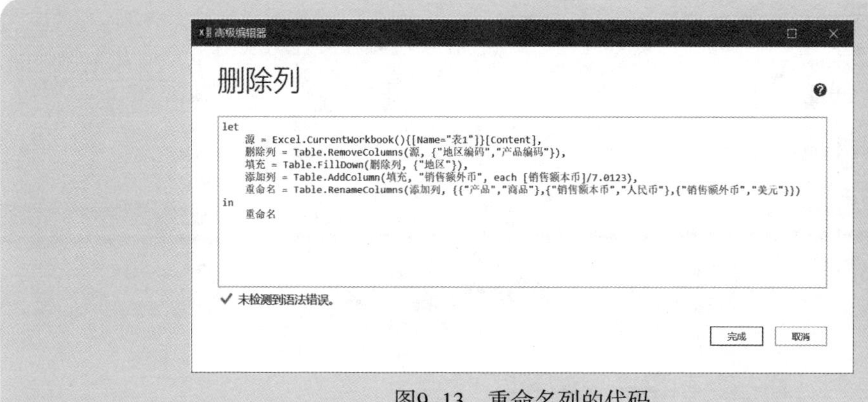

图9-13　重命名列的代码

9.2.6 Table.ReorderColumns 函数：将各列重新排列

Table.ReorderColumns 函数用于将各列重新排列。其用法如下：

```
= Table.ReorderColumns( 表 , 列名列表 , 列不存在时的处理 )
```

例如,下面的M公式代码就是将如图9-14所示的原始顺序调整为如图9-15所示的列顺序。

```
let
    源 = Excel.CurrentWorkbook(){[Name=" 表 1"]}[Content],
    调序 = Table.ReorderColumns(源 , {" 地区 "," 省份 "," 门店 "," 性质 "," 指标 "," 销售额 "})
in
    调序
```

	性质	地区	省份	门店	销售额	指标
1	自营	华北	北京	A001	5828	3836
2	自营	华南	广州	A002	1914	2166
3	加盟	华北	河北	A003	7023	9559
4	加盟	华东	上海	A004	1904	9822
5	自营	华南	深圳	A005	6137	8692
6	加盟	华东	苏州	A006	6316	9727
7	自营	华中	武汉	A007	5928	3494
8	加盟	华中	武汉	A008	7189	2933

图9-14　原始的顺序

	地区	省份	门店	性质	指标	销售额
1	华北	北京	A001	自营	3836	5828
2	华南	广州	A002	自营	2166	1914
3	华北	河北	A003	加盟	9559	7023
4	华东	上海	A004	加盟	9822	1904
5	华南	深圳	A005	自营	8692	6137
6	华东	苏州	A006	加盟	9727	6316
7	华中	武汉	A007	自营	3494	5928
8	华中	武汉	A008	加盟	2933	7189

图9-15　调整列次序后的表

9.2.7 Table.SplitColumn 函数：将某列按照指定分隔符拆分成 *N* 列

Table.SplitColumn 函数用于将某列按照指定分隔符拆分成*N*列，与菜单的“拆分列”命令一样。其用法如下：

```
=Table.SplitColumn(表 , 指定列 , 指定分隔符 , 可选的列名或列数 , 默认值 , 多余列 )
```

案例9-6

图9-16所示是一组示例数据，要将B列拆分成3列，新列名分别为“科目编码”“总账科目”“明细科目”，并将“序号”删除。

	A	B	C
1	序号	目录名称	金额
2	1	10020002/银行存款/公司资金存款	11,545
3	2	11220001/应收账款/职工借款	2,437
4	3	11220002/应收账款/暂付款	5,434
5	4	11220004/应收账款/押金	1,003
6	5	11220007/应收账款/单位往来	6,939
7	6	11220010/应收账款/待摊费用	1,030
8	7	11320001/应收利息/预计存款利息	599
9	8	11520002/内部清算/公司清算资金	1,059
10	9	11520013/内部清算/三方存管客户	6,994
11	10	1231/坏账准备	105
12	11	16010001/固定资产/房屋及建筑物	20,500
13	12	16010002/固定资产/电子设备	2,995
14	13	16010003/固定资产/运输设备	19,494
15			

图9-16　示例数据

建立查询，打开“高级编辑器”对话框，如图9-17所示，M公式代码如下。

```
let
    源 = Excel.CurrentWorkbook(){[Name=" 表 1"]}[Content],
```

```
    删除序号 = Table.RemoveColumns( 源 ,{" 序号 "}),
    拆分列 = Table.SplitColumn( 删除序号 ," 目录名称 ",
                              Splitter.SplitTextByDelimiter("/"),
                              {" 科目编码 "," 总账科目 "," 明细科目 "})
in
    拆分列
```

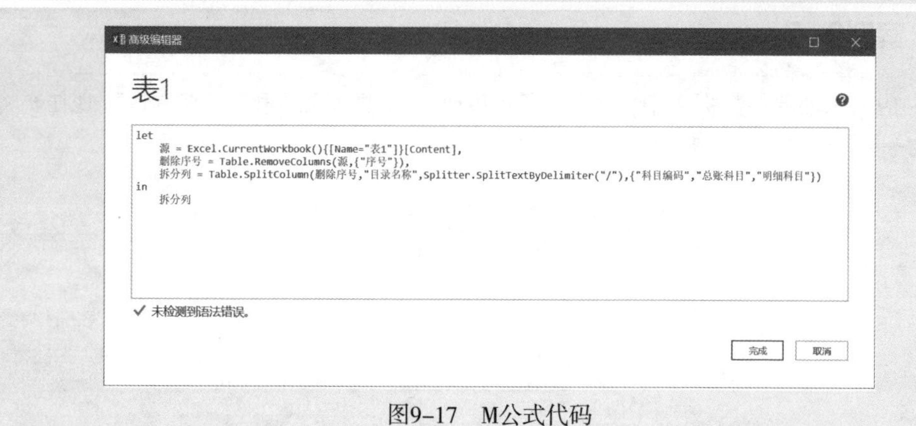

图9-17　M公式代码

这样就一次性高效完成了删除列、拆分列、重命名列的操作，得到需要的结果，如图9-18所示。

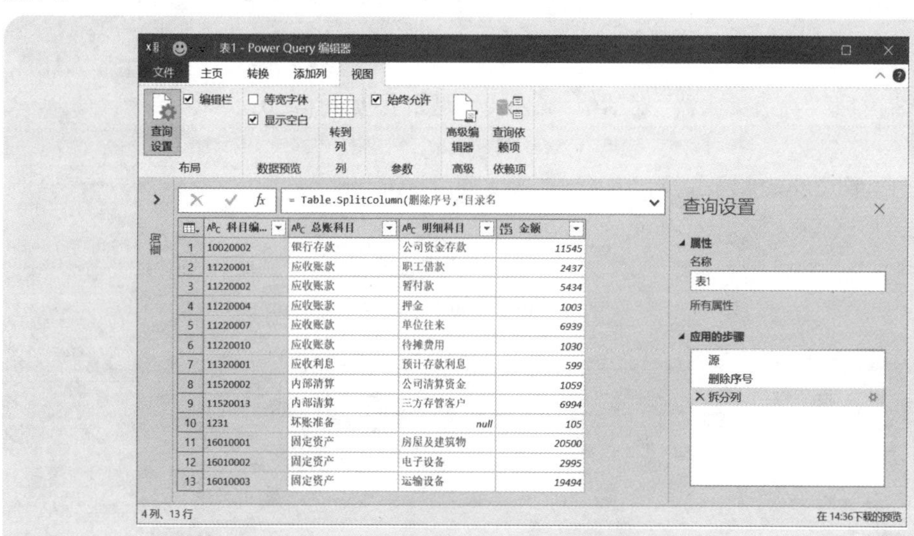

	科目编...	总账科目	明细科目	金额
1	10020002	银行存款	公司资金存款	11545
2	11220001	应收账款	职工借款	2437
3	11220002	应收账款	暂付款	5434
4	11220004	应收账款	押金	1003
5	11220007	应收账款	单位往来	6939
6	11220010	应收账款	待摊费用	1030
7	11320001	应收利息	预计存款利息	599
8	11520002	内部清算	公司清算资金	1059
9	11520013	内部清算	三方存管客户	6994
10	1231	坏账准备	null	105
11	16010001	固定资产	房屋及建筑物	20500
12	16010002	固定资产	电子设备	2995
13	16010003	固定资产	运输设备	19494

图9-18　完成数据整理

9.2.8 Table.CombineColumns 函数：合并列

有拆分就有合并。当需要把几列合并为一列时，可以使用Table.CombineColumns 函数。其用法如下：

=Table.CombineColumns(表 , 原始列集 , 合并规则 , 新列名)

案例9-7

图9-19所示的原始数据表中包含列“科目编码”“总账科目”和“明细科目”，现在要将它们合并为一列“科目目录”，并用斜杠“/”分隔。

	A	B	C	D
1	科目编码	总账科目	明细科目	金额
2	10020002	银行存款	公司资金存款	11545
3	11220001	应收账款	职工借款	2437
4	11220002	应收账款	暂付款	5434
5	11220004	应收账款	押金	1003
6	11220007	应收账款	单位往来	6939
7	11220010	应收账款	待摊费用	1030
8	11320001	应收利息	预计存款利息	599
9	11520002	内部清算	公司清算资金	1059
10	11520013	内部清算	三方存管客户	6994
11	1231	坏账准备		105
12	16010001	固定资产	房屋及建筑物	20500
13	16010002	固定资产	电子设备	2995
14	16010003	固定资产	运输设备	19494
15				

图9-19　原始数据

建立查询，打开“高级编辑器”对话框，M公式代码如下(见图9-20)。

```
let
    源 = Excel.CurrentWorkbook(){[Name=" 表 1"]}[Content],
    合并列 = Table.CombineColumns( 源 ,
                                  {" 科目编码 "," 总账科目 "," 明细科目 "},
                                  Combiner.CombineTextByDelimiter("/"),
                                  " 科目目录 ")
in
    合并列
```

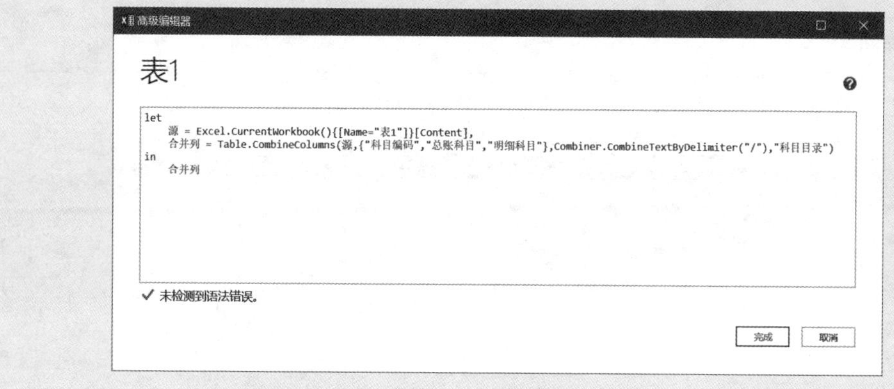

图9-20　M公式代码

得到的结果如图9-21所示。

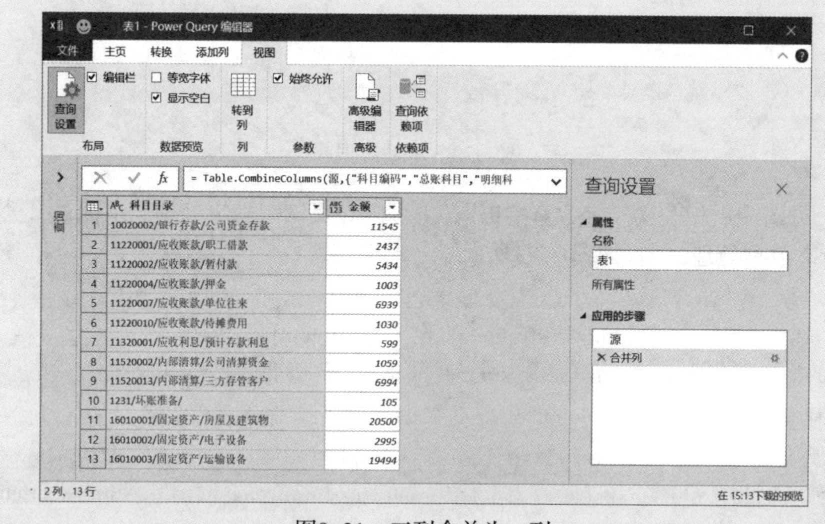

图9-21　三列合并为一列

9.2.9　Table.DuplicateColumn 函数：复制列

Table.DuplicateColumn 函数用于复制列。其用法如下：

= Table.DuplicateColumn(表，要复制的列名，新列名，可选的列数据类型)

案例9-8

图9-22所示是一组示例数据，现在要求增加一列“面值”和一列“总金额”。

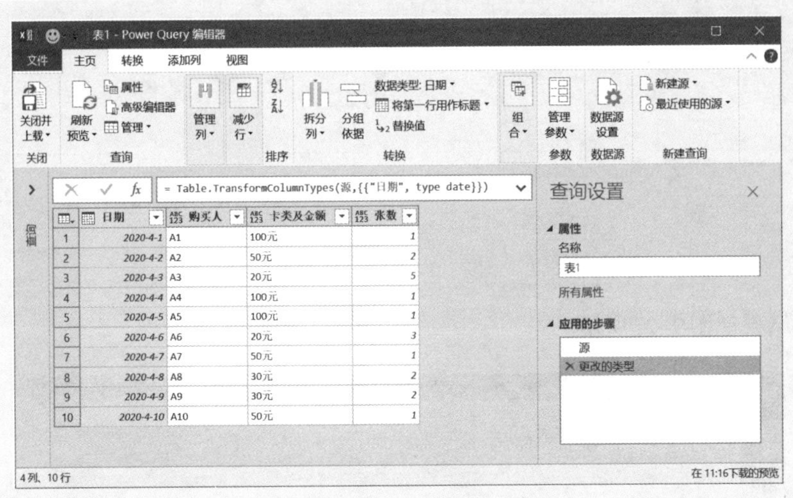

图9-22　示例数据

“面值”可以使用相关文本函数直接提取，也可以先复制一列再处理。下面是M公式代码，一键完成所有数据处理，结果如图9-23所示。

```
let
    源 = Excel.CurrentWorkbook(){[Name=" 表 1"]}[Content],
    更改的类型 = Table.TransformColumnTypes( 源 ,{{" 日期 ", type date}}),
    复制 = Table.DuplicateColumn( 更改的类型 ," 卡类及金额 "," 面值 "),
    面值 = Table.ReplaceValue( 复制 ," 元 ","", Replacer.ReplaceText, {" 面值 "}),
    金额 = Table.AddColumn( 面值 ," 金额 ",each Number.From([ 面值 ])*Number.From([ 张数 ]))
in
    金额
```

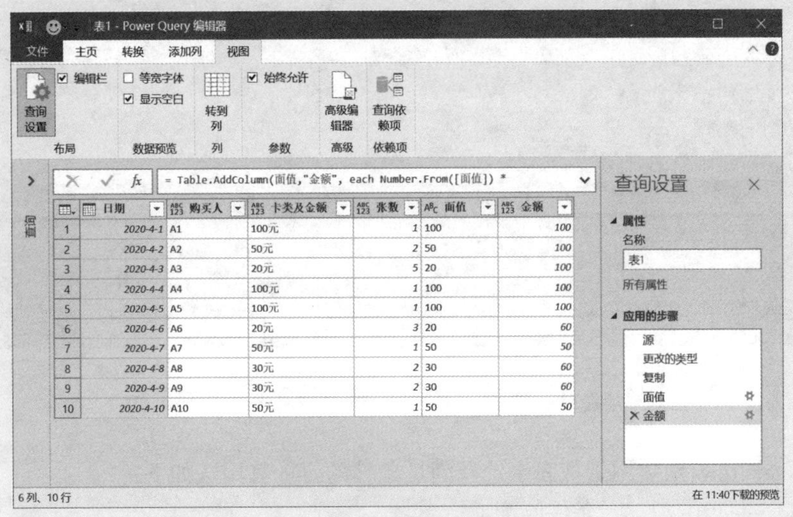

图9-23 处理结果

这个例子主要是练习Table.DuplicateColumn函数复制列，其实，上面的代码比较复杂。下面是利用Table.AddColumn函数直接进行数据处理，要简单很多。

```
let
    源 = Excel.CurrentWorkbook(){[Name=" 表 1"]}[Content],
    更改的类型 = Table.TransformColumnTypes( 源 ,{{" 日期 ", type date}}),
    面值 = Table.AddColumn( 更改的类型 ," 面值 ",each Text.Replace([ 卡类及金额 ]," 元
",""")),
    金额 = Table.AddColumn( 面值 ," 金额 ", each Number.From([面值]) * Number.From([张数]))
in
    金额
```

9.3 操作行

如果要从表中提取指定条件的行（记录），或者删除某些行（记录），可以使用以下函数：

- Table.SelectRows
- Table.RemoveFirstN

- Table.RemoveLastN
- Table.FindText
- Table.Range
- Table.Sort
- Table.Distinct
- Table.MaxN
- Table.MinN

9.3.1 Table.SelectRows 函数：提取满足条件的行

Table.SelectRows 函数用于从表中选择满足条件的行。其用法如下：

= Table.SelectRows(表 , 条件匹配)

这种提取数据，实质上就是指定条件的筛选问题。

案例9-9

图9-24所示是材料出库记录表，现在要将“规格型号”为6-150，“材料名称”中包含“螺丝刀”的材料提取出来。

	A	B	C	D	E	F	G	H	I
1	出库日期	出库单号	部门	材料编码	材料名称	规格型号	单位	数量	单价
2	2020-1-12	2139100106	工程部	CQY-111927	REX不锈钢割刀	RB42	把	1	309.08
3	2020-2-20	1998055417	工程部	CQY-126736	斜口钳		把	2	29.64
4	2020-2-20	4933453727	工程部	CQY-290989	钢丝钳	8"	把	2	47.63
5	2020-3-1	3610027396	一分厂	CQY-321451	橡皮锤		把	2	25.41
6	2020-3-8	1012446591	技术部	CQY-287628	电动雕刻笔		套	1	136.02
7	2020-3-21	5736486658	工程部	CQY-351690	弯头撬棒600mm	HE92552	把	1	102.68
8	2020-4-1	7835709787	一分厂	CQY-339121	呆扳手	30	把	4	145.02
9	2020-4-1	9703953587	一分厂	CQY-476729	呆扳手	20/3	把	2	61.40
10	2020-4-1	8377984080	一分厂	CQY-449513	呆扳手		把	2	45.51
11	2020-4-1	8542480865	工程部	CQY-455262	不锈钢钻头	¢4.2	根	100	7.20
12	2020-4-1	3292188277	工程部	CQY-499130	内六角工具	SVA	套	1	89.98
13	2020-4-11	6405647684	工程部	CQY-440410	内六角扳手	公制	套	1	89.98
14	2020-4-13	2114626782	二分厂	CQY-356857	卷尺	5米	把	1	15.88
15	2020-4-13	8897112095	技术部	CQY-134443	不锈钢管割刀	6-64	件	1	338.73
16	2020-4-26	5353478448	工程部	CQY-318634	呆扳手	24	把	1	71.98
17	2020-4-26	9294634947	工程部	CQY-295244	呆扳手	27	把	1	97.38
18	2020-4-26	1085466735	工程部	CQY-498151	扳手	5/8"	把	1	45.51

Sheet1

图9-24　材料出库记录表

建立查询，打开“高级编辑器”对话框，M公式代码如下(见图9-25)。

```
let
    源 = Excel.CurrentWorkbook(){[Name=" 表 1"]}[Content],
    规格 = Table.SelectRows( 源 , each Text.Contains([材料名称], " 螺丝刀 ")),
    型号 = Table.SelectRows( 规格 , each [规格型号]="6-150")
in
    型号
```

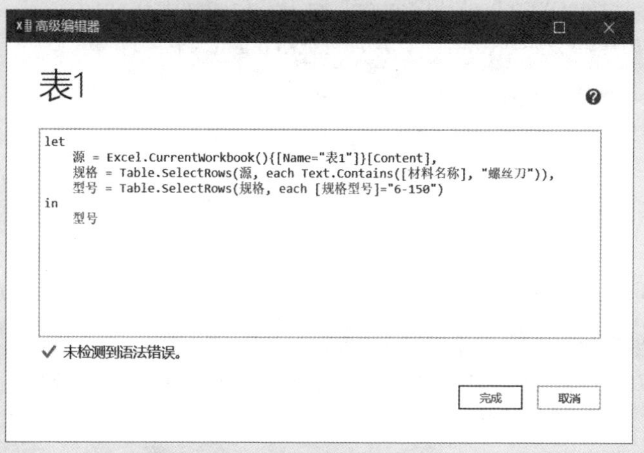

图9-25　编辑M公式代码

这样就得到了满足条件的数据，如图9-26所示。

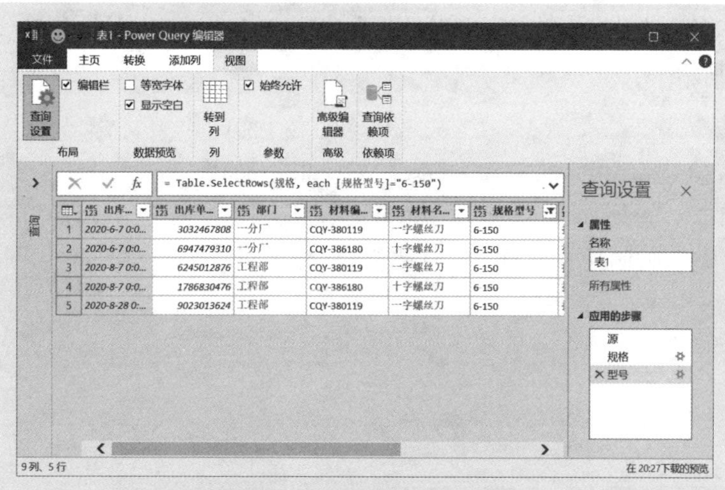

	出库...	出库单...	部门	材料编...	材料名...	规格型号
1	2020-6-7 0:0...	3032467808	一分厂	CQY-380119	一字螺丝刀	6-150
2	2020-6-7 0:0...	6947479310	一分厂	CQY-386180	十字螺丝刀	6-150
3	2020-8-7 0:0...	6245012876	工程部	CQY-380119	一字螺丝刀	6-150
4	2020-8-7 0:0...	1786830476	工程部	CQY-386180	十字螺丝刀	6-150
5	2020-8-28 0:...	9023013624	工程部	CQY-380119	一字螺丝刀	6-150

图9-26　提取满足条件的记录

案例9-10

在第2章的案例2-1中，通过添加自定义列+筛选的方法，提取表中的总账科目记录。本案例中则使用Table.SelectRows函数，可以一次完成所有数据的提取。M公式代码如下：

```
let
    源 = Excel.CurrentWorkbook(){[Name=" 表 1"]}[Content],
    总账科目 = Table.SelectRows( 源 ,each Text.Length([科目编码])=4)
in
    总账科目
```

9.3.2 Table.RemoveFirstN 函数：删除表的前 *N* 行

Table.RemoveFirstN函数用于删除表的前*N*行(从顶部开始)。其用法如下：

= Table.RemoveFirstN(表 , 个数或条件)

当第二个参数指定个数时，就是删除表格的前*N*行；当第二个参数指定条件时，就是删除所有满足条件行。

案例9-11

以案例9-9的数据为例，要删除出库日期为2020-4-30以前的记录，则M公式代码如下，结果如图9-27所示。

```
let
    源 = Excel.CurrentWorkbook(){[Name=" 表 1"]}[Content],
    日期类型 = Table.TransformColumnTypes( 源 ,{{" 出库日期 ", type date}}),
    删除数据 = Table.RemoveFirstN( 日期类型 , each [出库日期] <= #date(2020,4,30))
in
    删除数据
```

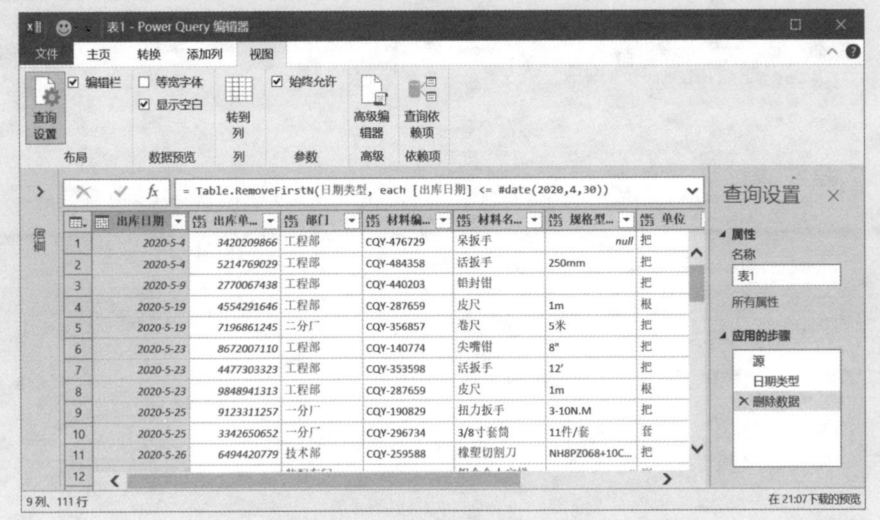

图9-27　删除出库日期为2020-4-30以前的所有记录

9.3.3 Table.RemoveLastN 函数：删除表的后 N 行

Table.RemoveLastN 函数用于删除表的后 N 行(从底部开始)。其用法如下：

```
= Table.RemoveLastN( 表 , 个数或条件 )
```

当第二个参数指定个数时，就是删除表格的后 N 行；当第二个参数指定条件时，就是删除所有满足条件行。

案例9-12

以案例9-9的数据为例，如果要将出库日期为2020-6-1以后的数据删除，则M公式代码如下，结果如图9-28所示。

```
let
    源 = Excel.CurrentWorkbook(){[Name=" 表 1"]}[Content],
    日期类型 = Table.TransformColumnTypes( 源 ,{{" 出库日期 ", type date}}),
    删除数据 = Table.RemoveLastN( 日期类型 , each [出库日期] >= #date(2020,6,1))
in
    删除数据
```

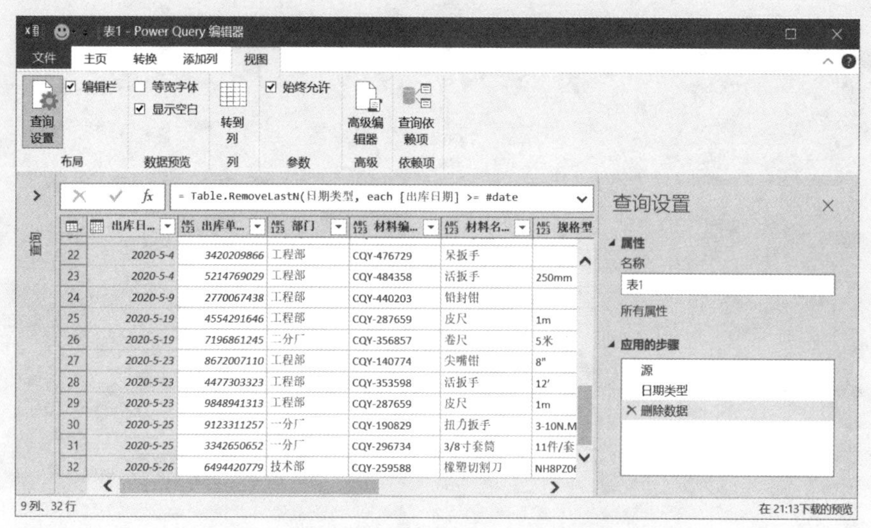

图9-28 删除出库日期为2020-6-1以后的所有数据

9.3.4 Table.FindText 函数：查找含有指定文本的行记录

Table.FindText 函数用于从表中查找含有指定文本的行记录。其用法如下：

= Table.FindText(表 , 指定文本)

与前面介绍的 Table.SelectRows 函数不同的是，Table.FindText 函数汇总整个表的所有列查找指定文本，而 Table.SelectRows 是在某列按指定条件查找。

案例9-13

以案例 9-9 的数据为例，要将含有“螺丝刀”的数据找出来，可以使用 Table.FindText 函数。M 公式代码如下，结果如图 9-29 所示。

```
let
    源 = Excel.CurrentWorkbook(){[Name=" 表 1"]}[Content],
    查找 = Table.FindText( 源 , " 螺丝刀 ")
in
    查找
```

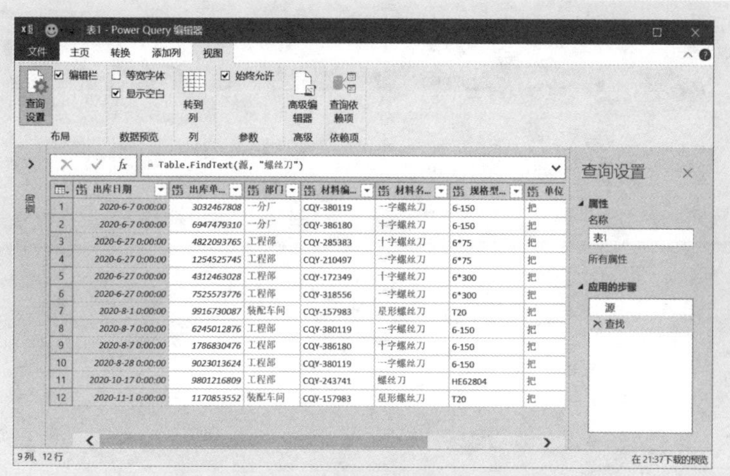

= Table.FindText(源, "螺丝刀")

	出库日期	出库单...	部门	材料编...	材料名...	规格型...	单位
1	2020-6-7 0:00:00	3032467808	一分厂	CQY-380119	一字螺丝刀	6-150	把
2	2020-6-7 0:00:00	6947479310	一分厂	CQY-386180	十字螺丝刀	6-150	把
3	2020-6-27 0:00:00	4822093765	工程部	CQY-285383	十字螺丝刀	6*75	把
4	2020-6-27 0:00:00	1254525745	工程部	CQY-210497	一字螺丝刀	6*75	把
5	2020-6-27 0:00:00	4312463028	工程部	CQY-172349	十字螺丝刀	6*300	把
6	2020-6-27 0:00:00	7525573776	工程部	CQY-318556	一字螺丝刀	6*300	把
7	2020-8-1 0:00:00	9916730087	装配车间	CQY-157983	星形螺丝刀	T20	把
8	2020-8-7 0:00:00	6245012876	工程部	CQY-380119	一字螺丝刀	6-150	把
9	2020-8-7 0:00:00	1786830476	工程部	CQY-386180	十字螺丝刀	6-150	把
10	2020-8-28 0:00:00	9023013624	工程部	CQY-380119	一字螺丝刀	6-150	把
11	2020-10-17 0:00:00	9801216809	工程部	CQY-243741	螺丝刀	HE62804	把
12	2020-11-1 0:00:00	1170853552	装配车间	CQY-157983	星形螺丝刀	T20	把

图9-29　所有含有“螺丝刀”的数据

9.3.5 Table.Range 函数：从指定行开始提取指定行数记录

Table.Range 函数用于从表的指定行开始提取指定行数记录。其用法如下：

=Table.Range(表 , 指定开始的行 , 要提取的行数)

案例9-14

图9-30所示是一张客户销售汇总表，现在要制作以下两个报表。

(1) 报表1：产品2销售前10大客户。

(2) 报表2：产品5销售第11~20名客户。

	A	B	C	D	E	F
1	客户	产品1	产品2	产品3	产品4	产品5
2	客户01	3061	8407	8029	10184	3029
3	客户02	2673	7600	10349	2824	1876
4	客户03	10510	1879	6757	10374	11321
5	客户04	2686	2432	6197	5369	9158
6	客户05	11624	11902	8028	234	7473
7	客户06	9036	5175	8750	9794	502
8	客户07	10463	3978	3521	3672	11586
9	客户08	1479	1335	3166	1506	9116
10	客户09	1018	11259	2980	7092	6611
11	客户10	3023	5221	7308	599	4188
12	客户11	9257	6168	11468	7684	4955
13	客户12	4586	10166	4668	11476	4835
14	客户13	2889	4394	2048	10904	8096
15	客户14	9619	7854	7758	8329	11076
16	客户15	2637	9783	4650	1621	1176
17	客户16	7536	734	9969	7791	10451
18	客户17	3216	9527	4723	9671	2852
19	客户18	7502	8345	471	8004	10436

Sheet1

图9-30　客户销售汇总表

建立查询，如图9-31所示。

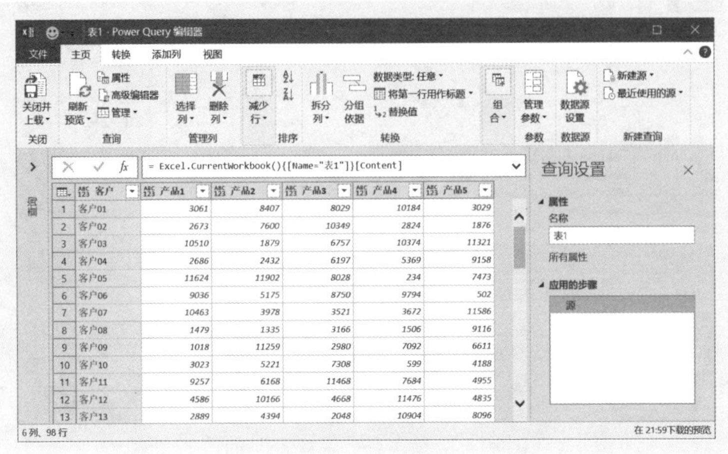

图9-31　建立查询

第一个报表的M公式代码如下，产品2销售前10大客户结果如图9-32所示。

```
let
    源 = Excel.CurrentWorkbook(){[Name=" 表 1"]}[Content],
    产品 2 排序 = Table.Sort( 源 ,{" 产品 2",Order.Descending}),
    产品 2 前 10 个 = Table.Range( 产品 2 排序 ,0,10)
in
    产品 2 前 10 个
```

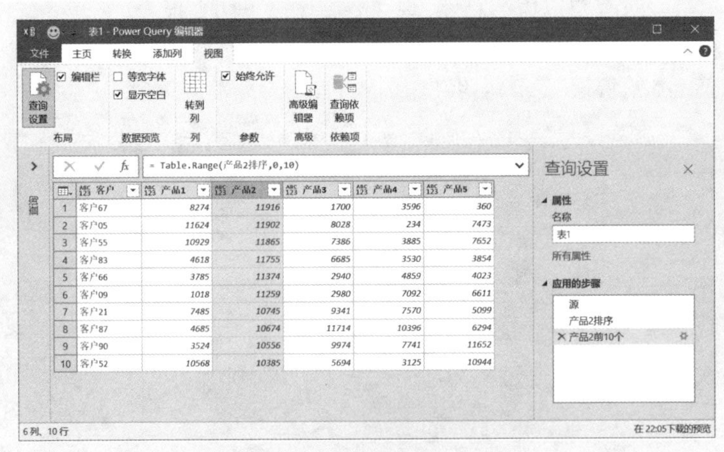

图9-32　产品2销售前10大客户

第二个报表的M公式代码如下，产品5销售第11~20名客户结果如图9-33所示。

```
let
    源 = Excel.CurrentWorkbook(){[Name=" 表 1"]}[Content],
    产品 5 排序 = Table.Sort( 源 ,{" 产品 5",Order.Descending}),
    产品 5 第 11 至 20 个 = Table.Range( 产品 5 排序 ,10,10)
in
    产品 5 第 11 至 20 个
```

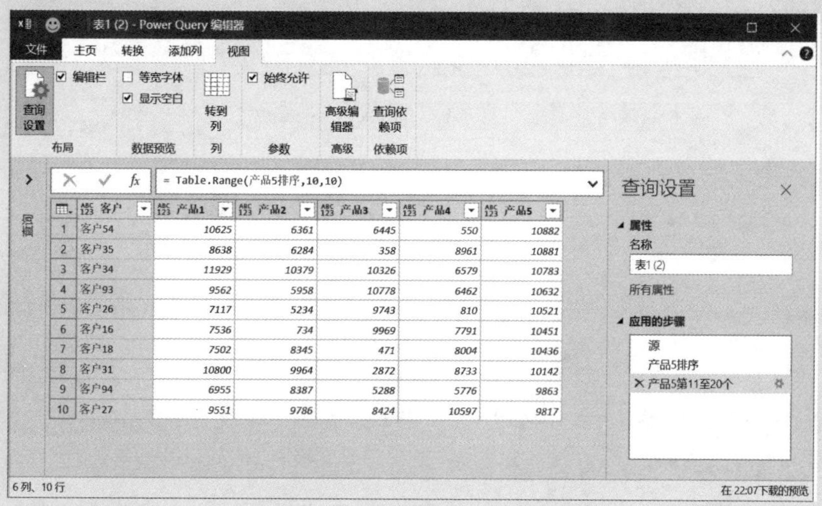

	客户	产品1	产品2	产品3	产品4	产品5
1	客户54	10625	6361	6445	550	10882
2	客户35	8638	6284	358	8961	10881
3	客户34	11929	10379	10326	6579	10783
4	客户93	9562	5958	10778	6462	10632
5	客户26	7117	5234	9743	810	10521
6	客户16	7536	734	9969	7791	10451
7	客户18	7502	8345	471	8004	10436
8	客户31	10800	9964	2872	8733	10142
9	客户94	6955	8387	5288	5776	9863
10	客户27	9551	9786	8424	10597	9817

图9-33　产品5销售第11~20名客户

9.3.6 Table.Sort 函数：对指定列进行排序

Table.Sort 函数用于对指定列进行排序。其用法如下：

```
= Table.Sort( 表 , 排序的列及排序方式 )
```

排序方式有以下两种。

- Order.Ascending：升序。
- Order.Descending：降序。

例如，对字段“姓名”进行升序排序，对字段“销售”进行降序排序，那么函数的第二个参数的写法如下：

```
{{" 姓名 ", Order.Ascending},{" 销售 ", Order.Descending}}
```

案例9-15

图9-34所示是一张学生成绩表，现在要求先对总成绩进行降序排序，然后分别对数学、语文、物理、化学依次做降序排序。

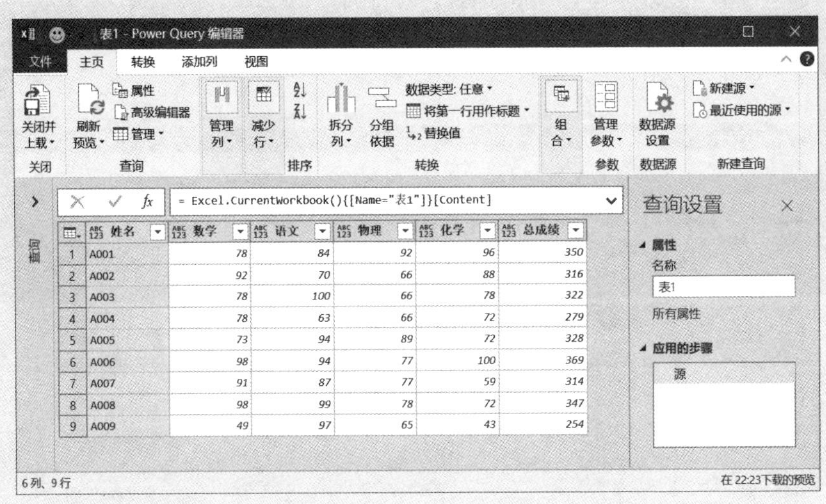

	姓名	数学	语文	物理	化学	总成绩
1	A001	78	84	92	96	350
2	A002	92	70	66	88	316
3	A003	78	100	66	78	322
4	A004	78	63	66	72	279
5	A005	73	94	89	72	328
6	A006	98	94	77	100	369
7	A007	91	87	77	59	314
8	A008	98	99	78	72	347
9	A009	49	97	65	43	254

图9-34　学生成绩表

排序结果如图9-35所示，M公式代码如下。

```
let
    源 = Excel.CurrentWorkbook(){[Name=" 表 1"]}[Content],
    排序 = Table.Sort( 源 ,{{" 总成绩 ", Order.Descending},
                          {" 数学 ", Order.Descending},
                          {" 语文 ",Order.Descending},
                          {" 物理 ", Order.Descending},
                          {" 化学 ", Order.Descending}})
in
    排序
```

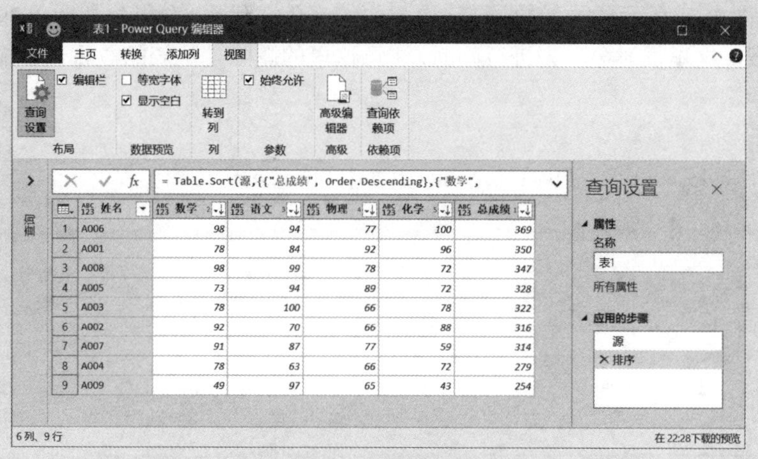

	姓名	数学	语文	物理	化学	总成绩
1	A006	98	94	77	100	369
2	A001	78	84	92	96	350
3	A008	98	99	78	72	347
4	A005	73	94	89	72	328
5	A003	78	100	66	78	322
6	A002	92	70	66	88	316
7	A007	91	87	77	59	314
8	A004	78	63	66	72	279
9	A009	49	97	65	43	254

图9–35　排序结果

9.3.7 Table.Distinct 函数：删除重复行

Table.Distinct 函数用于删除表中的重复行。其用法如下：

```
= Table.Distinct( 表 , 对哪些列进行测试 )
```

如果忽略第二个参数，就会对所有列进行测试，以判断是否有重复行。如果第二个参数指定了具体的列，就只对指定的列进行测试是否有重复行。

例如，下面的M公式代码就会将如图9–36所示的原始数据表变为如图9–37所示的删除重复行的结果表：

```
let
    源 = Excel.CurrentWorkbook(){[Name=" 表 1"]}[Content],
    删除重复 = Table.Distinct( 源 )
in
    删除重复
```

	项目	数据1	数据2	数据3
1	项目01	100	600	900
2	项目02	200	450	500
3	项目03	300	123	456
4	项目01	100	600	900
5	项目05	111	666	999
6	项目02	300	400	500
7	项目02	200	450	500

图9–36　原始数据

	项目	数据1	数据2	数据3
1	项目01	100	600	900
2	项目02	200	450	500
3	项目03	300	123	456
4	项目05	111	666	999
5	项目02	300	400	500

图9–37　删除了重复行

例如，如图9-38所示的原始数据，使用下面的M公式代码，会得到如图9-39所示的删除了重复行的表。这里仅对第一列进行判断，注意这里的删除是从表的最后一行往上逐步判断删除的。

```
let
    源 = Excel.CurrentWorkbook(){[Name=" 表 1"]}[Content],
    删除重复 = Table.Distinct( 源 ," 项目 ")
in
    删除重复
```

	项目	数据1	数据2	数据3
1	项目01	100	600	900
2	项目02	200	450	500
3	项目03	300	123	456
4	项目01	100	600	900
5	项目05	111	666	999
6	项目02	300	400	500
7	项目02	200	450	500

图9-38　原始数据

	项目	数据1	数据2	数据3
1	项目01	100	600	900
2	项目02	200	450	500
3	项目03	300	123	456
4	项目05	111	666	999
5	项目02	300	400	500

图9-39　删除了重复行

案例9-16

图9-40所示是一张员工证书信息记录表，现在要求提取每个人的最新证书名称和获取时间，并删除以前的证书数据。

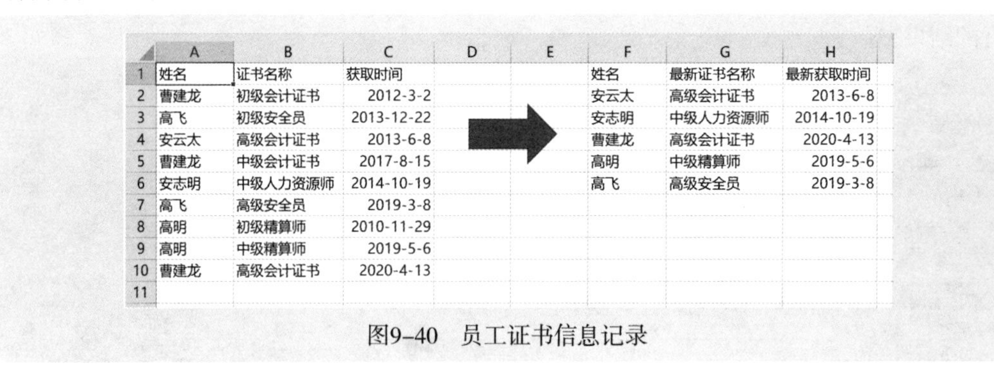

	A	B	C	D	E	F	G	H
1	姓名	证书名称	获取时间			姓名	最新证书名称	最新获取时间
2	曹建龙	初级会计证书	2012-3-2			安云太	高级会计证书	2013-6-8
3	高飞	初级安全员	2013-12-22			安志明	中级人力资源师	2014-10-19
4	安云太	高级会计证书	2013-6-8			曹建龙	高级会计证书	2020-4-13
5	曹建龙	中级会计证书	2017-8-15			高明	中级精算师	2019-5-6
6	安志明	中级人力资源师	2014-10-19			高飞	高级安全员	2019-3-8
7	高飞	高级安全员	2019-3-8					
8	高明	初级精算师	2010-11-29					
9	高明	中级精算师	2019-5-6					
10	曹建龙	高级会计证书	2020-4-13					
11								

图9-40　员工证书信息记录

建立查询，如图9-41所示。

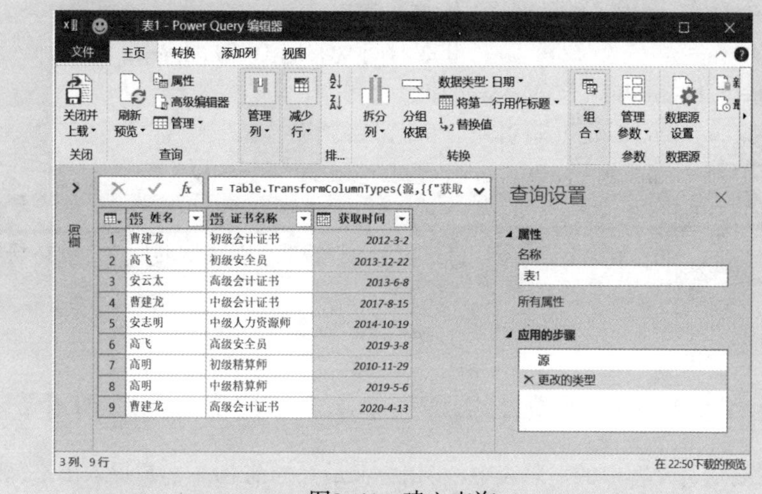

图9-41　建立查询

打开“高级编辑器”对话框，输入下面的M公式代码，就得到各个员工的最新证书信息，如图9-42所示。

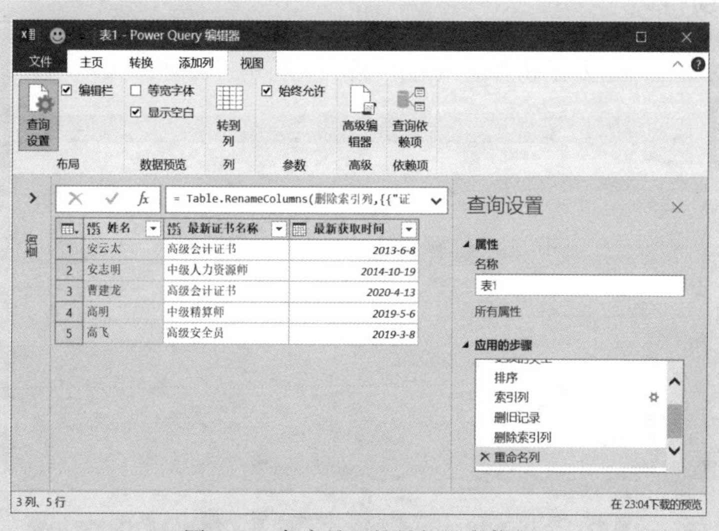

图9-42　各个员工的最新证书信息

```
let
  源 = Excel.CurrentWorkbook(){[Name=" 表 1"]}[Content],
  更改的类型 = Table.TransformColumnTypes( 源 ,{{" 获取时间 ", type date}}),
```

```
    排序 = Table.Sort( 更改的类型 ,{{" 姓名 ",Order.Ascending},
                                  {" 获取时间 ",Order.Descending}}),
    索引列 = Table.AddIndexColumn( 排序 ," 序号 ",1,1),
    删旧记录 = Table.Distinct( 索引列 ," 姓名 "),
    删除索引列 = Table.RemoveColumns( 删旧记录 , {" 序号 "}),
    重命名列 = Table.RenameColumns( 删除索引列 ,
                    {{" 证书名称 "," 最新证书名称 "},{" 获取时间 "," 最新获取时间 "}})
in
    重命名列
```

9.3.8 Table.MaxN 函数：提取表中指定字段最大的前 *N* 个记录

例如，如果要从每个客户的汇总表中，将销售额最大的前10个客户提取出来，则可以使用Table.MaxN 函数。其用法如下：

```
= Table.MaxN( 表 , 比较性条件选项 , 个数或设置的条件 )
```

案例9-17

图9-43所示是各个客户的销售额和毛利，现在要将销售额前10大客户筛选出来。

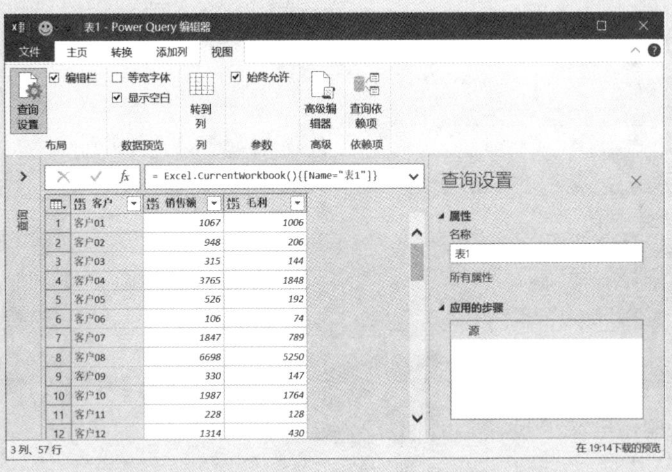

图9-43　各个客户的销售额和毛利

打开“高级编辑器”对话框，M公式代码如下，对“销售额”列自动进行降序排序，并显示前10大客户，如图9-44所示。

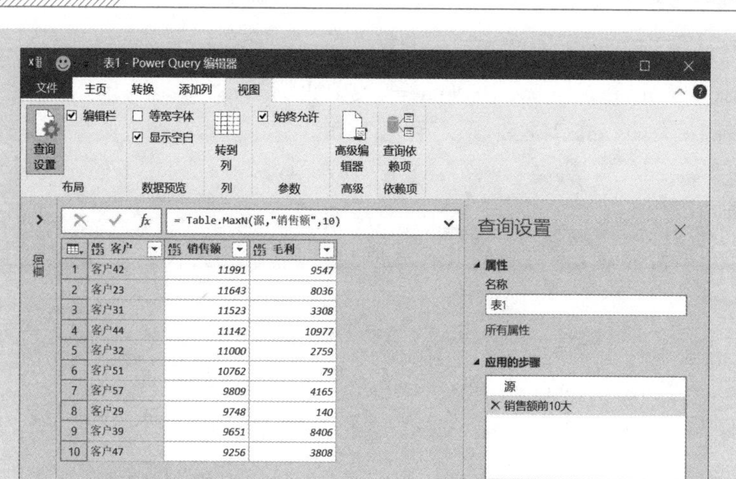

图9-44　销售额前10大客户

```
let
    源 = Excel.CurrentWorkbook(){[Name=" 表 1"]}[Content],
    销售额前 10 大 = Table.MaxN( 源 ," 销售额 ",10)
in
    销售额前 10 大
```

如果要得到毛利前10大客户，可以将M公式代码修改如下，结果如图9-45所示。

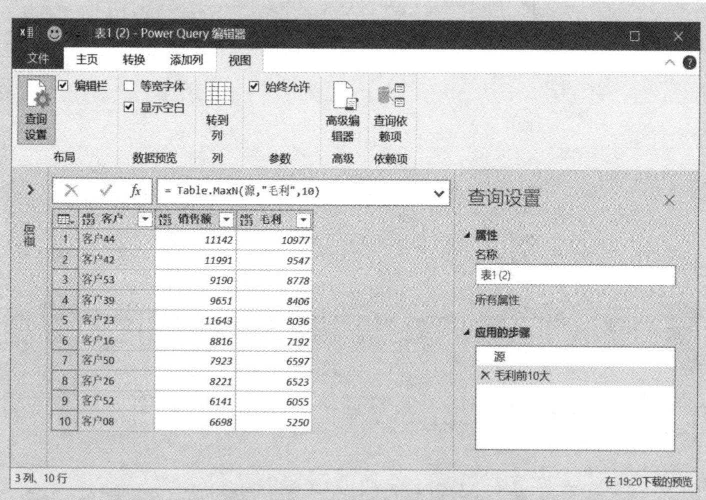

图9-45　毛利前10大客户

```
let
    源 = Excel.CurrentWorkbook(){[Name=" 表 1"]}[Content],
    毛利前 10 大 = Table.MaxN( 源 ," 毛利 ",10)
in
    毛利前 10 大
```

如果要得到销售额在1万以上的所有客户，可以将M公式代码修改如下，结果如图9-46所示。

```
let
    源 = Excel.CurrentWorkbook(){[Name=" 表 1"]}[Content],
    销售额大于 1 万 = Table.MaxN( 源 ," 销售额 ", each [销售额]>10000)
in
    销售额大于 1 万
```

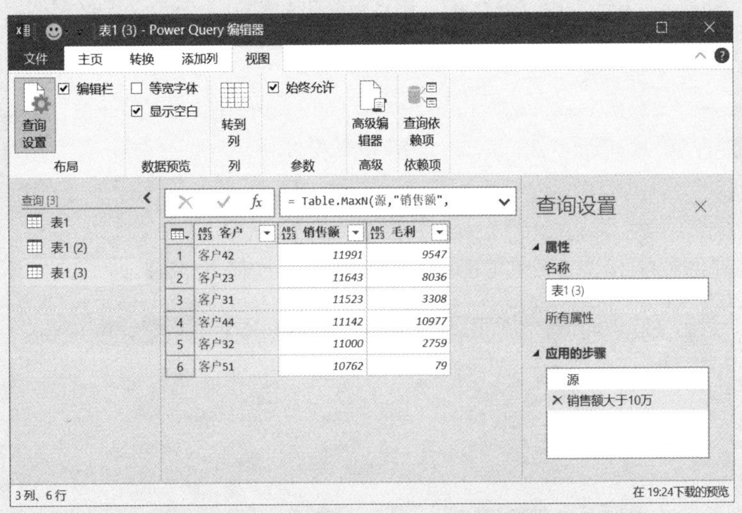

图9-46　销售额在1万以上的所有客户

9.3.9 Table.MinN 函数：提取表中指定字段最小的后 *N* 个记录

与Table.MaxN函数相反，Table.MinN函数是从表中提取指定字段最小的后几个记录。其用法如下：

```
= Table.MinN( 表 , 比较性条件选项 , 个数或设置的条件 )
```

以案例9-17的数据为例，要从表中提取毛利最小的10个客户，M公式代码如下，结果如图9-47所示。

```
let
    源 = Excel.CurrentWorkbook(){[Name=" 表 1"]}[Content],
    毛利最小 10 个 = Table.MinN( 源 ," 毛利 ",10)
in
    毛利最小 10 个
```

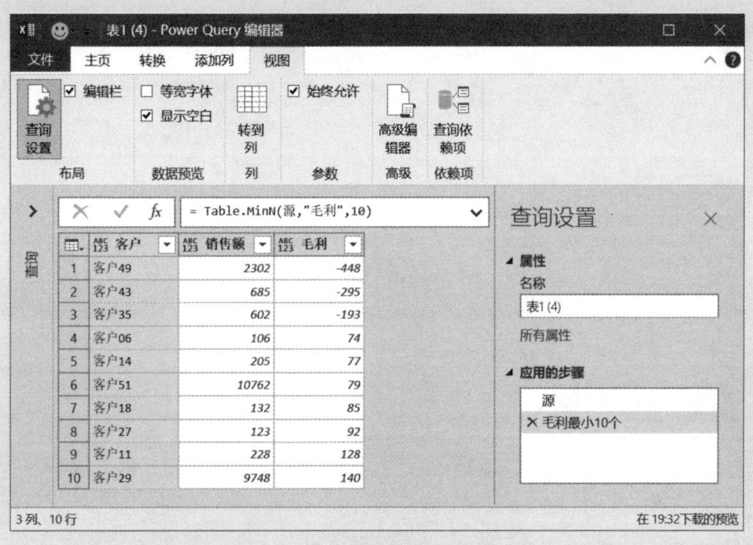

图9-47　毛利最小的10个客户

如果要把毛利为负的所有客户找出来，可以将M公式代码修改如下，结果如图9-48所示。

```
let
    源 = Excel.CurrentWorkbook(){[Name=" 表 1"]}[Content],
    毛利为负 = Table.MinN( 源 ," 毛利 ",each [毛利]<=0)
in
    毛利为负
```

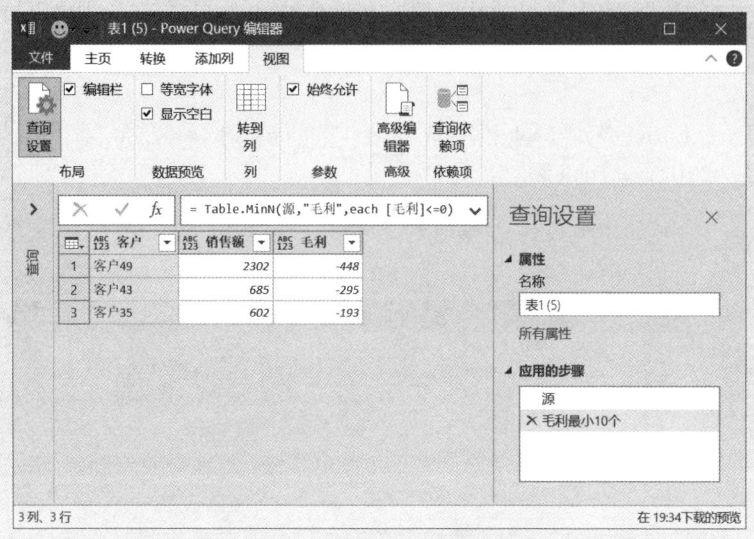

图9-48　毛利为负的所有客户

9.4 填充数据

如果某列有空值（是 null，不是空字符 ""），要将这些空值往下或者往上填充，既可以使用菜单里的填充工具，也可以使用以下函数：

- Table.FillDown
- Table.FillUp

9.4.1 Table.FillDown 函数：往下填充数据

Table.FillDown 函数用于往下填充数据。其用法如下：

```
=Table.FillDown( 表 , 列集合 )
```

列集合以文本输入列标题名字，用逗号隔开各个列标题，最后用大括号括起来，例如：

```
{" 日期 "," 客户 "," 产品 "," 销量 "}
```

案例9-18

扫一扫，看视频

图9-49所示是一个数据不完整的表格，现在需要将数据往下填充。

	A	B	C	D	E	F	G
1	日期	单据编号	客户编码	购货单位	产品代码	实发数量	金额
2	2009-05-01	XOUT004664	37106103	客户A	005	5000	26766.74
3	2009-05-01	XOUT004665	37106103	客户B	005	1520	8137.09
4					006	1000	4690.34
5	2009-05-02	XOUT004666	00000006	客户C	001	44350	196356.7
6	2009-05-04	XOUT004667	53004102	客户D	007	3800	45044.92
7					006	600	7112.36
8	2009-05-03	XOUT004668	00000006	客户E	001	14900	65968.78
9					006	33450	148097.7
10	2009-05-04	XOUT004669	53005101	客户A	007	5000	59269.64
11	2009-05-04	XOUT004670	55803101	客户G	007	2300	27264.03
12					006	2700	32005.6
13	2009-05-04	XOUT004671	55702102	客户Y	007	7680	91038.16
14					006	1420	16832.58
15	2009-05-04	XOUT004672	37106103	客户E	005	3800	20342.73
16					002	2000	12181.23
17					007	1500	17780.89
18					008	2200	45655
19	2009-05-04	XOUT004678	91006101	客户A	006	400	4741.57

Sheet1

图9-49　数据不完整的表格

建立查询，然后打开“高级编辑器”对话框，M公式代码如下所示。

```
let
    源 = Excel.CurrentWorkbook(){[Name=" 表 1"]}[Content],
    填充 =Table.FillDown( 源 ,{" 日期 "," 单据编号 "," 客户编码 "," 购货单位 "})
in
    填充
```

这样就得到了如图9-50所示的填充效果。

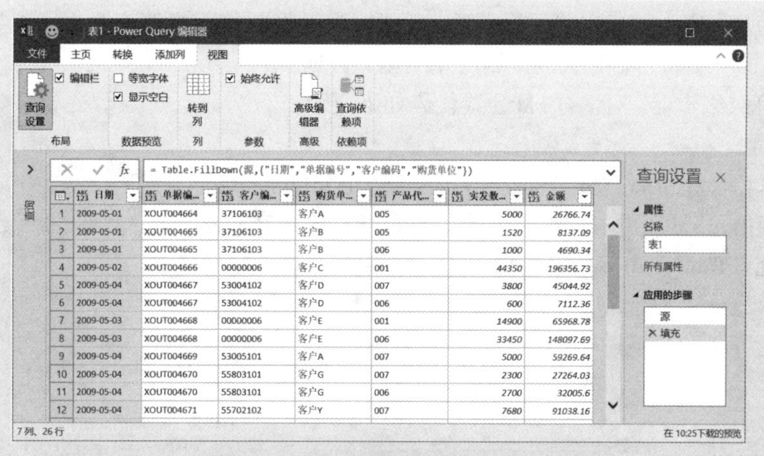

	日期	单据编...	客户编...	购货单...	产品代...	实发数...	金额
1	2009-05-01	XOUT004664	37106103	客户A	005	5000	26766.74
2	2009-05-01	XOUT004665	37106103	客户B	005	1520	8137.09
3	2009-05-01	XOUT004665	37106103	客户B	006	1000	4690.34
4	2009-05-02	XOUT004666	00000006	客户C	001	44350	196356.73
5	2009-05-04	XOUT004667	53004102	客户D	007	3800	45044.92
6	2009-05-04	XOUT004667	53004102	客户D	006	600	7112.36
7	2009-05-03	XOUT004668	00000006	客户E	001	14900	65968.78
8	2009-05-03	XOUT004668	00000006	客户E	006	33450	148097.69
9	2009-05-04	XOUT004669	53005101	客户A	007	5000	59269.64
10	2009-05-04	XOUT004670	55803101	客户G	007	2300	27264.03
11	2009-05-04	XOUT004670	55803101	客户G	006	2700	32005.6
12	2009-05-04	XOUT004671	55702102	客户Y	007	7680	91038.16

图9-50　完成数据填充

9.4.2 Table.FillUp 函数：往上填充数据

Table.FillUp 函数用于往上填充数据。其用法如下：

```
=Table.FillUp( 表 , 列集合 )
```

这个函数的用法与 Table.FillDown 函数完全一样。

9.5 替换值

在实际工作中，经常要将表中的某些数据替换为指定的数据，例如，将错误值替换为空值，将字符 A 替换为 AA 等，此时相关的函数有：

- Table.ReplaceValue
- Table.ReplaceErrorValues

9.5.1 Table.ReplaceValue 函数：将指定的值替换为新值

Table.ReplaceValue 函数用于将指定的值替换为新值。其用法如下：

```
= Table.ReplaceValue( 表 , 旧数值 , 新数值 , 替换规则 , 要替换值的列集 )
```

案例9-19

图 9-51 所示是一组有空单元格的原始数据，为了将空单元格填充为上一行数据，需要先将空单元格(即空字符)替换为 null，然后才能填充数据。

打开“高级编辑器”对话框，M 公式代码如下所示：

```
let
    源 = Excel.CurrentWorkbook(){[Name=" 表 1"]}[Content],
    替换值 = Table.ReplaceValue( 源 ,"",null,Replacer.ReplaceValue,{" 地区 "}),
    填充 = Table.FillDown( 替换值 ,{" 地区 "})
in
    填充
```

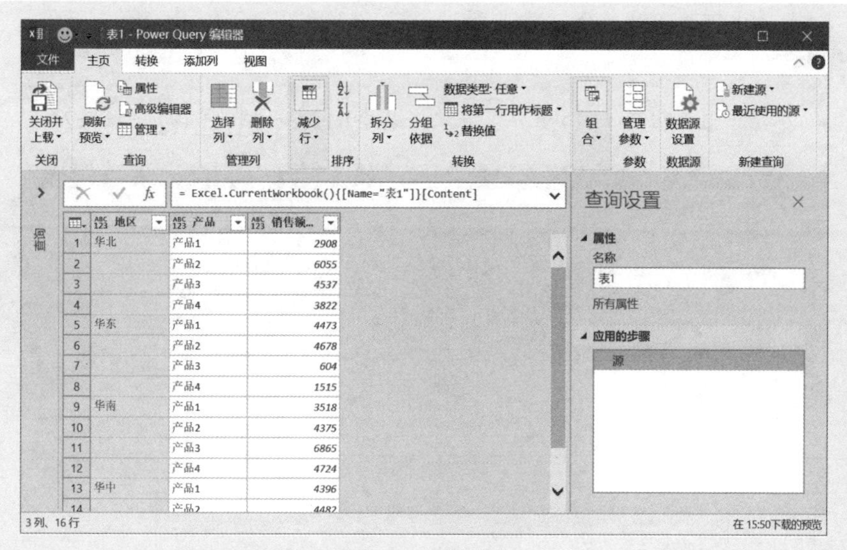

图9-51　原始数据

这样就得到了需要的结果，如图9-52所示。

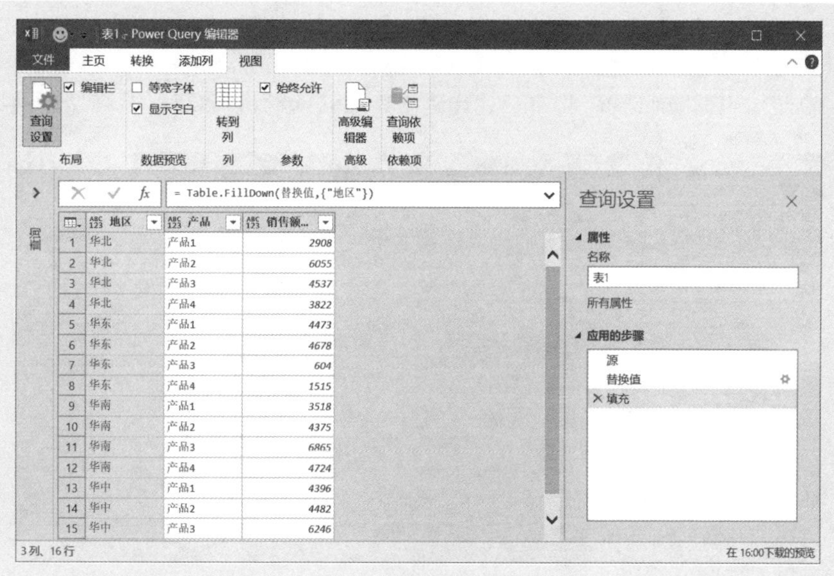

图9-52　替换并填充后的表

案例9-20

图9-53所示是一组多列存在空单元格的原始数据，同样需要先将空单元格替换为null后再填充。

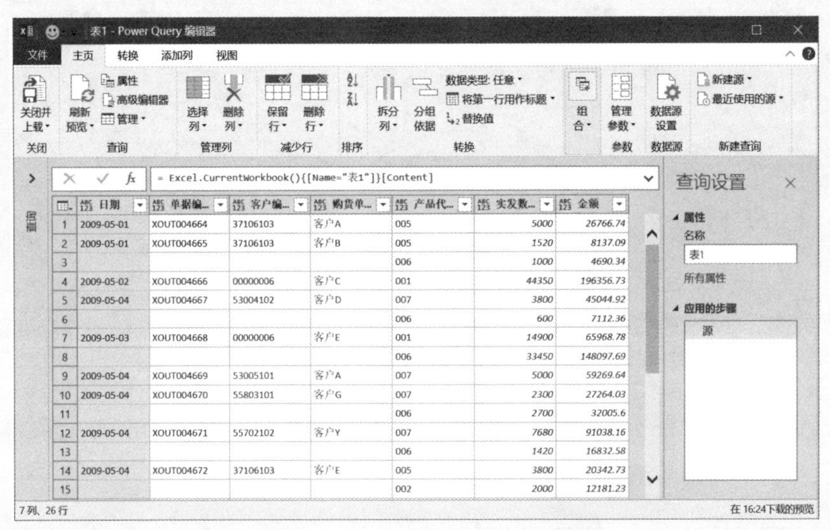

图9-53　多列存在空单元格的原始数据

打开“高级编辑器”对话框，将M公式代码修改如下，就得到如图9-54所示的结果。

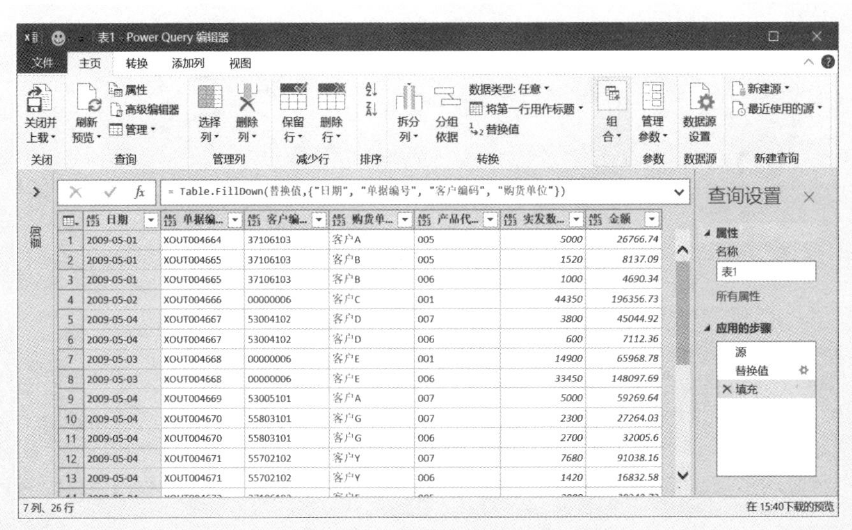

图9-54　替换并填充结果

```
let
    源 = Excel.CurrentWorkbook(){[Name=" 表 1"]}[Content],
    替换值 = Table.ReplaceValue( 源 ,"",null,Replacer.ReplaceValue,
                                {" 日期 "," 单据编号 "," 客户编码 "," 购货单位 "}),
    填充 = Table.FillDown( 替换值 ,{" 日期 "," 单据编号 "," 客户编码 "," 购货单位 "})
in
    填充
```

9.5.2 Table.ReplaceErrorValues 函数：将错误值替换为指定的值

Table.ReplaceErrorValues 函数用于将错误值替换为指定的值，可以在不同列替换为不同的值。其用法如下：

```
= Table.ReplaceErrorValues( 表 , 错误值替换列表 )
```

案例9-21

图 9-55 所示是一个有错误值的查询表，其中“同比增减”列和“说明”列都有错误值，现在要求将“同比增减”列的错误值替换为“无意义”，将“说明”列的错误值替换为“待查”。

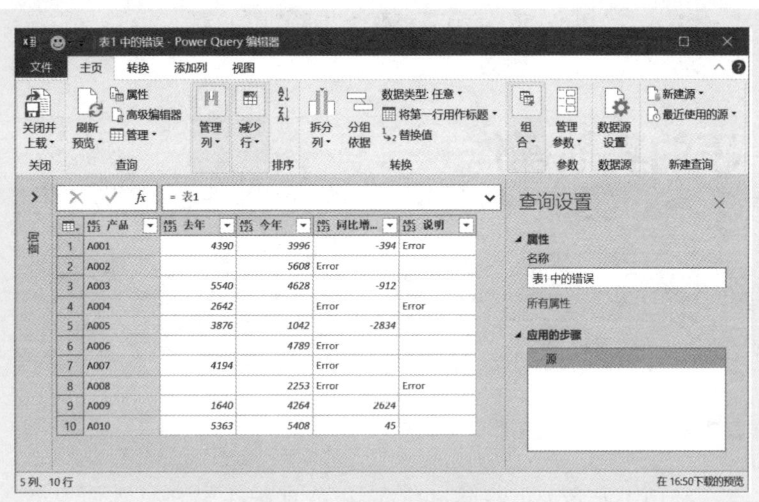

图9-55 有错误值的查询表

打开“高级编辑器”对话框，将 M 公式代码修改如下：

```
let
```

```
    源 = Excel.CurrentWorkbook(){[Name=" 表 1"]}[Content],
    替换错误 = Table.ReplaceErrorValues( 源 , {{" 同比增减 "," 无意义 "},{" 说明 "," 待查 "}})
in
    替换错误
```

这样就得到了错误值替换为指定值的结果，如图9-56所示。

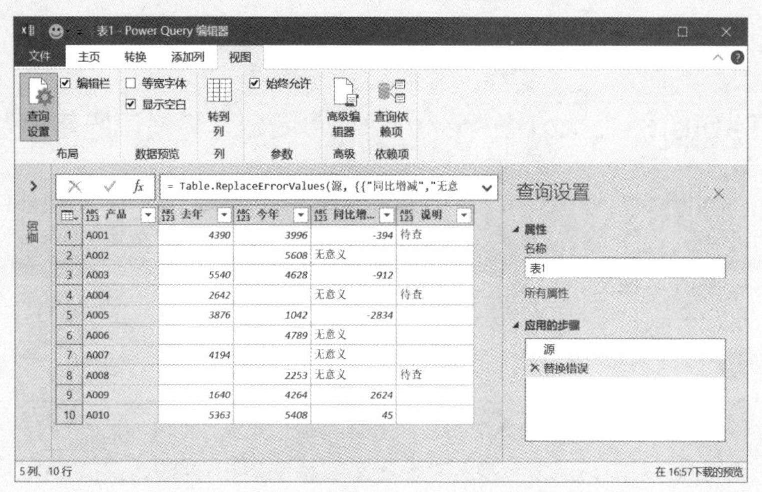

图9-56　错误值被替换为指定值的结果

9.6 表的其他操作

在数据处理中，也会对表进行其他操作，例如，分组、透视列、逆透视列、提升/降级标题、转置表等。这些操作既可以使用菜单命令完成，也可以使用M函数集成化完成。

9.6.1 Table.Group 函数：分组

Table.Group函数用于对数据进行分组计算，也就是执行“开始”选项卡中的“分组依据”命令，函数的用法如下：

= Table.Group(表 , 指定要分组的列 , 分组操作的函数公式 , 可选全局或局部分组 , 可选 xy 参数)

这个函数使用起来比较复杂，重要的是弄清楚前三个参数。

- 第一个参数很容易理解，就是上一步操作的表。
- 第二个参数是指定要分组的列，也就是根据哪一列进行分组。
- 第三个参数指定分组操作的函数公式，其书写格式参考如下。

```
={{ 标题 }, each 函数 ,type 类型 }
={{" 标题 1",each 函数 },{" 标题 2", each 函数 }}
={{" 标题 1", each 函数 , type 类型 },{" 标题 2",each 函数 , type 类型 }}
={{" 订单数 ", each List.Count([客户]), type number},{" 销量合计 ", each List.Sum([销量]), type number}}
```

案例9-22

图9-57所示是各个季度各个地区的产品销售表，现在要对地区进行组合计算，对每个地区的各个季度数据进行求和。

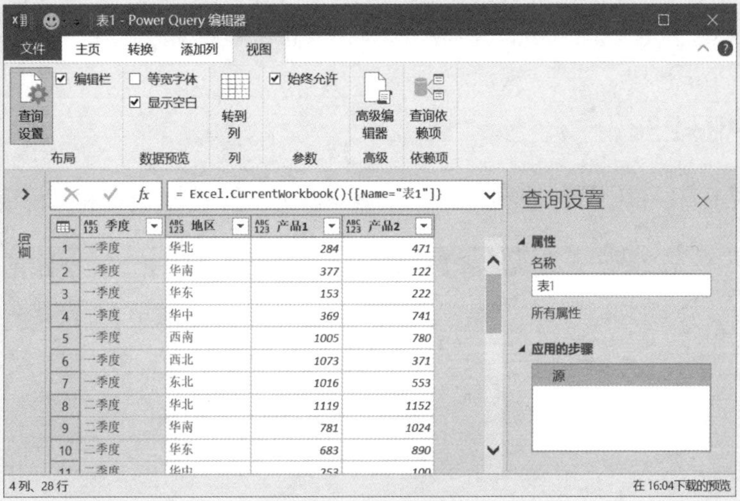

表1 - Power Query 编辑器
文件
主页
转换
添加列
视图
查询设置
编辑栏
等宽字体
显示空白
转到列
始终允许
高级编辑器
查询依赖项
布局
数据预览
列
参数
高级
依赖项
= Excel.CurrentWorkbook(){[Name="表1"]}
季度
地区
产品1
产品2
1 一季度 华北 284 471
2 一季度 华南 377 122
3 一季度 华东 153 222
4 一季度 华中 369 741
5 一季度 西南 1005 780
6 一季度 西北 1073 371
7 一季度 东北 1016 553
8 二季度 华北 1119 1152
9 二季度 华南 781 1024
10 二季度 华东 683 890
查询设置
属性
名称
表1
所有属性
应用的步骤
源
4列、28行
在16:04下载的预览

图9-57 产品销售表

打开“高级编辑器”对话框，M公式代码如下，得到如图9-58所示的分组结果。

```
let
    源 = Excel.CurrentWorkbook(){[Name=" 表 1"]}[Content],
    分组 = Table.Group( 源 ," 地区 ",{{" 产品 1 合计 ",each List.Sum([产品 1])},
                                  {" 产品 2 合计 ",each List.Sum([产品 2])}})
```

```
in
    分组
```

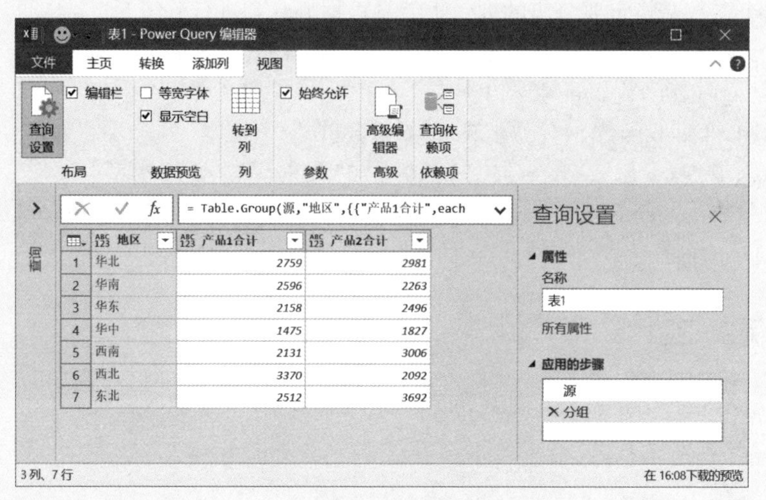

图9-58　分组结果

案例9-23

图9-59所示是一张销售表，要求计算每个客户的订单数、销量合计和销售额合计。

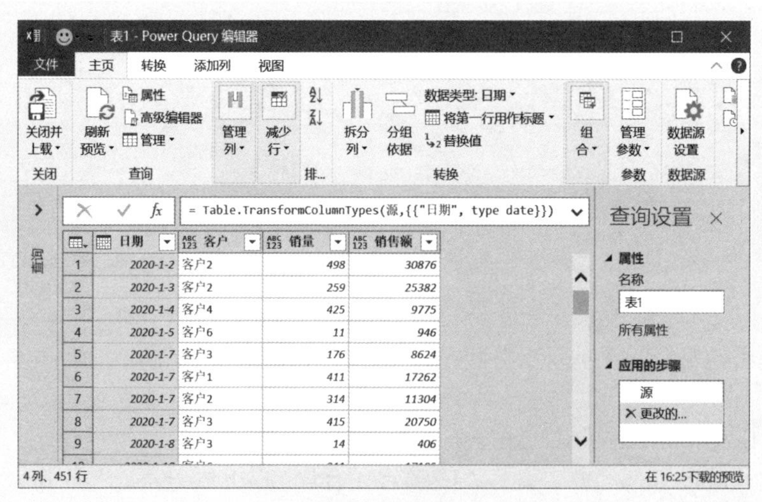

图9-59　销售表

打开“高级编辑器”对话框，编写下面的M公式代码，得到如图9-60所示的分组结果。

```
let
    源 = Excel.CurrentWorkbook(){[Name=" 表 1"]}[Content],
    分组 = Table.Group( 源 ," 客户 ",{{" 订单数 ",each List.Count([客户])},
                                   {" 销量合计 ",each List.Sum([销量])},
                                   {" 销售额合计 ",each List.Sum([销售额])}})
in
    分组
```

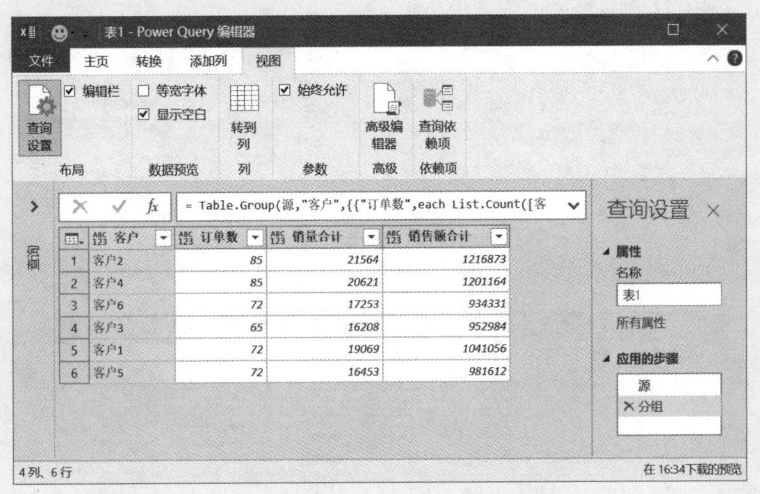

	客户	订单数	销量合计	销售额合计
1	客户2	85	21564	1216873
2	客户4	85	20621	1201164
3	客户6	72	17253	934331
4	客户3	65	16208	952984
5	客户1	72	19069	1041056
6	客户5	72	16453	981612

图9-60　分组结果

案例9-24

对多个字段进行分组，例如，如图9-61所示是一张月份销售表，现在同时对月份和客户进行分析，计算订单数、销量合计和销售额合计。打开“高级编辑器”对话框，输入如下M公式代码，分组结果如图9-62所示。

```
let
    源 = Excel.CurrentWorkbook(){[Name=" 表 1"]}[Content],
    分组 = Table.Group( 源 ,{" 月份 "," 客户 "},
                      {{" 订单数 ",each List.Count([客户])},
                      {" 销量合计 ",each List.Sum([销量])},
                      {" 销售额合计 ",each List.Sum([销售额])}})
```

```
in
  分组
```

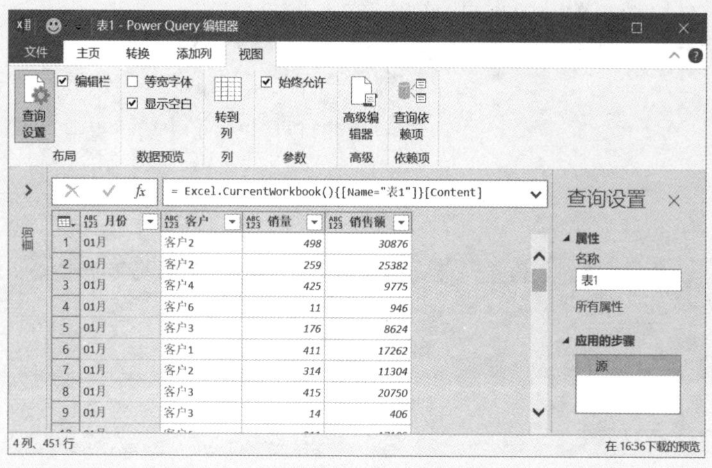

	月份	客户	销量	销售额
1	01月	客户2	498	30876
2	01月	客户2	259	25382
3	01月	客户4	425	9775
4	01月	客户6	11	946
5	01月	客户3	176	8624
6	01月	客户1	411	17262
7	01月	客户2	314	11304
8	01月	客户3	415	20750
9	01月	客户3	14	406

图9-61　月份销售表

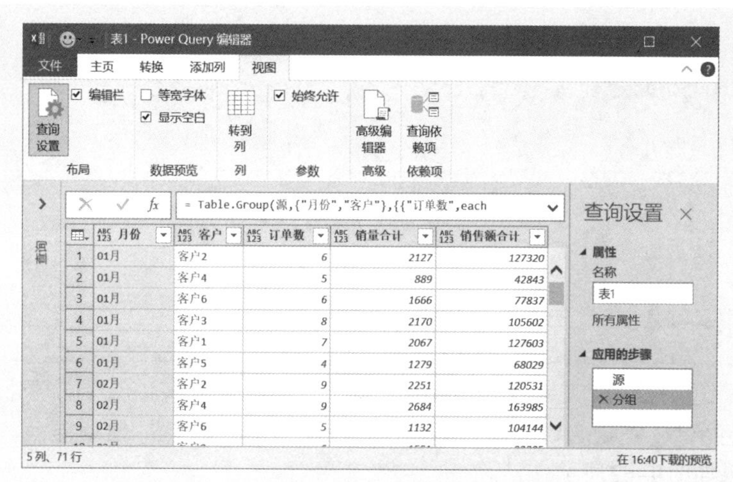

	月份	客户	订单数	销量合计	销售额合计
1	01月	客户2	6	2127	127320
2	01月	客户4	5	889	42843
3	01月	客户6	6	1666	77837
4	01月	客户3	8	2170	105602
5	01月	客户1	7	2067	127603
6	01月	客户5	4	1279	68029
7	02月	客户2	9	2251	120531
8	02月	客户4	9	2684	163985
9	02月	客户6	5	1132	104144

图9-62　分组结果

9.6.2 Table.Pivot 函数：透视列

Table.Pivot 函数用于透视列，也就是将某列的项目转换为列。其用法如下：

=Table.Pivot(表，提取要透视列的不重复项目，要透视的列，要计算的值列，聚合函数)

案例9-25

图9-63所示是一张月份销售表，现在要对“月份”列进行透视，得到各个客户各月的销售额二维表。

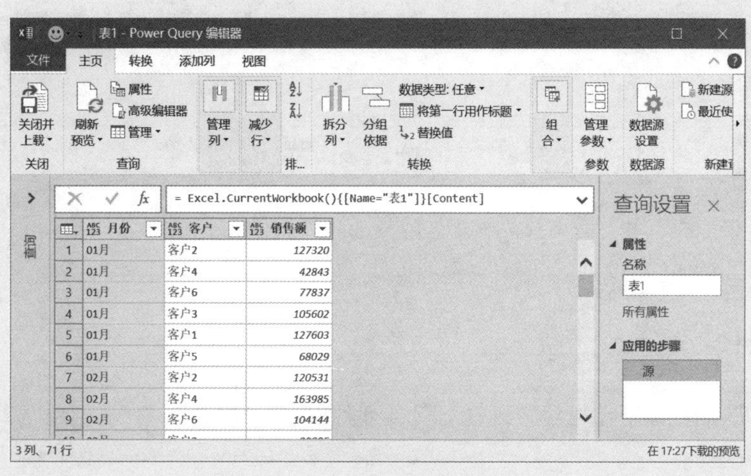

图9-63　月份销售表

打开“高级编辑器”对话框，编写如下M公式代码，得到如图9-64所示的透视结果。

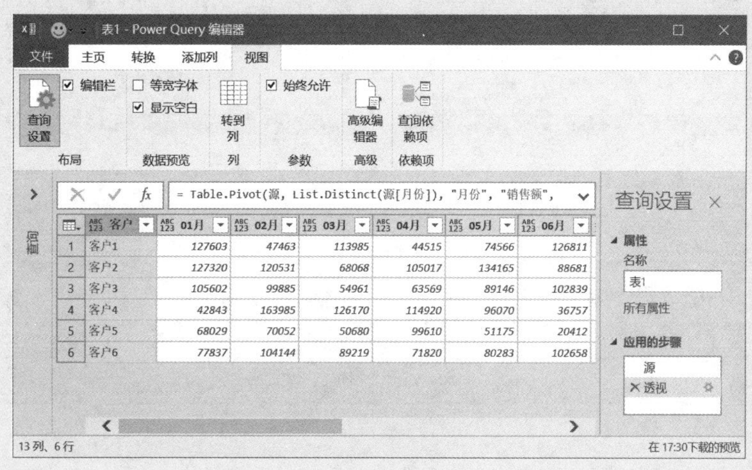

图9-64　透视结果

```
let
    源 = Excel.CurrentWorkbook(){[Name=" 表 1"]}[Content],
    透视 = Table.Pivot( 源 , List.Distinct( 源 [月份]), " 月份 ", " 销售额 ", List.Sum)
in
    透视
```

对于一般的数据处理，使用菜单的“透视列”命令是最方便的，但是，了解Table.Pivot函数，也有助于开发集成化数据处理模型。

9.6.3 Table.Unpivot 函数：逆透视选定的列

Table.Unpivot函数用于逆透视列，也就是将某几列转换为一列。其用法如下：

```
=Table.Unpivot( 表 , 要透视的列 , 项列标题 , 值列标题 )
```

案例9-26

图9-65所示是一组示例数据，现在要对各列月份进行逆透视，M公式代码如下，逆透视结果如图9-66所示。

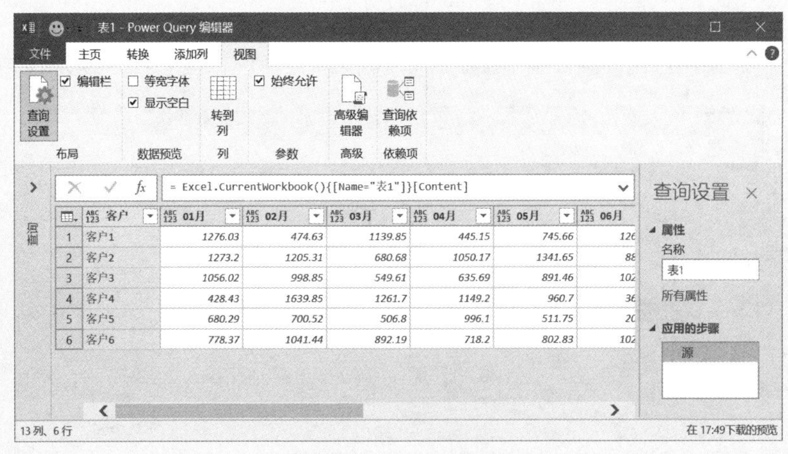

	客户	01月	02月	03月	04月	05月	06月
1	客户1	1276.03	474.63	1139.85	445.15	745.66	126
2	客户2	1273.2	1205.31	680.68	1050.17	1341.65	88
3	客户3	1056.02	998.85	549.61	635.69	891.46	102
4	客户4	428.43	1639.85	1261.7	1149.2	960.7	36
5	客户5	680.29	700.52	506.8	996.1	511.75	20
6	客户6	778.37	1041.44	892.19	718.2	802.83	102

图9-65　示例数据

图9-66 逆透视结果

```
let
    源 = Excel.CurrentWorkbook(){[Name=" 表 1"]}[Content],
    逆透视 = Table.Unpivot(源,{"01 月 ","02 月 ","03 月 ","04 月 ","05 月 ","06 月 ","07 月 ","08
月 ","09 月 ","10 月 ","11 月 ","12 月 "}," 月份 "," 销售额 ")
in
    逆透视
```

9.6.4 Table.UnpivotOtherColumns 函数：逆透视其他未选定的列

上面的例子是使用Table.Unpivot函数来逆透视指定的列，当列有很多时，可以使用Table.UnpivotOtherColumns函数进行逆透视。

Table.UnpivotOtherColumns函数用于逆透视其他未选定的列。其用法如下：

```
= Table.UnpivotOtherColumns( 表 , 不透视的列 , 项列标题 , 值列标题 )
```

例如，案例9-26中的公式可以简化为以下M公式代码：

```
let
    源 = Excel.CurrentWorkbook(){[Name=" 表 1"]}[Content],
    逆透视 = Table.UnpivotOtherColumns( 源 ,{" 客户 "}," 月份 "," 销售额 ")
in
    逆透视
```

案例9-27

图9-67所示是一组示例数据，要求对月份进行逆透视。此时，M公式代码如下：

```
let
    源 = Excel.CurrentWorkbook(){[Name=" 表 1"]}[Content],
```

```
    填充 = Table.FillDown( 源 ,{" 产品 "}),
    逆透视 = Table.UnpivotOtherColumns( 填充 ,{" 产品 "," 客户 "}," 月份 "," 销售额 ")
in
    逆透视
```

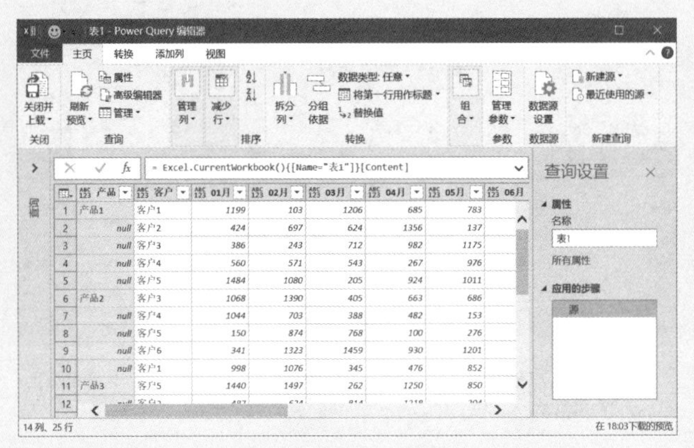

图9-67　示例数据

逆透视结果如图9-68所示。

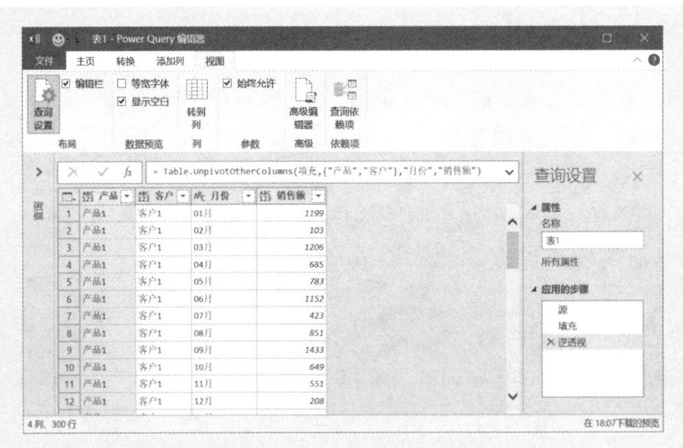

图9-68　逆透视结果

9.6.5 Table.PromoteHeaders函数和Table.DemoteHeaders函数：提升/降级标题

将表的第一行提升为标题，可以使用Table.PromoteHeaders函数；若将标题降级为表的第

一行，可以使用Table.DemoteHeaders函数，它们的用法分别如下：

```
= Table.PromoteHeaders( 表, 可选的值类型的区域性设置 )
= Table.DemoteHeaders( 表 )
```

这两个函数就是对应“开始”选项卡里的“将第一行用作标题”和“将标题用作一行”两个菜单命令。

9.6.6 Table.Transpose 函数：转置表

Table.Transpose函数用于将表进行转置，也就是将行变成列，列变成行。其用法如下：

```
= Table.Transpose( 表 , 可选的列 )
```

当要转置一个表时，需要先降级标题，再转置，最后再提升标题。

案例9-28

图9-69所示是转置前的表，M公式代码如下，转置后的表如图9-70所示。

	客户	产品1	产品2	产品3	产品4	产品5	总计
1	客户1	1199	998	1117	512	214	4040
2	客户2	424	676	487	1230	1306	4123
3	客户3	386	1068	592	221	939	3206
4	客户4	560	1044	343	1342	801	4090
5	客户5	1484	150	1440	839	710	4623
6	客户6	546	341	987	89	984	2947
7	客户8	543	12	1332	532	133	2552
8	总计	5142	4289	6298	4765	5087	25581

图9-69 转置前的表

	客户	客户1	客户2	客户3	客户4	客户5	客户6	客户8	总计
1	产品1	1199	424	386	560	1484	546	543	5142
2	产品2	998	676	1068	1044	150	341	12	4289
3	产品3	1117	487	592	343	1440	987	1332	6298
4	产品4	512	1230	221	1342	839	89	532	4765
5	产品5	214	1306	939	801	710	984	133	5087
6	总计	4040	4123	3206	4090	4623	2947	2552	25581

图9-70 转置后的表

```
let
    源 = Excel.CurrentWorkbook(){[Name=" 表 1"]}[Content],
    降级标题 = Table.DemoteHeaders( 源 ),
    转置 = Table.Transpose( 降级标题 ),
    升级标题 = Table.PromoteHeaders( 转置 )
in
    升级标题
```

Chapter

10 数据访问函数

数据访问，也就是从某个数据源查询数据。一般来说，数据访问使用Power Query的菜单操作最简单，但了解常见的数据访问函数也是很有用的。例如，在汇总文件夹里的大量工作簿数据时，就需要使用到数据访问函数中的Excel.Workbook函数。

10.1 Excel.CurrentWorkbook函数：访问当前工作簿中的表

在前面介绍的各个案例中都有一条公式：

```
源 = Excel.CurrentWorkbook(){[Name=" 表 1"]}[Content]
```

这个公式使用了Excel.CurrentWorkbook函数，用于访问当前工作簿中的某个表的数据。

假如当前工作簿中有很多个表(通过“插入”→“表格”命令创建的表)，那么就可以手动修改这个公式中的表名，以改变访问的表。

例如，下面的公式就是访问当前工作簿中的“去年”表的数据：

```
源 = Excel.CurrentWorkbook(){[Name=" 去年 "]}[Content]
```

当要访问当前工作簿中的所有表时，公式如下：

```
源 = Excel.CurrentWorkbook()
```

案例10-1

图10-1所示是一张各个地区销售数据表，当前工作簿中有5张工作表，每个工作表数据区域均被定义成表，现在要将这些工作表合并到一张工作表中。

	A	B	C	D	E
1	日期	客户	产品	销量	销售额
2	2020-2-9	客户06	产品07	588	209328
3	2020-7-19	客户18	产品09	87	19140
4	2020-8-11	客户12	产品01	434	284704
5	2020-9-9	客户06	产品08	116	64148
6	2020-2-2	客户03	产品10	559	125775
7	2020-1-22	客户20	产品05	292	196516
8	2020-3-6	客户15	产品08	928	638464
9	2020-10-23	客户02	产品10	521	101595
10	2020-5-29	客户09	产品03	96	51840
11	2020-7-19	客户08	产品06	341	78771
12	2020-8-17	客户04	产品08	647	508542
13	2020-3-26	客户08	产品06	842	660970
14	2020-4-6	客户20	产品09	175	49875
15	2020-5-15	客户19	产品07	1136	381696

华北　东北　华东　华南　华中

图10-1　各个地区销售数据表

执行“数据”→“新建查询”→“从其他源”→“空白查询”命令，打开“Power Query编辑器”，创建一个空查询，如图10-2所示。

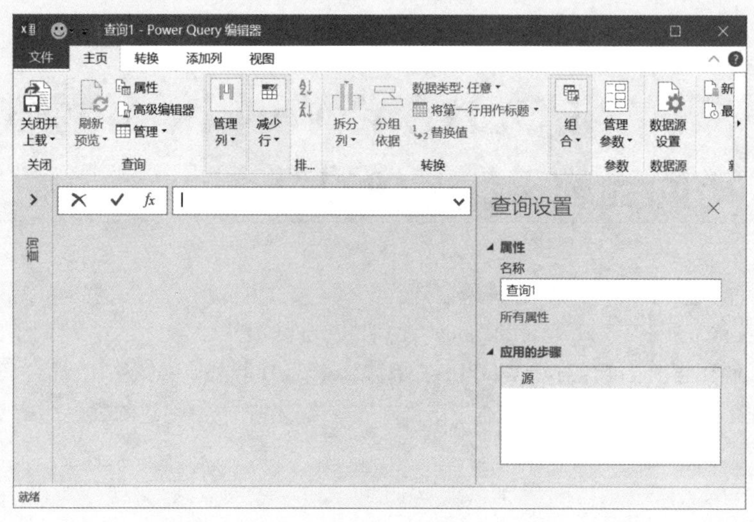

图10-2　创建空查询

打开“高级编辑器”对话框，输入下面的M公式代码，得到如图10-3所示的结果。

```
let
    源 = Excel.CurrentWorkbook()
in
    源
```

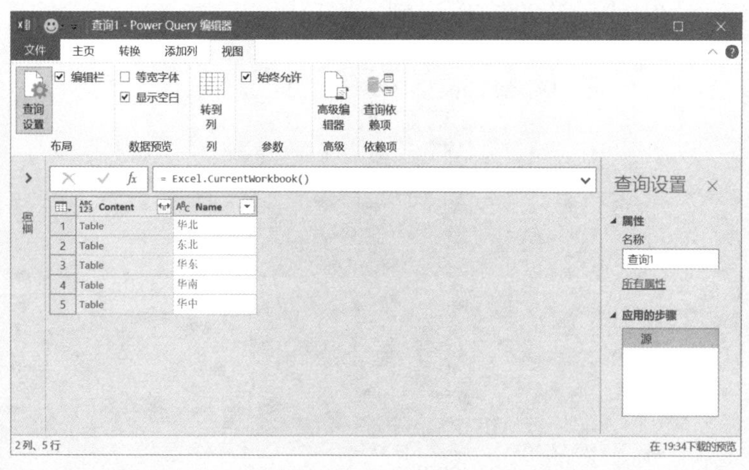

图10-3　显示结果

单击Content列标题右侧的展开按钮，打开一个展开窗格，取消选中“使用原始列名作为前缀”复选框，保留其他的选择，如图10-4所示。

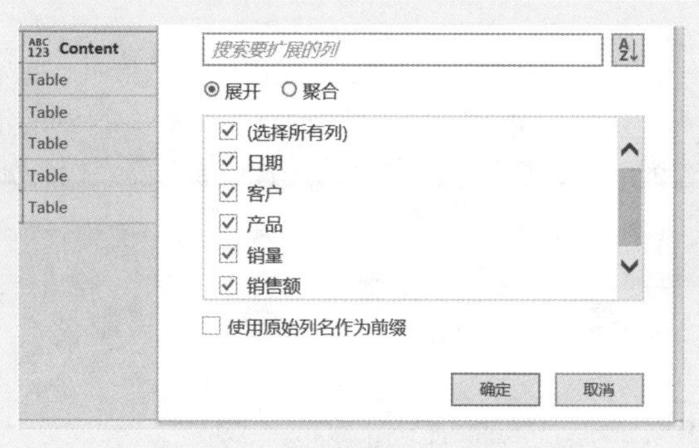

图10-4 展开Content列

那么，就得到了如图10-5所示的结果，这就是当前工作簿的几个表的合并表。

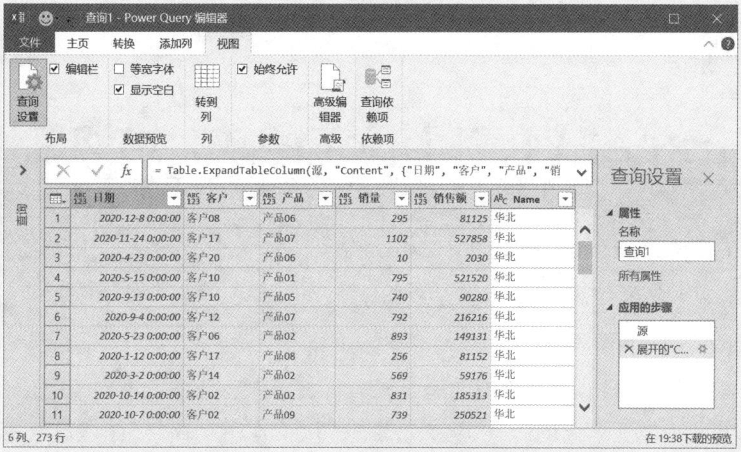

图10-5 当前工作簿的几个表的合并表

可以对M公式进行编辑加工，得到一个集成化的公式代码：

```
let
    源 = Excel.CurrentWorkbook(),
    展开 = Table.ExpandTableColumn( 源 , "Content",{" 日期 "," 客户 "," 产品 "," 销量 "," 销
售额 "}),
    新列名 =Table.RenameColumns( 展开 ,{"Name"," 地区 "}),
```

```
    更改的类型 = Table.TransformColumnTypes( 新列名 ,{{" 日期 ", type date}})
in
    更改的类型
```

这个公式代码可以将当前工作簿内的所有表合并起来。因此，如果将几个表格合并后得到了一个查询表“查询1”，那么当刷新这个查询表时，会将合并得到的汇总数据也合并起来。

解决的方法是：从查询表中，将合并查询表筛选掉，修改公式代码如下：

```
let
    源 = Excel.CurrentWorkbook(),
    展开 = Table.ExpandTableColumn( 源 , "Content",{" 日期 "," 客户 "," 产品 "," 销量 "," 销售额 "}),
    新列名 =Table.RenameColumns( 展开 ,{"Name"," 地区 "}),
    更改的类型 = Table.TransformColumnTypes( 新列名 ,{{" 日期 ", type date}}),
    筛选的行 = Table.SelectRows( 更改的类型 , each ([ 地区 ] <> " 查询 1"))
in
    筛选的行
```

10.2 Excel.Workbook函数：访问工作簿

执行“数据”→“新建查询”→“从文件”→“从工作簿”命令，即可访问工作簿，这项命令实质上就是 Excel.Workbook 函数。

Excel.Workbook 函数用于访问工作簿。其用法如下：

= Excel.Workbook(带路径的工作簿 , 是否有标题 , 可选的延迟类型)

但是，“数据”→“新建查询”→“从文件”→“从工作簿”命令，往往没有标题，需要再次提升标题，并且对表格的选择比较烦琐(在导航器中)。因此，使用函数从工作簿的一张或者多张工作表中查询或合并数据的方式更简练。

案例10-2

图10-6所示是一个名为“销售记录表.xlsx”的工作簿，假定其保存路径为：C:\Users\HXL\Desktop\9、Power Query 数据处理之 M 函数入门与应用\案例文件\第 10 章\销售记录表.xlsx。

	A	B	C	D	E
1	日期	客户	产品	销量	销售额
2	2020-1-13	客户05	产品02	729	311283
3	2020-7-15	客户14	产品10	17	10132
4	2020-2-12	客户20	产品01	422	195386
5	2020-6-12	客户09	产品04	64	43520
6	2020-6-9	客户03	产品10	962	208754
7	2020-10-18	客户02	产品02	726	511830
8	2020-12-29	客户17	产品07	1087	444583
9	2020-10-9	客户08	产品05	779	417544
10	2020-8-27	客户02	产品04	943	356454
11	2020-4-28	客户06	产品02	1173	319056
12	2020-4-19	客户18	产品06	97	63438
13	2020-11-29	客户14	产品07	494	91390
14	2020-11-5	客户04	产品02	174	57942
15	2020-6-14	客户20	产品07	485	88755
16	2020-5-9	客户19	产品03	801	274743

华北 | 东北 | 华东 | 华南 | 华中 | 西南 | 西北

图10–6　源数据工作簿

现在要快速查询工作表“华东”，那么可以新建一个工作簿，再新建一个空白查询，然后编写如下M公式代码，就得到如图10–7所示的结果，即导入源工作簿中“华东”工作表数据。

```
let
    源 = Excel.Workbook(File.Contents("C:\Users\HXL\Desktop\9、Power Query 数据处理之M 函数入门与应用 \ 案例文件 \ 第 10 章 \ 销售记录表 .xlsx"),true){2}[Data]
in
    源
```

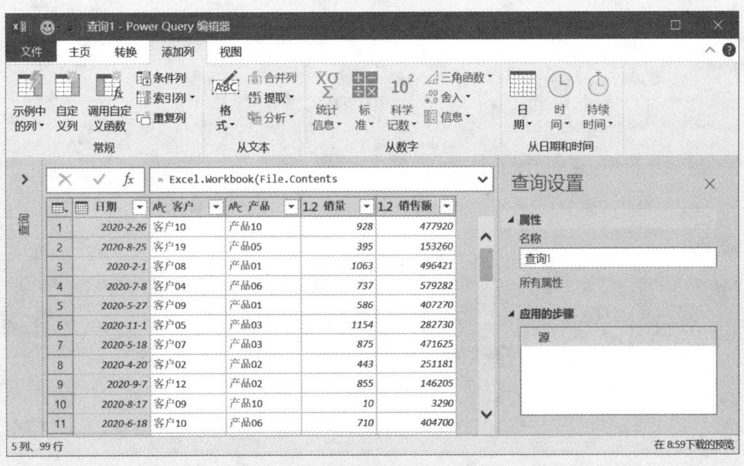

	日期	客户	产品	销量	销售额
1	2020-2-26	客户10	产品10	928	477920
2	2020-8-25	客户19	产品05	395	153260
3	2020-2-1	客户08	产品01	1063	496421
4	2020-7-8	客户04	产品06	737	579282
5	2020-5-27	客户09	产品01	586	407270
6	2020-11-1	客户05	产品03	1154	282730
7	2020-5-18	客户07	产品03	875	471625
8	2020-4-20	客户02	产品02	443	251181
9	2020-9-7	客户12	产品02	855	146205
10	2020-8-17	客户09	产品10	10	3290
11	2020-6-18	客户10	产品06	710	404700

图10–7　导入源工作簿的“华东”工作表数据

注意

在源工作簿中，“华东”工作表是第3个，其索引是2（第1个工作表的索引是0，第2个工作表的索引是1，第3个工作表的索引是2，以此类推）

如果要合并源工作簿中的所有工作表，可以使用Table.Combine函数，此时M公式代码如下，结果如图10-8所示。

```
let
    源 = Table.Combine(Excel.Workbook(File.Contents("C:\Users\HXL\Desktop\9、Power Query数据处理之 M 函数入门与应用 \ 案例文件 \ 第 10 章 \ 销售记录表 .xlsx"),true)[Data])
in
    源
```

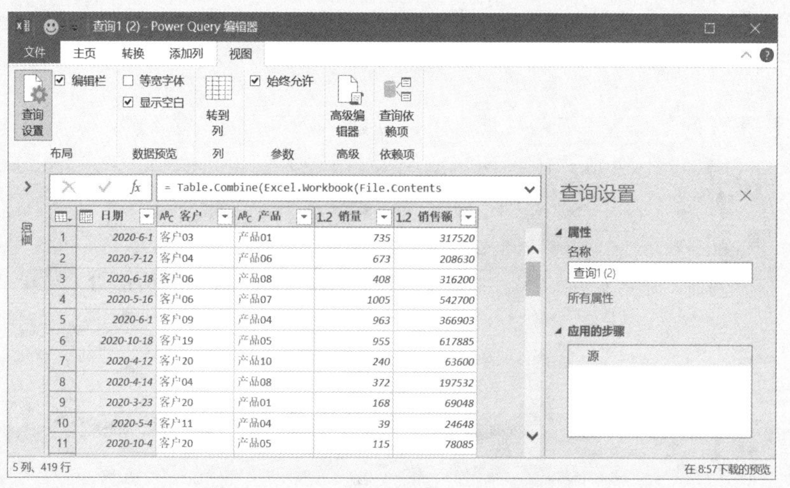

图10-8　源工作簿的所有数据合并表

但是，这种合并没有区分每个工作表数据的地区归属。如果要分清楚地区数据归属，还是需要使用向导解决。为了便于读者进行对比，下面再复习一下向导合并查询的主要步骤。

步骤 1　新建一个工作簿。

步骤 2　执行“数据”→“新建查询”→“从文件”→“从工作簿”命令，打开“导入数据”对话框，按照保存路径，选择工作簿“销售记录表.xlsx”，如图10-9所示。

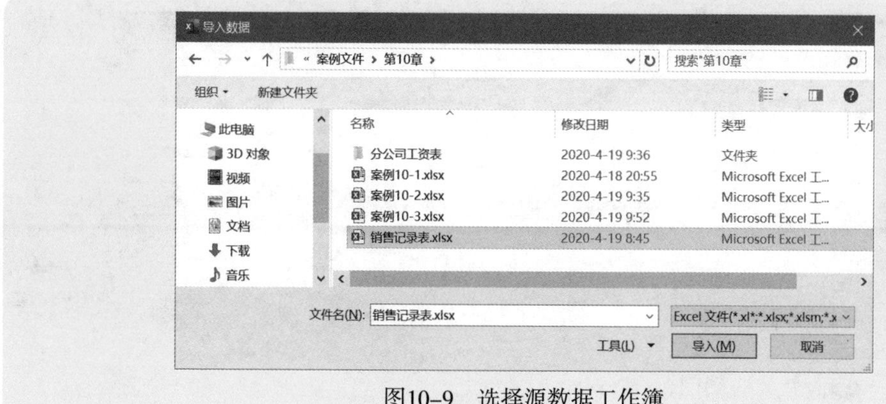

图10-9 选择源数据工作簿

步骤3 单击“导入”按钮，打开“导航器”对话框，选择左侧顶部的“销售记录表.xlsx[7]”选项，如图10-10所示。

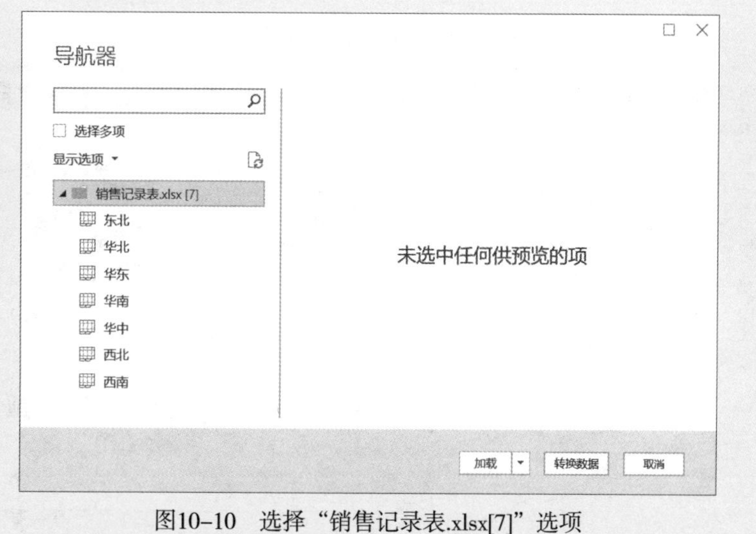

图10-10 选择“销售记录表.xlsx[7]”选项

步骤4 单击右下角的“转换数据”按钮，打开Power Query编辑器，如图10-11所示。

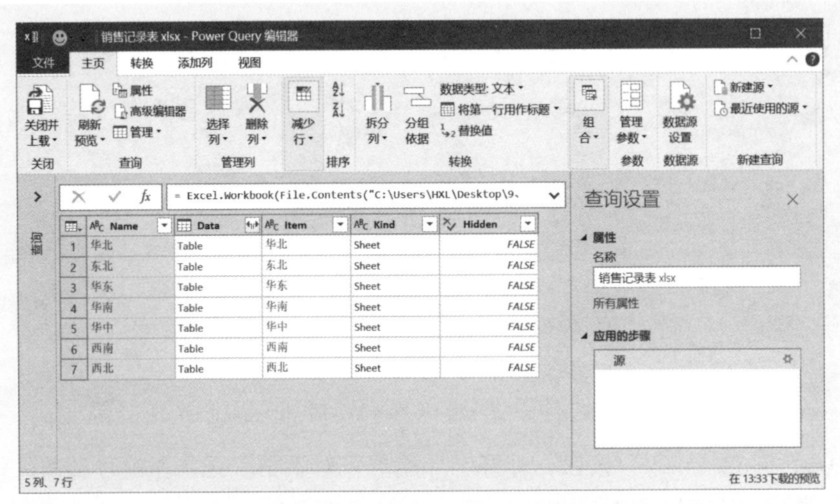

图10–11　Power Query编辑器

步骤5 保留前两列，删除右侧的三列，如图10–12所示。

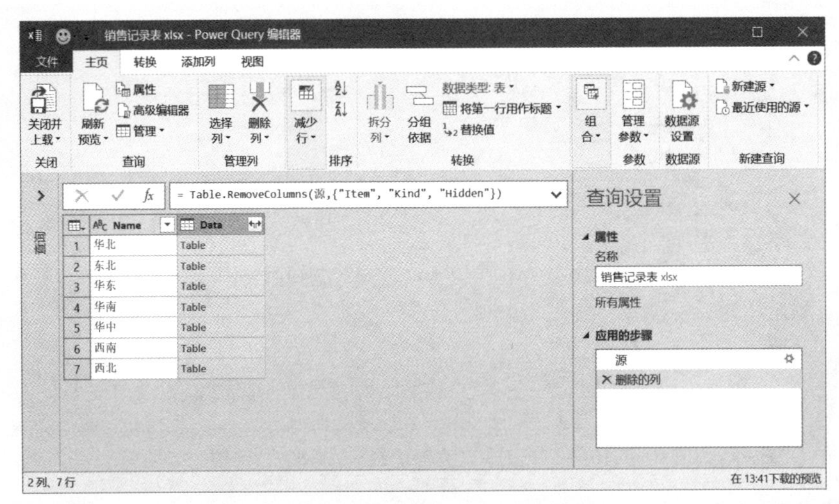

图10–12　删除右侧三列后

步骤6 单击Data右侧的展开按钮，打开一个筛选窗格，取消选中“使用原始列名作为前缀”复选框，如图10–13所示。

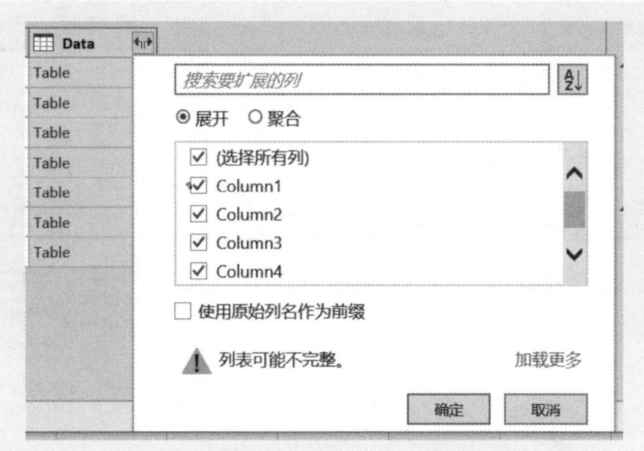

图10-13 取消选择“使用原始列名作为前缀”复选框

步骤7 单击“确定”按钮，就得到如图10-14所示的结果。

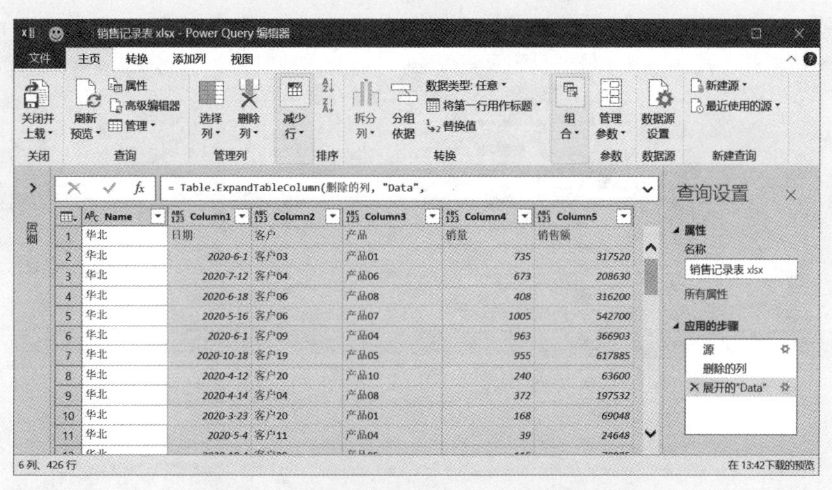

	Name	Column1	Column2	Column3	Column4	Column5
1	华北	日期	客户	产品	销量	销售额
2	华北	2020-6-1	客户03	产品01	735	317520
3	华北	2020-7-12	客户04	产品06	673	208630
4	华北	2020-6-18	客户06	产品08	408	316200
5	华北	2020-5-16	客户06	产品07	1005	542700
6	华北	2020-6-1	客户09	产品04	963	366903
7	华北	2020-10-18	客户19	产品05	955	617885
8	华北	2020-4-12	客户20	产品10	240	63600
9	华北	2020-4-14	客户04	产品08	372	197532
10	华北	2020-3-23	客户20	产品01	168	69048
11	华北	2020-5-4	客户11	产品04	39	24648

图10-14 各个工作表数据展开并合并在一起

步骤8 单击“开始”→“将第一行用作标题”命令按钮，提升标题，如图10-15所示。

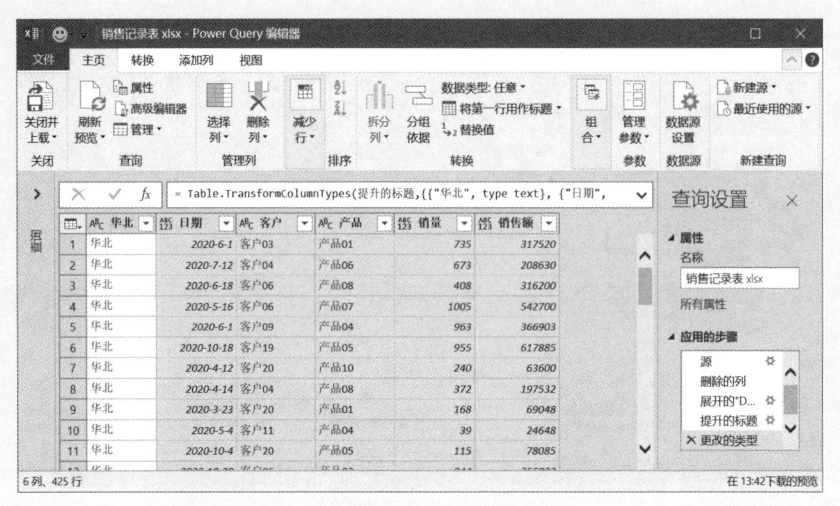

图10–15　提升标题

步骤9　由于还有多余的标题，可以从某列中筛选多余的标题，如图10–16所示。

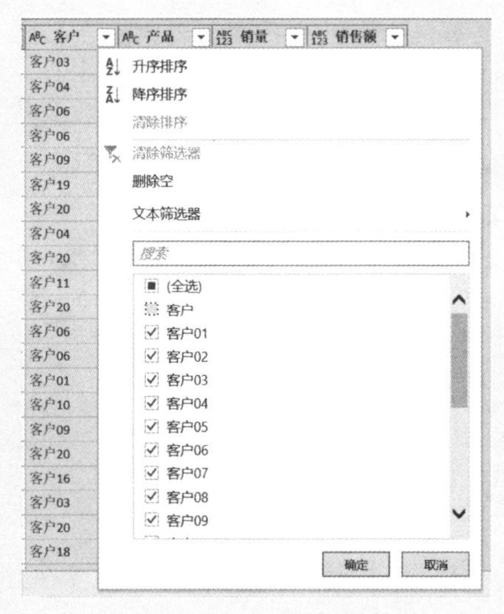

图10–16　筛选多余的标题

步骤10　修改第一列的列标题名字，将默认的“华北”修改为“地区”，并将“日期”列的数据类型设置为“日期”。

这样就得到源数据工作簿内几张工作表的汇总合并结果，如图10–17所示。

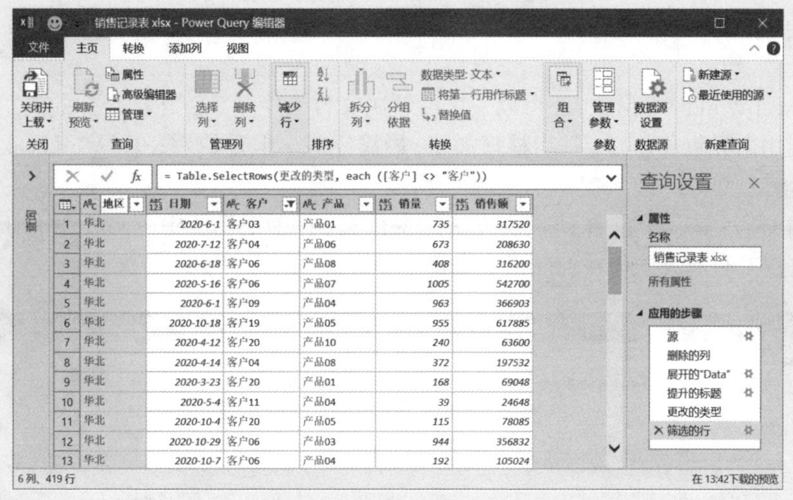

图10-17　源数据工作簿内几张工作表的汇总合并

步骤11　最后将数据上载到Excel工作表即可。

使用向导合并查询的步骤较多，但理解和操作都比较容易，因此这种向导的方法更适合Power Query的初学者。

上述操作的M公式代码如下：

```
let
    源 = Excel.Workbook(File.Contents("C:\Users\HXL\Desktop\9、Power Query 数据处理之M 函数入门与应用 \ 案例文件 \ 第 10 章 \ 销售记录表 .xlsx"), null, true),
    删除的列 = Table.RemoveColumns( 源 ,{"Item", "Kind", "Hidden"}),
    #" 展开的 “Data” " = Table.ExpandTableColumn( 删除的列 , "Data", {"Column1", "Column2", "Column3", "Column4", "Column5"}, {"Column1", "Column2", "Column3", "Column4", "Column5"}),
    提升的标题 = Table.PromoteHeaders(#" 展开的 “Data” ", [PromoteAllScalars=true]),
    更改的类型 = Table.TransformColumnTypes( 提升的标题 ,{{" 华北 ", type text}, {" 日期 ", type any}, {" 客户 ", type text}, {" 产品 ", type text}, {" 销量 ", type any}, {" 销售额 ", type any}}),
    筛选的行 = Table.SelectRows( 更改的类型 , each ([ 客户 ] <> " 客户 ")),
    重命名的列 = Table.RenameColumns( 筛选的行 ,{{" 华北 ", " 地区 "}}),
    更改的类型 1 = Table.TransformColumnTypes( 重命名的列 ,{{" 日期 ", type date}})
in
    更改的类型 1
```

案例10-3

利用Excel.Workbook函数，还可以一次性解决文件夹中多个工作簿合并的问题，这种合并一般都是使用向导操作，一步一步整理加工，最终完成。但是使用Excel.Workbook函数，可以省去很多步骤。

图10-18所示是一个包含16个工作簿的文件夹，每个工作簿中有12个的月工资表数据，现在要将这些工作簿数据合并到一张工作表。

分公司工资表

文件 主页 共享 查看

« 案例文件 › 第10章 › 分公司工资表　　搜索"分公司工资表"

快速访问　此电脑　3D 对象　视频　图片　文档　下载　音乐　桌面　Windows　Data (D:)　网络

名称	修改日期	类型	大小
分公司A工资表.xlsx	2019-3-19 13:06	Microsoft Excel 工...	78 KB
分公司B工资表.xlsx	2019-3-19 13:10	Microsoft Excel 工...	75 KB
分公司C工资表.xlsx	2019-3-19 13:11	Microsoft Excel 工...	59 KB
分公司D工资表.xlsx	2019-3-19 13:11	Microsoft Excel 工...	77 KB
分公司E工资表.xlsx	2019-3-19 13:12	Microsoft Excel 工...	61 KB
分公司F工资表.xlsx	2019-3-19 13:12	Microsoft Excel 工...	66 KB
分公司G工资表.xlsx	2019-3-19 13:12	Microsoft Excel 工...	88 KB
分公司H工资表.xlsx	2019-3-19 13:14	Microsoft Excel 工...	66 KB
分公司I工资表.xlsx	2019-3-19 13:14	Microsoft Excel 工...	57 KB
分公司J工资表.xlsx	2019-3-19 13:14	Microsoft Excel 工...	77 KB
分公司K工资表.xlsx	2019-3-19 13:15	Microsoft Excel 工...	88 KB
分公司L工资表.xlsx	2019-3-19 13:15	Microsoft Excel 工...	101 KB
分公司M工资表.xlsx	2019-3-19 13:16	Microsoft Excel 工...	83 KB
分公司N工资表.xlsx	2019-3-19 13:16	Microsoft Excel 工...	108 KB
分公司O工资表.xlsx	2019-3-19 13:17	Microsoft Excel 工...	95 KB
分公司P工资表.xlsx	2019-3-19 13:17	Microsoft Excel 工...	227 KB

16 个项目

图10-18　包含16个工作簿的文件夹

此时，可以编写如下M公式代码，得到如图10-19所示的汇总结果。

```
let
    源 = Table.Combine(
        List.Transform(
        Folder.Files("C:\Users\HXL\Desktop\9、Power Query 数据处理之 M 函数入门与应用
\ 案例文件 \ 第 10 章 \ 分公司工资表 \")[Content],
        each Table.Combine(Excel.Workbook(_,true)[Data])))
in
    源
```

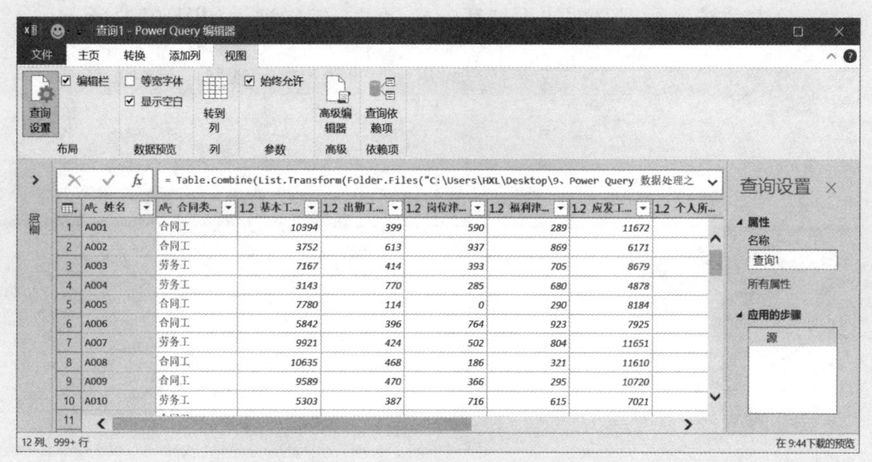

	姓名	合同类...	1.2 基本工...	1.2 出勤工...	1.2 岗位津...	1.2 福利津...	1.2 应发工...	1.2 个人所...
1	A001	合同工	10394	399	590	289	11672	
2	A002	合同工	3752	613	937	869	6171	
3	A003	劳务工	7167	414	393	705	8679	
4	A004	劳务工	3143	770	285	680	4878	
5	A005	合同工	7780	114	0	290	8184	
6	A006	合同工	5842	396	764	923	7925	
7	A007	劳务工	9921	424	502	804	11651	
8	A008	合同工	10635	468	186	321	11610	
9	A009	合同工	9589	470	366	295	10720	
10	A010	劳务工	5303	387	716	615	7021	

图10-19　汇总文件夹里的多个工作簿

注意

这种合并并没有区分每个工作簿数据的分公司归属以及每张工作表的月份归属。

如果还要解决分公司和月份数据归属，还是使用向导来解决，不过，即使是使用向导，也是需要使用Excel.Workbook函数的。为便于读者进行对比，下面介绍使用向导合并的主要步骤。

步骤1　新建一个工作簿。

步骤2　执行“数据”→“获取数据”→“从文件”→“从文件夹”命令，然后选择文件夹，一步一步操作，进入如图10-20所示的对话框，显示出要汇总的工作簿。

C:\Users\HXL\Desktop\9、Power Query 数据处理之M函数入门与应用\案例文件\第10章\分公...

Content	Name	Extension	Date accessed	Date modified	Date created	Attributes	Folder Path
Binary	分公司A工资表.xlsx	.xlsx	2020-4-19 9:36:22	2019-3-19 13:06:36	2020-4-19 9:36:22	Record	C:\Users\HXL\Desktop\9、Power Que
Binary	分公司B工资表.xlsx	.xlsx	2020-4-19 9:36:22	2019-3-19 13:10:22	2020-4-19 9:36:22	Record	C:\Users\HXL\Desktop\9、Power Que
Binary	分公司C工资表.xlsx	.xlsx	2020-4-19 9:36:22	2019-3-19 13:11:05	2020-4-19 9:36:22	Record	C:\Users\HXL\Desktop\9、Power Que
Binary	分公司D工资表.xlsx	.xlsx	2020-4-19 9:36:22	2019-3-19 13:11:34	2020-4-19 9:36:22	Record	C:\Users\HXL\Desktop\9、Power Que
Binary	分公司E工资表.xlsx	.xlsx	2020-4-19 9:36:22	2019-3-19 13:12:04	2020-4-19 9:36:22	Record	C:\Users\HXL\Desktop\9、Power Que
Binary	分公司F工资表.xlsx	.xlsx	2020-4-19 9:36:22	2019-3-19 13:12:24	2020-4-19 9:36:22	Record	C:\Users\HXL\Desktop\9、Power Que
Binary	分公司G工资表.xlsx	.xlsx	2020-4-19 9:36:22	2019-3-19 13:12:48	2020-4-19 9:36:22	Record	C:\Users\HXL\Desktop\9、Power Que
Binary	分公司H工资表.xlsx	.xlsx	2020-4-19 9:36:22	2019-3-19 13:14:31	2020-4-19 9:36:22	Record	C:\Users\HXL\Desktop\9、Power Que
Binary	分公司I工资表.xlsx	.xlsx	2020-4-19 9:36:22	2019-3-19 13:14:27	2020-4-19 9:36:22	Record	C:\Users\HXL\Desktop\9、Power Que
Binary	分公司J工资表.xlsx	.xlsx	2020-4-19 9:36:22	2019-3-19 13:14:51	2020-4-19 9:36:22	Record	C:\Users\HXL\Desktop\9、Power Que
Binary	分公司K工资表.xlsx	.xlsx	2020-4-19 9:36:22	2019-3-19 13:15:25	2020-4-19 9:36:22	Record	C:\Users\HXL\Desktop\9、Power Que
Binary	分公司L工资表.xlsx	.xlsx	2020-4-19 9:36:22	2019-3-19 13:15:50	2020-4-19 9:36:22	Record	C:\Users\HXL\Desktop\9、Power Que
Binary	分公司M工资表.xlsx	.xlsx	2020-4-19 9:36:22	2019-3-19 13:16:19	2020-4-19 9:36:22	Record	C:\Users\HXL\Desktop\9、Power Que
Binary	分公司N工资表.xlsx	.xlsx	2020-4-19 9:36:22	2019-3-19 13:16:41	2020-4-19 9:36:22	Record	C:\Users\HXL\Desktop\9、Power Que
Binary	分公司O工资表.xlsx	.xlsx	2020-4-19 9:36:22	2019-3-19 13:17:04	2020-4-19 9:36:22	Record	C:\Users\HXL\Desktop\9、Power Que
Binary	分公司P工资表.xlsx	.xlsx	2020-4-19 9:36:22	2019-3-19 13:17:51	2020-4-19 9:36:22	Record	C:\Users\HXL\Desktop\9、Power Que

组合　加载　转换数据　取消

图10-20　显示出要汇总的工作簿

步骤3 单击“转换数据”按钮，打开Power Query编辑器，如图10-21所示。

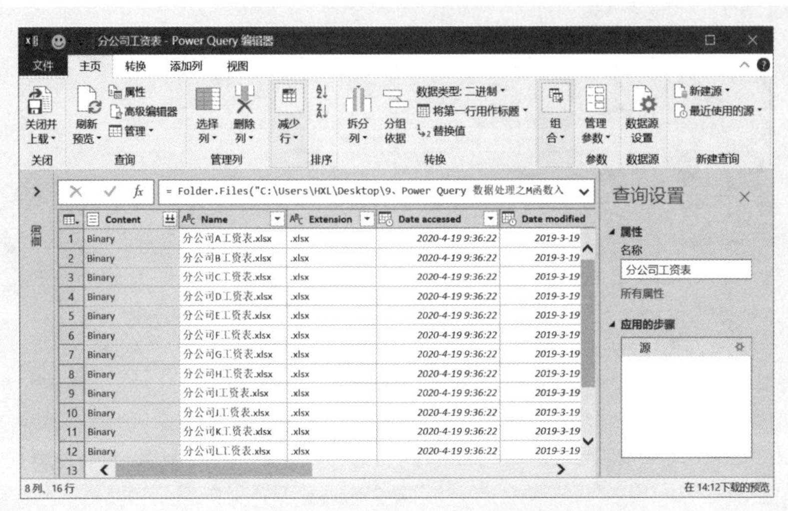

图10-21 Power Query编辑器

步骤4 保留前两列Content和Name，删除其他各列，就得到如图10-22的结果。

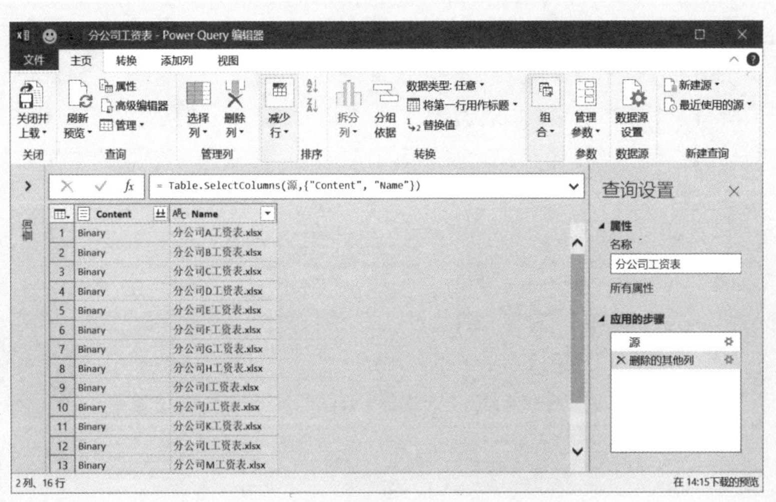

图10-22 保留前两列，其他各列删除

步骤5 单击“添加列”→“自定义列”命令，添加一个自定义列“自定义”，自定义列公式如下（见图10-23）。

=Excel.Workbook([Content])

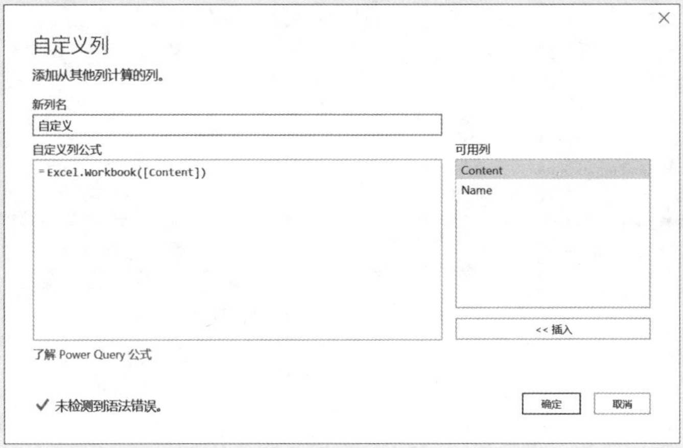

自定义列
添加从其他列计算的列。
新列名
自定义
自定义列公式
= Excel.Workbook([Content])
可用列
Content
Name
<< 插入
了解 Power Query 公式
✓ 未检测到语法错误。
确定
取消

图10-23　添加自定义列

这样就得到如图10-24所示的结果。

分公司工资表 - Power Query 编辑器
文件
主页
转换
添加列
视图
= Table.AddColumn(删除的其他列, "自定义", each Excel.Workbook
查询设置
属性
名称
分公司工资表
所有属性
应用的步骤
源
删除的其他列
已添加自定义
3 列、16 行
在 14:17下载的预览

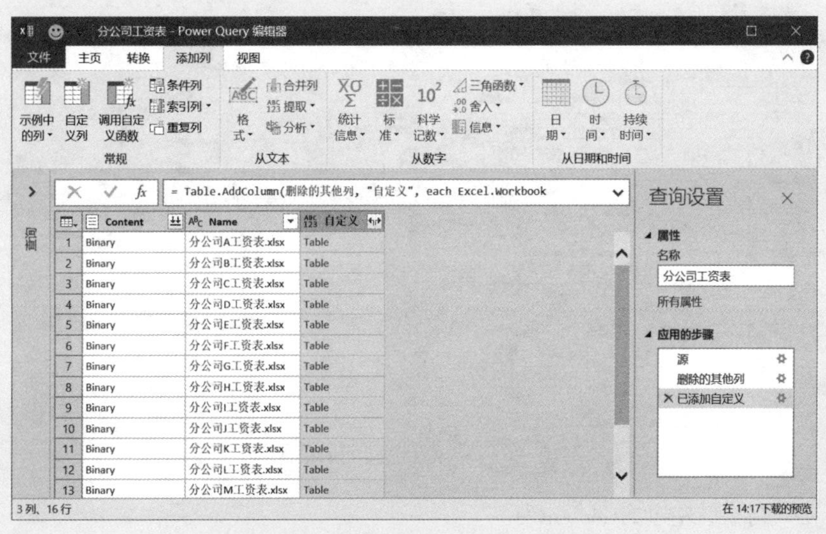

图10-24　添加了自定义列“自定义”

步骤6　单击“自定义”列标题右侧的展开按钮，展开选择列表，选中Name和Data复选框，取消选中其他复选框，如图10-25所示。

图10-25　选择Name和Data选项

步骤7　单击“确定”按钮，得到如图10-26所示的结果。

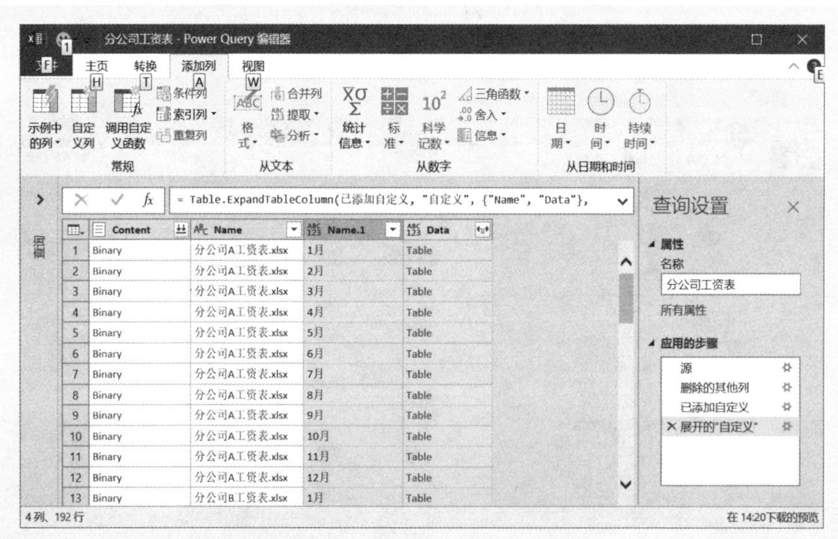

图10-26　展开自定义列后的结果

步骤8　删除最左边的Content列。

步骤9　单击Data右侧的展开按钮，展开选择列表，选择所有项目，就得到了全部工作簿的工作表数据汇总表，结果如图10-27所示。

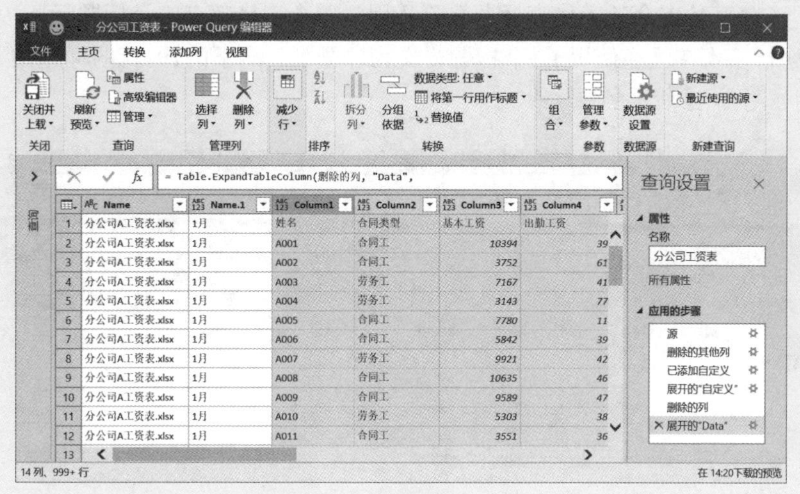

图10-27　几个工作簿合并后的表

步骤10 执行“开始”→“将第一行用作标题”命令，提升标题。结果如图10-28所示。

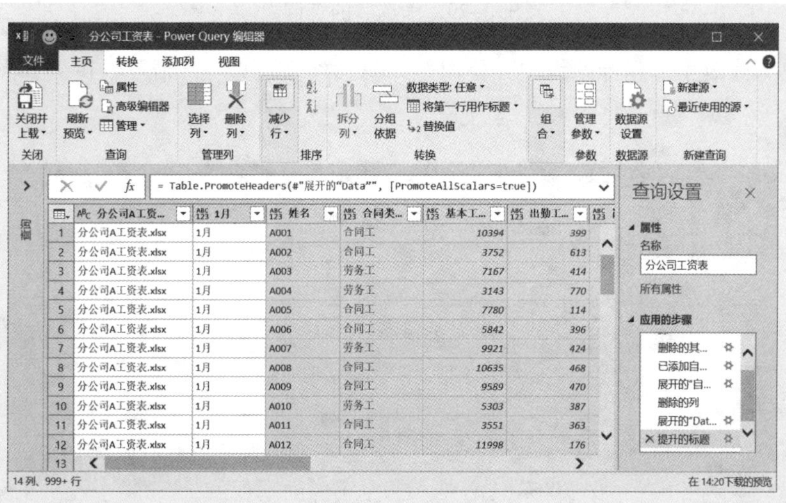

图10-28　提升标题

注意

如果有默认的“更改的类型”步骤，将月份数据类型更改为“日期”，则要删除这个步骤。

步骤11 将其他多余的工作表标题筛除（因为每个表格都有一个标题行，192个表格就有192个标题行，现在已经使用了1个标题行作为标题了，剩下的191行的标题是无用的）。这样就得到如图10-29所示的查询表。

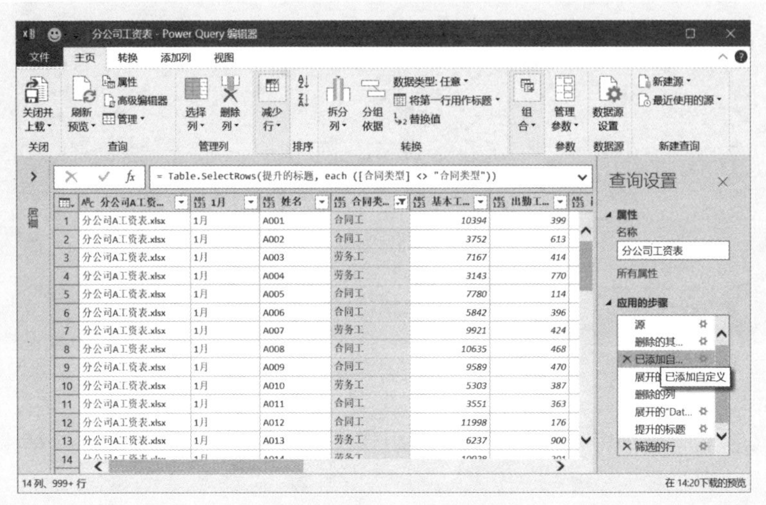

图10-29 筛选后的查询表

步骤12 修改第一列标题为“分公司”，第二列标题为“月份”，得到如图10-30所示的结果。

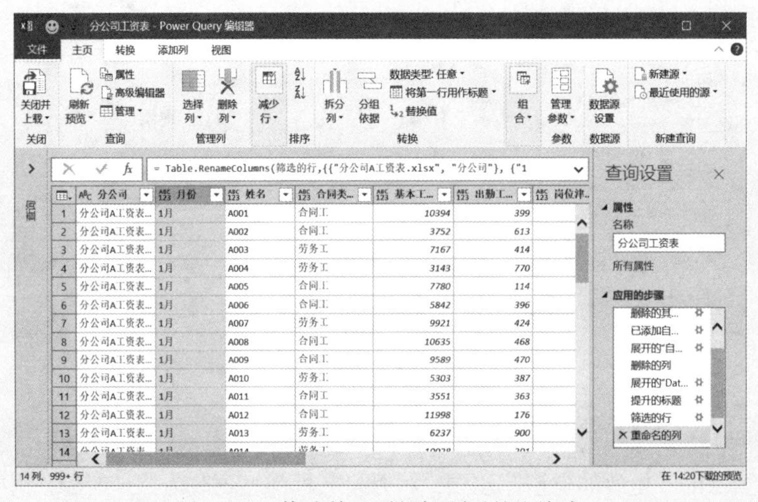

图10-30 修改前两列的标题后的查询表

步骤13 再选中第一列，执行“转换”→“替换值”命令，打开“替换值”对话框，在“要查找的值”输入框中输入“工资表.xlsx”，在“替换为”输入框中不输入任何值，如图10-31所示。

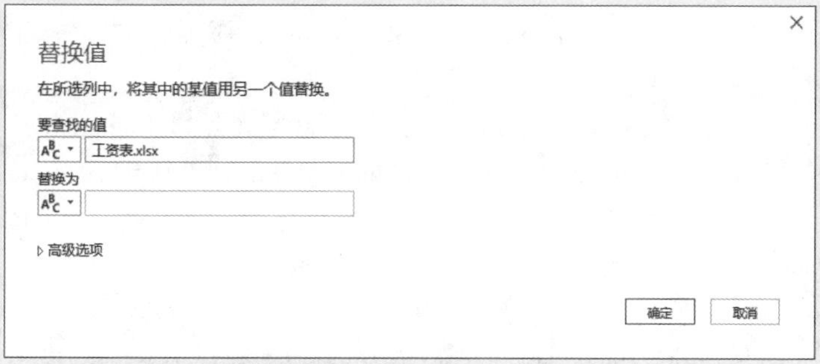

替换值

在所选列中，将其中的某值用另一个值替换。

要查找的值

工资表.xlsx

替换为

▷ 高级选项

确定 取消

图10-31 “替换值”对话框

步骤14 单击“确定”按钮，即得到分公司名称整理后的合并表，如图10-32所示。

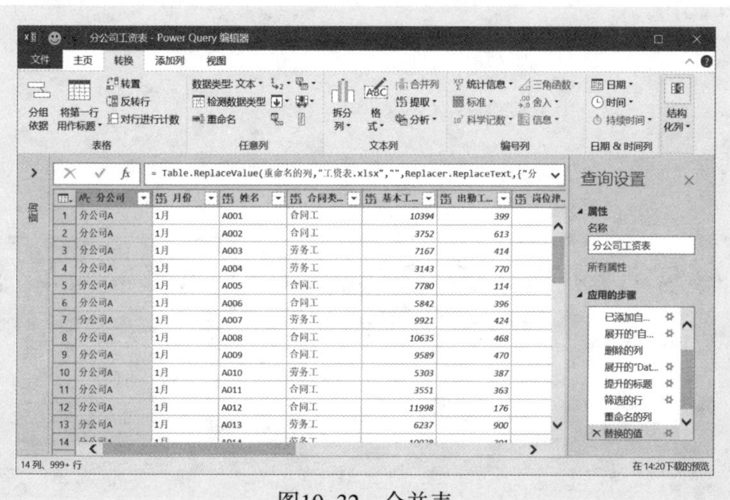

图10-32 合并表

步骤15 单击“关闭并上载”命令按钮，将数据导入工作表，就得到16个分公司全年12个月工资表的汇总表。

上述操作的M公式代码如下：

```
let
    源 = Folder.Files("C:\Users\HXL\Desktop\9、Power Query 数据处理之 M 函数入门与应
```

```
用\案例文件\第10章\分公司工资表"),
    删除的其他列 = Table.SelectColumns(源,{"Content", "Name"}),
    已添加自定义 = Table.AddColumn(删除的其他列, "自定义", each Excel.Workbook
([Content])),
    #"展开的“自定义”" = Table.ExpandTableColumn(已添加自定义, "自定义", {"Name",
"Data"}, {"Name.1", "Data"}),
    删除的列 = Table.RemoveColumns(#"展开的“自定义”",{"Content"}),
    #"展开的“Data”" = Table.ExpandTableColumn(删除的列, "Data", {"Column1","Column2",
"Column3", "Column4", "Column5", "Column6", "Column7", "Column8", "Column9", "Column10",
"Column11", "Column12"}, {"Column1", "Column2", "Column3", "Column4","Column5",
"Column6", "Column7", "Column8", "Column9", "Column10", "Column11", "Column12"}),
    提升的标题 = Table.PromoteHeaders(#"展开的“Data”", [PromoteAllScalars=true]),
    筛选的行 = Table.SelectRows(提升的标题, each ([合同类型] <> "合同类型")),
    重命名的列 = Table.RenameColumns(筛选的行,{{"分公司A工资表.xlsx", "分公司"},
{"1月", "月份"}}),
    替换的值 = Table.ReplaceValue(重命名的列,"工资表.xlsx","",Replacer.ReplaceText,
{"分公司"})
  in
    替换的值
```

10.3 Csv.Document函数：访问文本文件

当需要查询处理文本文件数据时，可以使用菜单向导“获取数据”→“从文件”→“从 Csv”（或“从文本”）命令，按照向导操作即可。这个命令实际上就是 Csv.Document 函数。

Csv.Document 函数用于访问 CSV 格式或 TXT 格式的文本文件。其用法如下：

= Csv.Document(文本文件源,分隔符,列数,文本编码类型,如何处理引号,如何处理带引号的换行符)

案例10-4

图10-33所示是一个文本文件“员工信息表.txt”，以分隔符“|”分隔各列信息数据，现在

要更新这个表格，重新计算年龄和工龄。

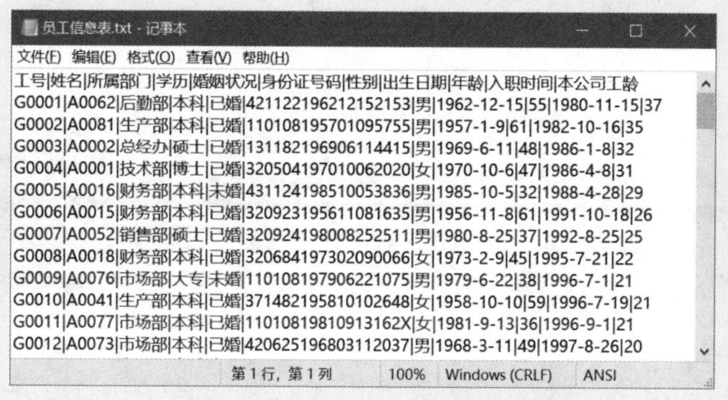

```
工号|姓名|所属部门|学历|婚姻状况|身份证号码|性别|出生日期|年龄|入职时间|本公司工龄
G0001|A0062|后勤部|本科|已婚|421122196212152153|男|1962-12-15|55|1980-11-15|37
G0002|A0081|生产部|本科|已婚|110108195701095755|男|1957-1-9|61|1982-10-16|35
G0003|A0002|总经办|硕士|已婚|131182196906114415|男|1969-6-11|48|1986-1-8|32
G0004|A0001|技术部|博士|已婚|320504197010062020|女|1970-10-6|47|1986-4-8|31
G0005|A0016|财务部|本科|未婚|431124198510053836|男|1985-10-5|32|1988-4-28|29
G0006|A0015|财务部|本科|已婚|320923195611081635|男|1956-11-8|61|1991-10-18|26
G0007|A0052|销售部|硕士|已婚|320924198008252511|男|1980-8-25|37|1992-8-25|25
G0008|A0018|财务部|本科|已婚|320684197302090066|女|1973-2-9|45|1995-7-21|22
G0009|A0076|市场部|大专|未婚|110108197906221075|男|1979-6-22|38|1996-7-1|21
G0010|A0041|生产部|本科|已婚|371482195810102648|女|1958-10-10|59|1996-7-19|21
G0011|A0077|市场部|本科|已婚|11010819810913162X|女|1981-9-13|36|1996-9-1|21
G0012|A0073|市场部|本科|已婚|420625196803112037|男|1968-3-11|49|1997-8-26|20
```

图10-33 文本文件“员工信息表.txt”

新建一个工作簿，然后新建一个空白查询，打开“高级编辑器”对话框，输入如下M公式代码，即可得到需要的报表，如图10-34所示。

```
let
    源 = Csv.Document(File.Contents("C:\Users\HXL\Desktop\9、Power Query 数据处理之 M 函数入门与应用 \ 案例文件 \ 第 10 章 \ 员工信息表 .txt"),[Delimiter="|",Encoding=936]),
    提升标题 = Table.PromoteHeaders( 源 ),
    日期列类型 = Table.TransformColumnTypes( 提升标题 ,
            {{" 出生日期 ", type date}, {" 入职时间 ", type date}}),
    删除旧年龄工龄 = Table.RemoveColumns( 日期列类型 ,{" 年龄 "," 本公司工龄 "}),
    年龄 = Table.AddColumn( 删除旧年龄工龄 ," 年龄 ",
        each Duration.Days((DateTime.Date(DateTime.LocalNow())-[出生日期])/365)),
    工龄 = Table.AddColumn( 年龄 ," 工龄 ",
        each Duration.Days((DateTime.Date(DateTime.LocalNow())-[入职时间])/365)),
    调整列序 = Table.ReorderColumns( 工龄 ,
            {" 工号 "," 姓名 "," 所属部门 "," 学历 "," 婚姻状况 "," 身份证号码 ",
            " 性别 "," 出生日期 "," 年龄 "," 入职时间 "," 工龄 "})
in
    调整列序
```

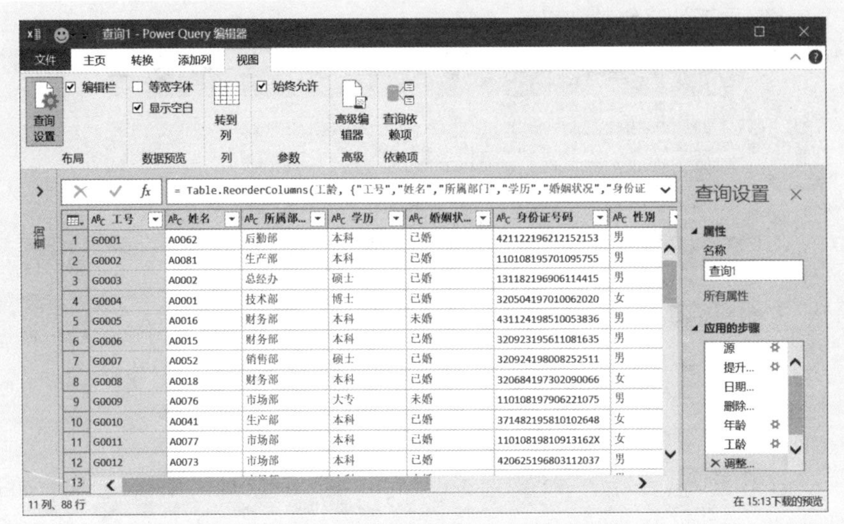

图10-34　导入并加工整理的文本文件数据

最后将数据上载到Excel工作表，即可得到需要的报表。